A Student's Guide to Geophysical Equations

大学生理工专题导读
——地球物理方程

[美] 威廉·劳里（William Lowrie）著

张立云　李亚玲　夏爱生　张　娜　译

机　械　工　业　出　版　社

现代地球物理学教科书存在一个普遍的问题，就是对重要公式的数学推导基本都是避而不谈的。本书针对该问题对常用的重要公式进行了详细的推导，并附以简单的图示说明，填补了现代地球物理学教科书的空白。本书一共8章，第1章介绍了需要用的数学背景知识；第2~8章分别给出了万有引力、重力、潮汐、地球的自转、地球的热量、地磁和地震学基础经典方程的完整推导过程。通过连续的推导步骤及对推导的逻辑顺序的解释，为学生提供帮助，便于学生更深入地理解地球物理理论，为更好地研究地球物理学打好基础。

本书可作为理工科学生或科研工作者的补充读物。

译者序

本书作者威廉·劳里出生于苏格兰霍威克，他就读于爱丁堡大学，1960年毕业并获物理学一等荣誉学位，此后他获多伦多大学地球物理学硕士学位，并于1967年取得匹兹堡大学博士学位。他主要从事岩石磁学和古地磁学方面的研究，即根据古岩石的磁化强度推断过去地质时期的地球磁场。他撰写了130多篇科研论文，并于2007年出版了著名的教科书《地球物理学基础》的第2版。他曾担任欧洲地球科学联合会主席（1987—1989）、美国地球物理学联合会主席和理事会成员（2000—2002），也是美国地球物理联合会的研究员和欧洲科学院成员。

本书是作为《地球物理学基础》第2版的补充资料编写的，旨在帮助学生理解经典地球物理学中重要方程的数学推导。

本书在翻译过程中得到了许多同事的帮助，在此表示真挚的感谢！由于水平有限，译文中难免有缺点和错误，真诚地欢迎读者批评指正。

本书中的术语约定：acceleration在物理中一般指加速度，但是由于引力、重力及惯性离心力都与质量成正比，比例系数是加速度，所以这些力的加速度还有另外一层含义，即单位质量的物体所受的力，这与场强的定义完全一样（大小、方向和量纲都一样）。因此，对这些力，在本书中可以认为加速度和场强是等效的，原文中都是用acceleration，本书中均译为加速度。

前言

本书是作为补充资料编写的，旨在帮助学生理解经典地球物理学中重要方程的数学推导，所以它不是一本初级教科书，也不是书中内容所涉及的任何现代研究主题的导论。它是一本来源于我在讲授地球物理学课程中的一套讲义，一种自编手册。这套讲义对课程讲授是非常必要的。原因有两个：第一，我用德语授课，但并没有全面的、最新的德语教材，且推荐的教材用的是英语，因此学生经常需要更多的解释和说明；第二，本书对经典理论的解释往往比有很多主题的高级教科书中的解释更为详细。很多教材为了使内容尽可能简单，经常省略公式数学推导的中间步骤。有时，无助的学生在没有辅导帮助的情况下无法完成推导过程，因此大多数情况下，特别是大型院校，这种辅导手册通常是供不应求的。为了帮助我的学生，授课中这本的自编手册补充了推导过程中省略的细节。这就是我编写本书的背景，希望能对学生有所帮助。

我给高年级学生的授课内容主要与势理论有关，涉及地震学以外的内容。因为地震学是我同事的研究领域，由真正的地震学家讲授肯定比古地磁学家更好。理论地震学是一个需要从更高层次去研究的大课题，有几本经典的和现代的教科书对此做了论述。不过本书中有一章对地震学中地震波的应力、应变和传播之间的关系做了简要介绍。计算机技术是推动现代地球物理学进步的重要因素，但是一个专业的、有抱负的地球物理研究者不能只会用先进的软件包进行计算。一个地球物理学问题的提出，需要对问题有基本的数学理解，并且解决它也需要掌握数值计算的方法。在计算机诞生之前，科学家们所使用的研究地球的技术方法也是现代方法论的基础。因此，大学的地球物理培训仍然需要学生学习基础理论，本书旨在成为学习过程中的补充参考书。

地球物理学是一门应用科学。历史上，大多数地球物理学家来自物理学领域，他们一般都受过良好的数学训练。现代的地球物理学学生开始更多的是学习地球科学，数学背景可能只是局限于使用专门定制的软件包。在没有帮助和培训的情况下，有些学生可能都不会处理高级的数学题目。为了满足这些需求，本书开篇概述了后续章节内容中用到的数学背景知识。

致　谢

我在撰写本书的过程中，得到了许多人的帮助和支持。早期阶段的，匿名审稿人给了我一些有用的建议，虽没有全部采纳，但是所有的建议都很值得赞赏。书稿完成时，每一章都由我的一位乐于助人的同事阅读和检查。我要感谢 Dave Chapman、Rob Coe、Ramon Egli、Chris Finlay、Valentin Gischig、Klaus Holliger、Edi Kissling、Emile Klingelé、Alexei Kuvshinov、Germán Rubino、Rolf Sidler 和 Doug Smylie，感谢他们的有关纠正和改进的建议。当然，任何遗留的错误都是我的责任。我非常感谢 Derrick Hasterok 和 Dave Chapman 为我提供了 Derrick 博士未发表的论文数据。Susan Francis 博士、剑桥大学出版社高级编辑在这几个月的写作过程中给予了我不断的支持和友好的鼓励，对此我深表感谢。最重要的是，感谢我的妻子 Marcia 对这项工作挤占我们退休生活的大度与容忍。

目 录

第 1 章

数学背景知识

1.1 笛卡儿坐标系和球坐标系

本书使用了两种正交坐标系，即笛卡儿坐标系和球坐标系，有时这两种坐标系可以相互转换。笛卡儿坐标(x,y,z)适用于矩形几何，球坐标(r,θ,ϕ)适用于球形几何。两个参考系之间的关系如图 1.1a 所示。球坐标系定义如下：r 为相对于坐标原点的径向距离；极角 θ（对应于余纬度）为 r 和 z 轴（即地球的自转轴）之间的夹角，方位角 ϕ 是 r 在 $x-y$ 平面内的投影相对于 x 轴（对应于地理中的经度）的夹角。球面（r 为常数）上任一点的位置用两个角坐标 θ 和 ϕ 表示即可。根据图 1.1b 中的几何关系可以看出，笛卡儿坐标系和球坐标系之间的转换关系如下：

$$\begin{cases} x = r\sin\theta\cos\phi \\ y = r\sin\theta\sin\phi \\ z = r\cos\theta \end{cases} \tag{1.1}$$

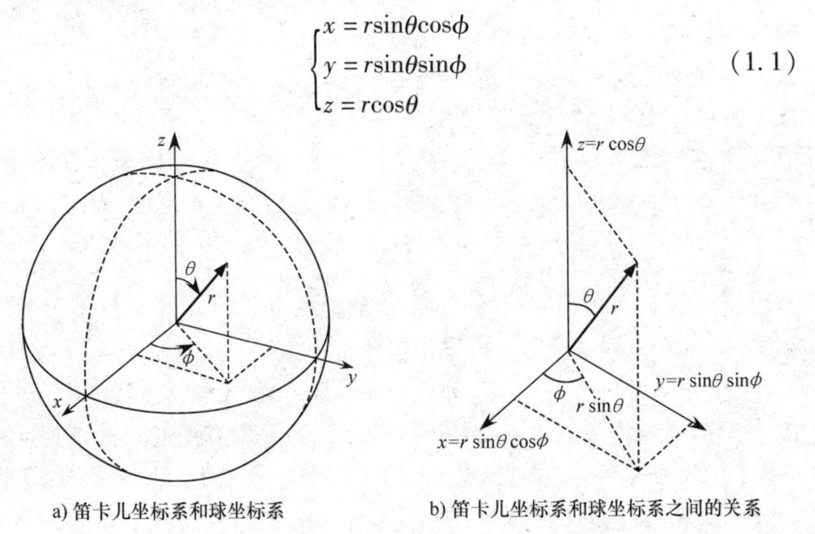

a) 笛卡儿坐标系和球坐标系　　b) 笛卡儿坐标系和球坐标系之间的关系

图　1.1

1.2 复数

日常生活中我们最常用的数是实数，实数又包含有理数和无理数。有理数都可以表示成分数，当然分母不能等于零。当分母为 1 时，有理数就是一个整数。因此，4，4/5，123/456 全都是有理数。无理数不能表示为分数，像我们所熟知的 π、e（自然对数的底数）和一些数的平方根，如$\sqrt{2}$，$\sqrt{3}$，$\sqrt{5}$等都是无理数，无理数用小数表示时，小数点后面的数字是无限不循环的。

但是在某些分析中，例如求一个方程的根时，往往需要求解一个负实数的平方根，如$\sqrt{-y^2}$，其中 y 是实数，其结果是一个虚数。负实数可以表示为$(-1)y^2$，其平方根为$\sqrt{(-1)}y$，$\sqrt{-1}$可以用 i 来表示，称为虚数单位，由此可得$\sqrt{-y^2}$的结果就是$\pm iy$。

复数由实部和虚部两部分组成。例如$z=x+iy$，其中实数 x 和 y 分别代表实部和虚部。复数可以借助复平面来形象地表示（见图 1.2），其中横轴分量 x 表示实部，纵轴分量 y 表示虚部，复数的 x 分量和 y 分量线性无关且正交。复数 z 定义了复平面上一个点，该点相对于坐标原点的矢量是 x 分量和 y 分量的矢量之和。坐标原点到该点的距离为

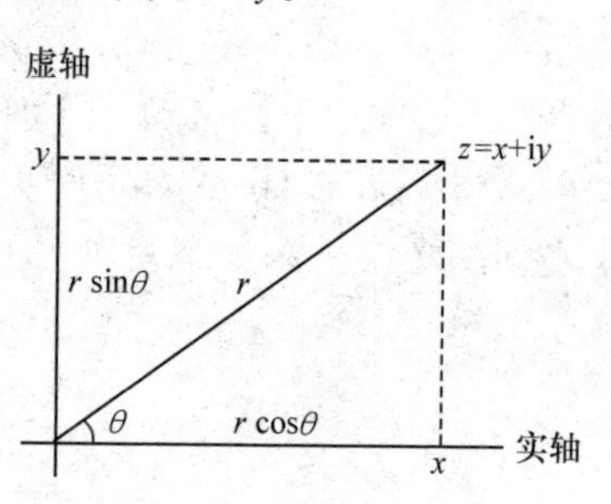

图 1.2　复数在复平面上的表示

$$r=\sqrt{x^2+y^2} \tag{1.2}$$

连接原点到该点的线段与 x 轴成 θ 角，所以 r 的实部和虚部分别是 $r\cos\theta$ 和 $r\sin\theta$，因此复数 z 可以用极坐标形式写成

$$z=r(\cos\theta+i\sin\theta) \tag{1.3}$$

18 世纪后期欧拉引入用 e 指数形式表示复数是很有用的。为了说明这一点，把 e 指数用无限幂级数展开（参考 1.10 节）。自变量为 x 的 e 指数可以表示成式（1.135），如果令 $x=i\theta$，则式（1.135）变为

$$\begin{aligned}\exp(\mathrm{i}\theta) &= 1+(\mathrm{i}\theta)+\frac{(\mathrm{i}\theta)^2}{2!}+\frac{(\mathrm{i}\theta)^3}{3!}+\frac{(\mathrm{i}\theta)^4}{4!}+\frac{(\mathrm{i}\theta)^5}{5!}+\frac{(\mathrm{i}\theta)^6}{6!}+\cdots \\ &= 1+\frac{(\mathrm{i}\theta)^2}{2!}+\frac{(\mathrm{i}\theta)^4}{4!}+\frac{(\mathrm{i}\theta)^6}{6!}+\cdots+(\mathrm{i}\theta)+\frac{(\mathrm{i}\theta)^3}{3!}+\frac{(\mathrm{i}\theta)^5}{5!}+\cdots \\ &= \left(1-\frac{\theta^2}{2!}+\frac{\theta^4}{4!}-\frac{\theta^6}{6!}+\cdots\right)+\mathrm{i}\left(\theta-\frac{\theta^3}{3!}+\frac{\theta^5}{5!}+\cdots\right)\end{aligned} \tag{1.4}$$

与式（1.135）比较可以看出，等号右边第一个括号里的项是 $\cos\theta$ 的幂级数，第二个括号里的项是 $\sin\theta$ 的幂级数。因此

$$\exp(\mathrm{i}\theta)=\cos\theta+\mathrm{i}\sin\theta \tag{1.5}$$

把式（1.5）代入式（1.3），复数 z 可以写成如下形式：

$$z=r\exp(\mathrm{i}\theta) \tag{1.6}$$

式中，r 表示复数的模；θ 表示相位。反过来，式（1.5）中的余弦函数和正弦函数也可以用复数 $\exp(\mathrm{i}\theta)$ 和 $\exp(-\mathrm{i}\theta)$ 的和或差来表示：

$$\begin{cases}\cos\theta=\dfrac{\exp(\mathrm{i}\theta)+\exp(-\mathrm{i}\theta)}{2} \\ \sin\theta=\dfrac{\exp(\mathrm{i}\theta)-\exp(-\mathrm{i}\theta)}{2\mathrm{i}}\end{cases} \tag{1.7}$$

1.3 矢量关系

标量是只用大小就可以表征的量，所以标量只有大小没有方向；矢量是需要同时用大小和方向表征的量，矢量既有大小又有方向；单位矢量是大小为 1 的矢量。本书中笛卡儿坐标系(x,y,z)坐标轴的单位矢量分别用$(\boldsymbol{e}_x,\boldsymbol{e}_y,\boldsymbol{e}_z)$来表示；球坐标系$(r,\theta,\phi)$三个方向的单位矢量分别用$(\boldsymbol{e}_r,\boldsymbol{e}_\theta,\boldsymbol{e}_\phi)$表示；垂直于表面的单位矢量用 $\boldsymbol{n}$ 表示。

1.3.1 标量积和矢量积

两个矢量 $\boldsymbol{a}$ 和 $\boldsymbol{b}$ 的标量积等于两个矢量的大小和它们之间夹角余弦的乘积，即

$$\boldsymbol{a}\cdot\boldsymbol{b}=ab\cos\alpha \tag{1.8}$$

如果 $\boldsymbol{a}$ 和 $\boldsymbol{b}$ 垂直，它们夹角的余弦为零，所以

$$\boldsymbol{a} \cdot \boldsymbol{b} = 0 \tag{1.9}$$

两个矢量的矢量积仍然是一个矢量，其方向垂直于两个矢量所确定的平面，且由右手螺旋定则决定，即：伸出右手，让四指绕小于180°的方向由第一个矢量转向第二个矢量，大拇指的指向即矢量积的方向。矢量积的大小等于两个矢量的大小和它们之间夹角正弦的乘积，即

$$|\boldsymbol{a} \times \boldsymbol{b}| = ab\sin\alpha \tag{1.10}$$

若 $\boldsymbol{a}$ 和 $\boldsymbol{b}$ 平行，它们之间夹角的正弦值为零，所以

$$\boldsymbol{a} \times \boldsymbol{b} = \boldsymbol{0} \tag{1.11}$$

根据标量积的定义可知单位矢量的标量积如下：

$$\boldsymbol{e}_x \cdot \boldsymbol{e}_y = \boldsymbol{e}_y \cdot \boldsymbol{e}_z = \boldsymbol{e}_z \cdot \boldsymbol{e}_x = 0,\ \boldsymbol{e}_x \cdot \boldsymbol{e}_x = \boldsymbol{e}_y \cdot \boldsymbol{e}_y = \boldsymbol{e}_z \cdot \boldsymbol{e}_z = 1 \tag{1.12}$$

同理，根据矢量积的定义，单位矢量的矢量积如下：

$$\begin{cases} \boldsymbol{e}_x \times \boldsymbol{e}_y = \boldsymbol{e}_z \\ \boldsymbol{e}_y \times \boldsymbol{e}_z = \boldsymbol{e}_x \\ \boldsymbol{e}_z \times \boldsymbol{e}_x = \boldsymbol{e}_y \\ \boldsymbol{e}_x \times \boldsymbol{e}_x = \boldsymbol{e}_y \times \boldsymbol{e}_y = \boldsymbol{e}_z \times \boldsymbol{e}_z = \boldsymbol{0} \end{cases} \tag{1.13}$$

分量为(a_x, a_y, a_z)的矢量用单位矢量$(\boldsymbol{e}_x, \boldsymbol{e}_y, \boldsymbol{e}_z)$表示为

$$\boldsymbol{a} = a_x\boldsymbol{e}_x + a_y\boldsymbol{e}_y + a_z\boldsymbol{e}_z \tag{1.14}$$

根据式（1.12）可知矢量 $\boldsymbol{a}$ 和 $\boldsymbol{b}$ 的标量积为

$$\boldsymbol{a} \cdot \boldsymbol{b} = (a_x\boldsymbol{e}_x + a_y\boldsymbol{e}_y + a_z\boldsymbol{e}_z) \cdot (b_x\boldsymbol{e}_x + b_y\boldsymbol{e}_y + b_z\boldsymbol{e}_z) = a_xb_x + a_yb_y + a_zb_z \tag{1.15}$$

根据式（1.13）可知矢量 $\boldsymbol{a}$ 和 $\boldsymbol{b}$ 的矢量积为

$$\begin{aligned} \boldsymbol{a} \times \boldsymbol{b} &= (a_x\boldsymbol{e}_x + a_y\boldsymbol{e}_y + a_z\boldsymbol{e}_z) \times (b_x\boldsymbol{e}_x + b_y\boldsymbol{e}_y + b_z\boldsymbol{e}_z) \\ &= (a_yb_z - a_zb_y)\boldsymbol{e}_x + (a_zb_x - a_xb_z)\boldsymbol{e}_y + (a_xb_y - a_yb_x)\boldsymbol{e}_z \end{aligned} \tag{1.16}$$

该结果还可以用行列式（由它们的分量构成）方便地计算 $\boldsymbol{a}$ 和 $\boldsymbol{b}$ 的矢量积，即

$$\boldsymbol{a} \times \boldsymbol{b} = \begin{vmatrix} \boldsymbol{e}_x & \boldsymbol{e}_y & \boldsymbol{e}_z \\ a_x & a_y & a_z \\ b_x & b_y & b_z \end{vmatrix} \tag{1.17}$$

根据上述标量积和矢量积的定义，可知矢量 $\boldsymbol{a}$，$\boldsymbol{b}$ 和 $\boldsymbol{c}$ 的混合积满足：

$$\boldsymbol{a}\cdot(\boldsymbol{b}\times\boldsymbol{c})=\boldsymbol{b}\cdot(\boldsymbol{c}\times\boldsymbol{a})=\boldsymbol{c}\cdot(\boldsymbol{a}\times\boldsymbol{b}) \tag{1.18}$$

$$\boldsymbol{a}\times(\boldsymbol{b}\times\boldsymbol{c})=\boldsymbol{b}(\boldsymbol{c}\cdot\boldsymbol{a})-\boldsymbol{c}\cdot(\boldsymbol{a}\cdot\boldsymbol{b}) \tag{1.19}$$

$$(\boldsymbol{a}\times\boldsymbol{b})\times\boldsymbol{c}=\boldsymbol{b}(\boldsymbol{c}\cdot\boldsymbol{a})-\boldsymbol{a}(\boldsymbol{b}\cdot\boldsymbol{c}) \tag{1.20}$$

1.3.2　矢量微分运算

矢量微分算符∇在笛卡儿坐标系(x,y,z)中的定义为

$$\nabla=\boldsymbol{e}_x\frac{\partial}{\partial x}+\boldsymbol{e}_y\frac{\partial}{\partial y}+\boldsymbol{e}_z\frac{\partial}{\partial z} \tag{1.21}$$

矢量微分算符∇作用于标量函数得到函数的梯度，梯度是函数沿各个坐标轴方向的变化率。例如，标量函数 φ 在笛卡儿坐标系中的梯度矢量为

$$\nabla\varphi=\boldsymbol{e}_x\frac{\partial\varphi}{\partial x}+\boldsymbol{e}_y\frac{\partial\varphi}{\partial y}+\boldsymbol{e}_z\frac{\partial\varphi}{\partial z} \tag{1.22}$$

矢量微分算符∇不仅可以作用于标量函数，也可以作用于矢量函数。微分算符∇和矢量的标量积称为该矢量的散度。例如，作用于矢量 $\boldsymbol{a}$ 的结果如下：

$$\begin{aligned}\nabla\cdot\boldsymbol{a}&=\left(\boldsymbol{e}_x\frac{\partial}{\partial x}+\boldsymbol{e}_y\frac{\partial}{\partial y}+\boldsymbol{e}_z\frac{\partial}{\partial z}\right)\cdot(a_x\boldsymbol{e}_x+a_y\boldsymbol{e}_y+a_z\boldsymbol{e}_z)\\&=\frac{\partial a_x}{\partial x}+\frac{\partial a_y}{\partial y}+\frac{\partial a_z}{\partial z}\end{aligned} \tag{1.23}$$

如果把标量势 φ 的梯度定义为矢量 $\boldsymbol{a}$ [见式（1.22）]，即用标量势 φ 的梯度代替矢量(a_x,a_y,a_z)，则有

$$\nabla\cdot\nabla\varphi=\frac{\partial}{\partial x}\left(\frac{\partial\varphi}{\partial x}\right)+\frac{\partial}{\partial y}\left(\frac{\partial\varphi}{\partial y}\right)+\frac{\partial}{\partial z}\left(\frac{\partial\varphi}{\partial z}\right) \tag{1.24}$$

根据定义把左边的标量积$\nabla\cdot\nabla$写成∇^2，并不会影响最后的结果，这一点在势理论中非常重要且常见。笛卡儿坐标系中式（1.24）可表示为

$$\nabla^2\varphi=\frac{\partial^2\varphi}{\partial x^2}+\frac{\partial^2\varphi}{\partial y^2}+\frac{\partial^2\varphi}{\partial z^2} \tag{1.25}$$

微分算符∇和矢量的矢量积称为该矢量的旋度（见 Box 1.1）。矢量 $\boldsymbol{a}$ 的旋度也可以用类似式（1.17）的行列式表示为

$$\nabla \times \boldsymbol{a} = \begin{vmatrix} \boldsymbol{e}_x & \boldsymbol{e}_y & \boldsymbol{e}_z \\ \dfrac{\partial}{\partial x} & \dfrac{\partial}{\partial y} & \dfrac{\partial}{\partial z} \\ a_x & a_y & a_z \end{vmatrix} \tag{1.26}$$

展开后可得

$$\nabla \times \boldsymbol{a} = \left(\frac{\partial a_z}{\partial y} - \frac{\partial a_y}{\partial z}\right)\boldsymbol{e}_x + \left(\frac{\partial a_x}{\partial z} - \frac{\partial a_z}{\partial x}\right)\boldsymbol{e}_y + \left(\frac{\partial a_y}{\partial x} - \frac{\partial a_x}{\partial y}\right)\boldsymbol{e}_z \tag{1.27}$$

根据旋度的物理意义（见 Box1.1），旋度有时候也称为矢量旋转。下面列出了常用的关于标量 φ、矢量 $\boldsymbol{a}$ 和 $\boldsymbol{b}$ 的散度和旋度运算：

$$\nabla \cdot (\varphi \boldsymbol{a}) = (\nabla \varphi) \cdot \boldsymbol{a} + \varphi(\nabla \cdot \boldsymbol{a}) \tag{1.28}$$

Box 1.1　矢量的旋度

一个矢量在给定点的旋度与该点矢量的环流有关。这一解释的最好方法是举例说明，设流体以恒定的角速度 $\boldsymbol{\omega}$ 绕某一点旋转，在距离为 r 处，流体的线速度 $\boldsymbol{v} = \boldsymbol{\omega} \times \boldsymbol{r}$。取 $\boldsymbol{v}$ 的旋度，并利用式（1.31）得

$$\nabla \times \boldsymbol{v} = \nabla \times (\boldsymbol{\omega} \times \boldsymbol{r}) = \boldsymbol{\omega}(\nabla \cdot \boldsymbol{r}) - (\boldsymbol{\omega} \cdot \nabla)\boldsymbol{r} \tag{1}$$

为了计算式（1）右边第一项，采用直角坐标系(x,y,z)得

$$\begin{aligned}\boldsymbol{\omega}(\nabla \cdot \boldsymbol{r}) &= \boldsymbol{\omega}\left(\boldsymbol{e}_x \frac{\partial}{\partial x} + \boldsymbol{e}_y \frac{\partial}{\partial y} + \boldsymbol{e}_z \frac{\partial}{\partial z}\right) \cdot (x\boldsymbol{e}_x + y\boldsymbol{e}_y + z\boldsymbol{e}_z) \\ &= \boldsymbol{\omega}(\boldsymbol{e}_x \cdot \boldsymbol{e}_x + \boldsymbol{e}_y \cdot \boldsymbol{e}_y + \boldsymbol{e}_z \cdot \boldsymbol{e}_z) = 3\boldsymbol{\omega}\end{aligned} \tag{2}$$

第二项为

$$\begin{aligned}(\boldsymbol{\omega} \cdot \nabla)\boldsymbol{r} &= \left(\omega_x \frac{\partial}{\partial x} + \omega_y \frac{\partial}{\partial y} + \omega_z \frac{\partial}{\partial z}\right) \cdot (x\boldsymbol{e}_x + y\boldsymbol{e}_y + z\boldsymbol{e}_z) \\ &= \omega_x \boldsymbol{e}_x + \omega_y \boldsymbol{e}_y + \omega_z \boldsymbol{e}_z = \boldsymbol{\omega}\end{aligned} \tag{3}$$

联立以上两项结果得

$$\nabla \times \boldsymbol{v} = 2\boldsymbol{\omega} \tag{4}$$

$$\boldsymbol{\omega} = \frac{1}{2}(\nabla \times \boldsymbol{v}) \tag{5}$$

因为流体的角速度和线速度之间的关系，旋度运算通常被解释为流体的环流。当任一点都有$\nabla \times \boldsymbol{v} = \boldsymbol{0}$ 时，意味着没有旋度，满足这种条件的矢量称为无旋矢量。

$$\nabla \cdot (\boldsymbol{a} \times \boldsymbol{b}) = \boldsymbol{b} \cdot (\nabla \times \boldsymbol{a}) - \boldsymbol{a} \cdot (\nabla \times \boldsymbol{b}) \tag{1.29}$$

$$\nabla \times (\varphi \boldsymbol{a}) = (\nabla \varphi) \times \boldsymbol{a} + \varphi (\nabla \times \boldsymbol{a}) \tag{1.30}$$

$$\nabla \times (\boldsymbol{a} \times \boldsymbol{b}) = \boldsymbol{a}(\nabla \cdot \boldsymbol{b}) - \boldsymbol{b}(\nabla \cdot \boldsymbol{a}) - (\boldsymbol{a} \cdot \nabla)\boldsymbol{b} + (\boldsymbol{b} \cdot \nabla)\boldsymbol{a} \tag{1.31}$$

$$\nabla \times (\nabla \varphi) = 0 \tag{1.32}$$

$$\nabla \cdot (\nabla \times \boldsymbol{a}) = 0 \tag{1.33}$$

$$\nabla \times (\nabla \times \boldsymbol{a}) = \nabla(\nabla \cdot \boldsymbol{a}) - \nabla^2 \boldsymbol{a} \tag{1.34}$$

从基本原理出发理解这些关系和性质是值得我们花费时间去练习的，尤其是式（1.19）和式（1.31）~式（1.34）将在后面的章节用到。

1.4 矩阵和张量

1.4.1 旋转矩阵

有两个笛卡儿直角坐标系(x,y,z)和(x_0,y_0,z_0)，它们彼此之间有一定的倾角（见图 1.3），其中 x_0轴与直角坐标系(x,y,z)各坐标轴的夹角依次为(ϕ_1,χ_1,θ_1)，同理(ϕ_2,χ_2,θ_2)和(ϕ_3,χ_3,θ_3)分别是 y_0轴和 z_0轴依次与(x,y,z)系各坐标轴的夹角。沿(x,y,z)轴和(x_0,y_0,z_0)轴

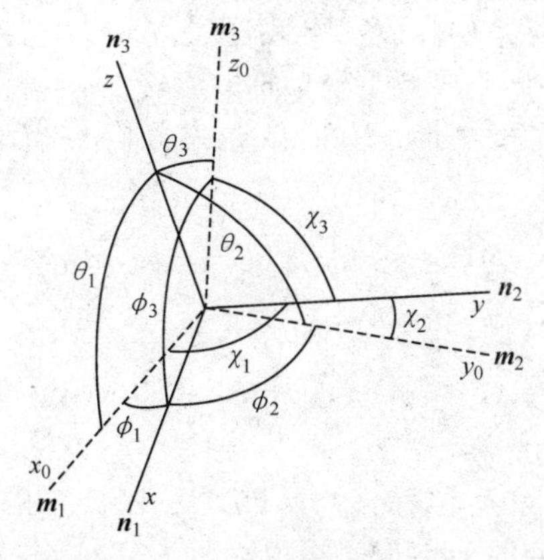

图 1.3　两个笛卡儿直角坐标系(x,y,z)和(x_0,y_0,z_0)，对应坐标轴上的单位矢量分别是（$\boldsymbol{n}_1$，$\boldsymbol{n}_2$，$\boldsymbol{n}_3$）和（$\boldsymbol{m}_1$，$\boldsymbol{m}_2$，$\boldsymbol{m}_3$）

的单位矢量分别是$(\boldsymbol{n}_1,\boldsymbol{n}_2,\boldsymbol{n}_3)$和$(\boldsymbol{m}_1,\boldsymbol{m}_2,\boldsymbol{m}_3)$。这样任何一个矢量$\boldsymbol{r}$都可以在两个坐标系中表示，例如$\boldsymbol{r}=\boldsymbol{r}(x,y,z)=\boldsymbol{r}(x_0,y_0,z_0)$，即

$$\boldsymbol{r}=x\boldsymbol{n}_1+y\boldsymbol{n}_2+z\boldsymbol{n}_3=x_0\boldsymbol{m}_1+y_0\boldsymbol{m}_2+z_0\boldsymbol{m}_3 \tag{1.35}$$

标量积$\boldsymbol{r}\cdot\boldsymbol{m}_1$可以表示为

$$\boldsymbol{r}\cdot\boldsymbol{m}_1=x\boldsymbol{n}_1\cdot\boldsymbol{m}_1+y\boldsymbol{n}_2\cdot\boldsymbol{m}_1+z\boldsymbol{n}_3\cdot\boldsymbol{m}_1=x_0 \tag{1.36}$$

定义标量积$(\boldsymbol{n}_1\cdot\boldsymbol{m}_1)=\cos\phi_1=\alpha_{11}$为$x_0$轴相对于$x$轴的方向余弦（见Box1.2），类似地，$(\boldsymbol{n}_2\cdot\boldsymbol{m}_1)=\cos\chi_1=\alpha_{12}$、$(\boldsymbol{n}_3\cdot\boldsymbol{m}_1)=\cos\theta_1=\alpha_{13}$分别为$x_0$轴分别相对于$y$轴、$z$轴的方向余弦。因此，式（1.36）可以表示为

$$x_0=\alpha_{11}x+\alpha_{12}y+\alpha_{13}z \tag{1.37}$$

同理，y_0轴和z_0轴与坐标轴(x,y,z)的关系分别为

$$\begin{cases}y_0=\alpha_{21}x+\alpha_{22}y+\alpha_{23}z\\ z_0=\alpha_{31}x+\alpha_{32}y+\alpha_{33}z\end{cases} \tag{1.38}$$

以上三个方程可以用矩阵方程表示为

$$\begin{pmatrix}x_0\\y_0\\z_0\end{pmatrix}=\begin{pmatrix}\alpha_{11}&\alpha_{12}&\alpha_{13}\\\alpha_{21}&\alpha_{22}&\alpha_{23}\\\alpha_{31}&\alpha_{32}&\alpha_{33}\end{pmatrix}\begin{pmatrix}x\\y\\z\end{pmatrix}=\boldsymbol{M}\begin{pmatrix}x\\y\\z\end{pmatrix} \tag{1.39}$$

矩阵元系数$\alpha_{nm}(n=1,2,3;m=1,2,3)$为各坐标轴间的方向余弦，根据定义可知$\alpha_{12}=\alpha_{21}$，$\alpha_{23}=\alpha_{32}$且$\alpha_{31}=\alpha_{13}$，因此方阵$\boldsymbol{M}$是对称的。矢量在$(x,y,z)$坐标系中的表示可以通过方阵$\boldsymbol{M}$转换为在$(x_0,y_0,z_0)$坐标系中的表示，即它等效于坐标轴的旋转。

由于坐标轴的正交性，方向余弦之间存在着非常有用的关系，例如：

$$(\alpha_{11})^2+(\alpha_{12})^2+(\alpha_{13})^2=\cos^2\phi_1+\cos^2\chi_1+\cos^2\theta_1=\frac{1}{r^2}(x^2+y^2+z^2)=1 \tag{1.40}$$

$$\alpha_{11}\alpha_{21}+\alpha_{12}\alpha_{22}+\alpha_{13}\alpha_{23}=\cos\phi_1\cos\phi_2+\cos\chi_1\cos\chi_2+\cos\theta_1\cos\theta_2=0 \tag{1.41}$$

因为坐标轴x_0与y_0互相垂直，所以式（1.41）的求和为零。所以式（1.40）和式（1.41）合起来可以表示为

$$\sum_{k=1}^{3}\alpha_{mk}\alpha_{nk}=\begin{cases}1, & m=n\\0, & m\neq n\end{cases} \tag{1.42}$$

Box 1.2　方向余弦

矢量 $\boldsymbol{r}$ 与相互垂直的单位矢量($\boldsymbol{e}_x, \boldsymbol{e}_y, \boldsymbol{e}_z$)的所在的坐标轴($x, y, z$)之间的夹角分别是 α，β 和 γ，如图 B1.2 所示。矢量 $\boldsymbol{r}$ 可以表示为

$$\boldsymbol{r} = x\boldsymbol{e}_x + y\boldsymbol{e}_y + z\boldsymbol{e}_z \quad (1)$$

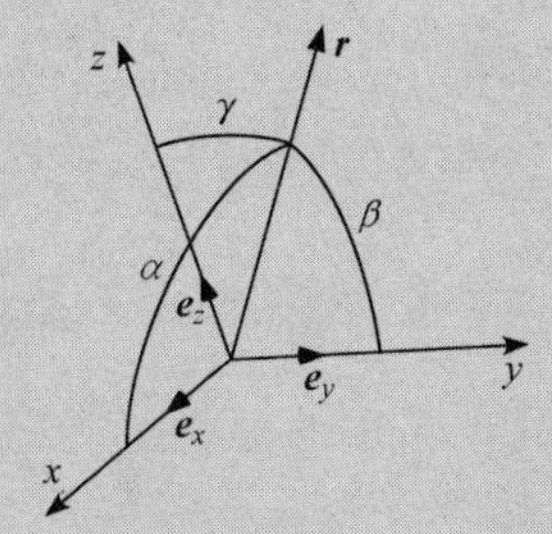

图 B1.2　角 α，β 和 γ 分别定义了矢量 $\boldsymbol{r}$ 相对于正交参考轴(x, y, z)的倾角。单位矢量($\boldsymbol{e}_x, \boldsymbol{e}_y, \boldsymbol{e}_z$)定义了坐标系

其中(x, y, z)分别是矢量 $\boldsymbol{r}$ 在坐标轴上的分量。矢量 $\boldsymbol{r}$ 和$\boldsymbol{e}_x$、$\boldsymbol{e}_y$ 和$\boldsymbol{e}_z$的点积是

$$\begin{cases} \boldsymbol{r} \cdot \boldsymbol{e}_x = x = r\cos\alpha \\ \boldsymbol{r} \cdot \boldsymbol{e}_y = y = r\cos\beta \\ \boldsymbol{r} \cdot \boldsymbol{e}_z = z = r\cos\gamma \end{cases} \quad (2)$$

因此，式（1）中矢量 $\boldsymbol{r}$ 等于

$$\boldsymbol{r} = (r\cos\alpha)\boldsymbol{e}_x + (r\cos\beta)\boldsymbol{e}_y + (r\cos\gamma)\boldsymbol{e}_z \quad (3)$$

$\boldsymbol{r}$ 方向的单位矢量 $\boldsymbol{u}$ 与 $\boldsymbol{r}$ 方向一致，但大小等于 1：

$$\boldsymbol{u} = \frac{\boldsymbol{r}}{r} = (\cos\alpha)\boldsymbol{e}_x + (\cos\beta)\boldsymbol{e}_y + (\cos\gamma)\boldsymbol{e}_z = l\boldsymbol{e}_x + m\boldsymbol{e}_y + n\boldsymbol{e}_z \quad (4)$$

其中(l, m, n)是矢量 $\boldsymbol{r}$ 与参考轴之间夹角的余弦，称为矢量 $\boldsymbol{r}$ 的方向余弦。它们在描述直线和矢量的方向时是很有用的。

两个单位矢量的点积就是它们之间夹角的余弦。设u_1和u_2是方向余弦分别为(l_1, m_1, n_1)和(l_2, m_2, n_2)的单位矢量，θ 是两个矢量之间的夹角，则其点积为

$$\boldsymbol{u}_1 \cdot \boldsymbol{u}_2 = \cos\theta = (l_1\boldsymbol{e}_x + m_1\boldsymbol{e}_y + n_1\boldsymbol{e}_z) \cdot (l_2\boldsymbol{e}_x + m_2\boldsymbol{e}_y + n_2\boldsymbol{e}_z) \quad (5)$$

因此

$$\cos\theta = l_1 l_2 + m_1 m_2 + n_1 n_2 \quad (6)$$

单位矢量的平方即矢量和它自己的点积，等于 1：

$$\boldsymbol{u} \cdot \boldsymbol{u} = \frac{\boldsymbol{r} \cdot \boldsymbol{r}}{r^2} = 1 \quad (7)$$

将单位矢量 $\boldsymbol{u}$ 写成式（4）那样，并利用式（2）中的正交条件，会发现直线的方向余弦的平方和为 1，即

$$(l\boldsymbol{e}_x + m\boldsymbol{e}_y + n\boldsymbol{e}_z) \cdot (l\boldsymbol{e}_x + m\boldsymbol{e}_y + n\boldsymbol{e}_z) = l^2 + m^2 + n^2 = 1 \tag{8}$$

1.4.2 本征值和本征矢量

若矩阵 $\boldsymbol{X}$ 中的矩阵元为 α_{nm}，则其转置矩阵中的矩阵元素为 α_{mn}（即矩阵中行元素和相应的列元素互换位置）。一个（3×1）的列矩阵，其转置矩阵是一个（1×3）的行矩阵，例如：

$$\boldsymbol{X} = \begin{pmatrix} x \\ y \\ z \end{pmatrix} \tag{1.43}$$

其转置矩阵为

$$\boldsymbol{X}^{\mathrm{T}} = (x, y, z) \tag{1.44}$$

矩阵方程 $\boldsymbol{X}^{\mathrm{T}}\boldsymbol{M}\boldsymbol{X} = K$（$K$ 是常数）定义了一个二次曲面：

$$\boldsymbol{X}^{\mathrm{T}}\boldsymbol{M}\boldsymbol{X} = (x, y, z)\begin{pmatrix} \alpha_{11} & \alpha_{12} & \alpha_{13} \\ \alpha_{21} & \alpha_{22} & \alpha_{23} \\ \alpha_{31} & \alpha_{32} & \alpha_{33} \end{pmatrix}\begin{pmatrix} x \\ y \\ z \end{pmatrix} = K \tag{1.45}$$

由矩阵的对称性可知该二次曲面满足：

$$f(x, y, z) = \alpha_{11}x^2 + \alpha_{22}y^2 + \alpha_{33}z^2 + 2\alpha_{12}xy + 2\alpha_{23}yz + 2\alpha_{31}zx = K \tag{1.46}$$

如果系数 α_{nm} 都是大于零的实数，该二次方程表示一个椭球面，椭球面上 $P(x, y, z)$ 点处的法向矢量 $\boldsymbol{n}$ 表示椭球面在点 P 的梯度。根据式（1.39）中 (x, y, z) 和 (x_0, y_0, z_0) 之间的关系及旋转矩阵的对称性，即 $\alpha_{nm} = \alpha_{mn} (n \neq m)$，可得法向矢量 $\boldsymbol{n}$ 的三个分量为

$$\begin{cases} \dfrac{\partial f}{\partial x} = 2(\alpha_{11}x + \alpha_{12}y + \alpha_{13}z) = 2x_0 \\ \dfrac{\partial f}{\partial y} = 2(\alpha_{21}x + \alpha_{22}y + \alpha_{23}z) = 2y_0 \\ \dfrac{\partial f}{\partial z} = 2(\alpha_{31}x + \alpha_{32}y + \alpha_{33}z) = 2z_0 \end{cases} \tag{1.47}$$

所以

$$\boldsymbol{n}(x,y,z)=\nabla f=\boldsymbol{e}_x\frac{\partial f}{\partial x}+\boldsymbol{e}_y\frac{\partial f}{\partial x}+\boldsymbol{e}_z\frac{\partial f}{\partial x} \tag{1.48}$$

$$\boldsymbol{n}(x,y,z)=2(x_0\boldsymbol{e}_x+y_0\boldsymbol{e}_y+z_0\boldsymbol{e}_z)=2\boldsymbol{r}(x_0,y_0,z_0) \tag{1.49}$$

如图1.4所示，原坐标系中$P(x,y,z)$点处法向矢量$\boldsymbol{n}$和旋转坐标系中径向矢量$\boldsymbol{r}(x_0,y_0,z_0)$平行。变换矩阵$\boldsymbol{M}$具有将坐标轴从一个方向转到另一个方向的作用，存在一个特殊矩阵可以使(x_0,y_0,z_0)轴和(x,y,z)轴重合。在这种情况下，椭球面的法线就是椭球面的三个主轴之一。分量x_0正比于x，y_0正比于y，z_0正比于z，比例系数为β，所以$x_0=\beta x$，$y_0=\beta y$，$z_0=\beta z$，因此联立可得下面的方程组：

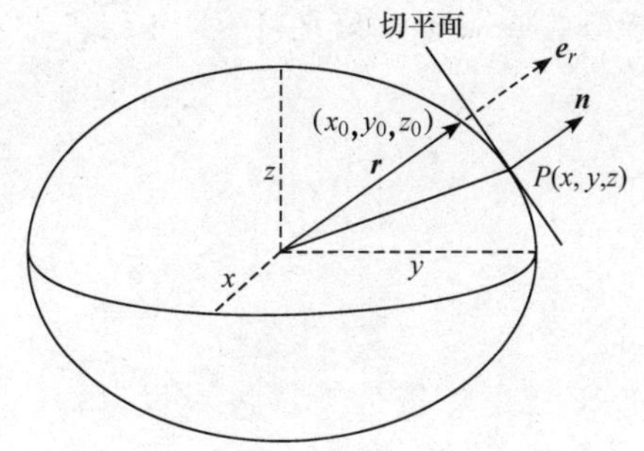

图1.4　椭球面上$P(x,y,z)$点处法向矢量$\boldsymbol{n}$和径向矢量$\boldsymbol{r}(x_0,y_0,z_0)$平行

$$\begin{cases}(\alpha_{11}-\beta)x+\alpha_{12}y+\alpha_{13}z=0\\ \alpha_{21}x+(\alpha_{22}-\beta)y+\alpha_{23}z=0\\ \alpha_{31}x+\alpha_{32}y+(\alpha_{33}-\beta)z=0\end{cases} \tag{1.50}$$

矩阵表示为

$$\begin{pmatrix}\alpha_{11}-\beta & \alpha_{12} & \alpha_{13}\\ \alpha_{21} & \alpha_{22}-\beta & \alpha_{23}\\ \alpha_{31} & \alpha_{32} & \alpha_{33}-\beta\end{pmatrix}\begin{pmatrix}x\\ y\\ z\end{pmatrix}=0 \tag{1.51}$$

只有当系数行列式为零时，联立方程组才有非平凡解，即

$$\begin{vmatrix}\alpha_{11}-\beta & \alpha_{12} & \alpha_{13}\\ \alpha_{21} & \alpha_{22}-\beta & \alpha_{23}\\ \alpha_{31} & \alpha_{32} & \alpha_{33}-\beta\end{vmatrix}=0 \tag{1.52}$$

这个方程是关于 β 的三阶多项式，它的三个根$(\beta_1,\beta_2,\beta_3)$称为矩阵 $\boldsymbol{M}$ 的本征值。把每个本征值β_n依次对应地插入到式（1.50），就定义了矢量$\boldsymbol{v}_n$的三个分量，矢量$\boldsymbol{v}_n$称为矩阵 $\boldsymbol{M}$ 的本征向量。

矩阵方程（1.51）和下面的方程等价：

$$\begin{pmatrix}\alpha_{11} & \alpha_{12} & \alpha_{13}\\ \alpha_{21} & \alpha_{22} & \alpha_{23}\\ \alpha_{31} & \alpha_{32} & \alpha_{33}\end{pmatrix}\begin{pmatrix}x\\ y\\ z\end{pmatrix}-\beta\begin{pmatrix}1 & 0 & 0\\ 0 & 1 & 0\\ 0 & 0 & 1\end{pmatrix}\begin{pmatrix}x\\ y\\ z\end{pmatrix}=\boldsymbol{0} \tag{1.53}$$

用矩阵符号表示，即

$$(\boldsymbol{M}-\beta\boldsymbol{I})\boldsymbol{X}=\boldsymbol{0} \tag{1.54}$$

矩阵 $\boldsymbol{I}$ 称为单位矩阵，它只有对角元素等于1，其余元素都等于0，即

$$\boldsymbol{I}=\begin{pmatrix}1 & 0 & 0\\ 0 & 1 & 0\\ 0 & 0 & 1\end{pmatrix} \tag{1.55}$$

1.4.3 张量

如果我们用矩阵或矩阵符号来描述矢量方程，写起来会比较麻烦，为此引入张量来简化方程的书写形式。与前面的字母下标定义不同，为了简化方程的书写形式，张量的数字下标表示对所有可能的下标求和。

将笛卡儿坐标系中的(x,y,z)替换为(x_1,x_2,x_3)，并将相应的单位矢量替换为$(\boldsymbol{e}_1,\boldsymbol{e}_2,\boldsymbol{e}_3)$，式（1.14）中的 $\boldsymbol{a}$ 变为

$$\boldsymbol{a} = a_1\boldsymbol{e}_1 + a_2\boldsymbol{e}_2 + a_3\boldsymbol{e}_3 = \sum_{i=1,2,3} a_i\boldsymbol{e}_i \tag{1.56}$$

爱因斯坦求和约定提出去掉求和号，默认重复下标代表对所有的下标求和，例如上式中对1，2，3求和就可以写成

$$\boldsymbol{a}=a_i\boldsymbol{e}_i \tag{1.57}$$

也可以省略单位矢量，即a_i就可以直接表示矢量 $\boldsymbol{a}$。根据爱因斯坦求和约定，式（1.15）中 $\boldsymbol{a}$ 和 $\boldsymbol{b}$ 的标量积可以表示为

$$\boldsymbol{a}\cdot\boldsymbol{b}=a_1b_1+a_2b_2+a_3b_3=a_ib_i \tag{1.58}$$

假设两个矢量是相关的，那么 $\boldsymbol{a}$ 的每个分量都可以表示为 $\boldsymbol{b}$ 分量的线

性组合，这种关系可以用张量表示为

$$a_i = T_{ij}b_j \tag{1.59}$$

下标 i 和 j 分别表示矢量 $\boldsymbol{a}$ 和 $\boldsymbol{b}$ 的分量，每个下标依次取1，2，3，T_{ij} 是一个二阶张量，表示由9个系数组成的数组；矢量由三个分量组成，是一阶张量；标量只有一个分量，是零阶张量。

为了表示两个矢量的叉积，我们需要定义一个新张量——Levi－Civita 置换张量ε_{ijk}。当下标为偶排列时$\varepsilon_{ijk}=1$（如$\varepsilon_{123}=\varepsilon_{231}=\varepsilon_{312}=1$），而当下标为奇排列时$\varepsilon_{ijk}=-1$（如$\varepsilon_{132}=\varepsilon_{213}=\varepsilon_{321}=-1$），如果有两个或两个以上下标相等，则$\varepsilon_{ijk}=0$，Levi－Civita 置换张量可以用来表示两个矢量的叉积。如果用 $\boldsymbol{u}$ 表示矢量 $\boldsymbol{a}$ 和 $\boldsymbol{b}$ 的叉积，则

$$\boldsymbol{u} = \boldsymbol{a} \times \boldsymbol{b} = (a_2b_3 - a_3b_2)\boldsymbol{e}_1 + (a_3b_1 - a_1b_3)\boldsymbol{e}_2 + (a_1b_2 - a_2b_1)\boldsymbol{e}_3 \tag{1.60}$$

如果用 Levi－Civita 置换张量表示，则

$$u_i = \varepsilon_{ijk}a_jb_k \tag{1.61}$$

这很容易通过 $\boldsymbol{u}$ 的任何一个分量来验证其正确性，例如：

$$u_1 = \varepsilon_{123}a_2b_3 + \varepsilon_{132}a_3b_2 = a_2b_3 - a_3b_2 \tag{1.62}$$

与式（1.55）定义的单位矩阵相等的张量称为克罗内克符号，也称为克罗内克 δ 函数，取值规则如下：

$$\delta_{ij} = \begin{cases} 1, & i = j \\ 0, & i \neq j \end{cases} \tag{1.63}$$

克罗内克符号可以更方便地表示具有特殊分量的张量方程，例如式（1.54）可以简写为

$$(\alpha_{ij} - \beta\delta_{ij})x_j = 0 \tag{1.64}$$

它与式（1.50）的联立方程组是等价的，同理，式（1.42）表示的方向余弦之间的关系可以简化为

$$\alpha_{mk}\alpha_{nk} = \delta_{mn} \tag{1.65}$$

其中重复下标满足求和约定。

1.4.4　坐标轴的旋转

设ν_k是与坐标系x_l相联系的矢量，通过张量T_{kl}表示为

$$\nu_k = T_{kl}x_l \tag{1.66}$$

另外一个坐标系x'_n相对于坐标轴x_l旋转，各坐标轴间的方向余弦构成张量元α_{nl}，则

$$x'_n = \alpha_{nl}x_l \tag{1.67}$$

同一个矢量在旋转的坐标系x'_n中用张量T'_{kn}表示为

$$\nu'_k = T'_{kn}x'_n \tag{1.68}$$

ν_k和ν'_k是同一个矢量在不同的坐标系中的表示，因此

$$\nu'_k = \alpha_{kn}\nu_n = \alpha_{kn}T_{nl}x_l \tag{1.69}$$

式（1.68）和式（1.69）都表示ν'_k，所以

$$T'_{kn}x'_n = \alpha_{kn}T_{nl}x_l \tag{1.70}$$

利用坐标轴之间的变换关系式（1.67）可得

$$T'_{kn}x'_n = T'_{kn}\alpha_{nl}x_l \tag{1.71}$$

因此

$$T'_{kn}\alpha_{nl} = \alpha_{kn}T_{nl} \tag{1.72}$$

式（1.72）两边同乘以α_{ml}并求和得

$$\alpha_{ml}\alpha_{nl}T'_{kn} = \alpha_{ml}\alpha_{kn}T_{nl} \tag{1.73}$$

式（1.73）左边项$\alpha_{ml}\alpha_{nl}$的展开式为

$$\alpha_{ml}\alpha_{nl} = \alpha_{m1}\alpha_{n1} + \alpha_{m2}\alpha_{n2} + \alpha_{m3}\alpha_{n3} = \delta_{mn} \tag{1.74}$$

因此，旋转坐标系的矩阵T'_{km}通过坐标轴间的方向余弦与原坐标系中的矩阵T_{nl}联系起来，即

$$T'_{km} = \alpha_{ml}\alpha_{kn}T_{nl} \tag{1.75}$$

下标 m 和 k 可以互换而不影响结果，即求和顺序会发生改变，但求和结果不会改变，因此

$$T'_{km} = \alpha_{kl}\alpha_{mn}T_{nl} \tag{1.76}$$

式（1.76）中的关系可以用来计算相对于原坐标系旋转的新坐标系的矩阵元，矩阵元是两个坐标系中坐标轴间夹角的方向余弦α_{nl}。

1.4.5　矢量微分算符的张量表示

笛卡儿坐标系中矢量微分算符的张量表示为

$$\nabla = \boldsymbol{e}_i \frac{\partial}{\partial x_i} \tag{1.77}$$

因此，标量函数 φ 在笛卡儿坐标系$(\boldsymbol{e}_1,\boldsymbol{e}_2,\boldsymbol{e}_3)$中的梯度为

$$\nabla\varphi=\boldsymbol{e}_1\frac{\partial\varphi}{\partial x_1}+\boldsymbol{e}_2\frac{\partial\varphi}{\partial x_2}+\boldsymbol{e}_3\frac{\partial\varphi}{\partial x_3}=\boldsymbol{e}_i\frac{\partial\varphi}{\partial x_i}\tag{1.78}$$

这个方程的以下几种简写形式经常会用到，如：

$$\frac{\partial\varphi}{\partial x_i}=(\nabla\varphi)_i=\varphi_{,i}=\partial_i\varphi\tag{1.79}$$

矢量 $\boldsymbol{a}$ 的散度用张量表示为

$$\nabla\cdot\boldsymbol{a}=\frac{\partial a_1}{\partial x_1}+\frac{\partial a_2}{\partial x_2}+\frac{\partial a_3}{\partial x_3}=\frac{\partial a_i}{\partial x_i}=\partial_i a_i\tag{1.80}$$

矢量 $\boldsymbol{a}$ 的旋度用张量表示为

$$\nabla\times\boldsymbol{a}=\boldsymbol{e}_1\left(\frac{\partial a_3}{\partial x_2}-\frac{\partial a_2}{\partial x_3}\right)+\boldsymbol{e}_2\left(\frac{\partial a_1}{\partial x_3}-\frac{\partial a_3}{\partial x_1}\right)+\boldsymbol{e}_3\left(\frac{\partial a_2}{\partial x_1}-\frac{\partial a_1}{\partial x_2}\right)\tag{1.81}$$

$$(\nabla\times\boldsymbol{a})_i=\varepsilon_{ijk}\frac{\partial a_k}{\partial x_j}=\varepsilon_{ijk}\partial_j a_k\tag{1.82}$$

1.5 保守力　保守场和势

物体在力的作用下从起点移到终点，如果该力所做的功只与始末位置有关而与路径无关，这样的力称为保守力。保守力沿任意闭合路径一周做功为零，该条件是判断一个力是否是保守力的闭合路径测试判据。在实际情况中，能量可能会损耗（如热或摩擦），但是理想情况下能量 E 是守恒的。力 $\boldsymbol{F}$ 对物体所做的功会转化为由于物体的位移而引起的势能增量 $\mathrm{d}E_{\mathrm{P}}$，总能量的变化量 $\mathrm{d}E$ 为零，即

$$\mathrm{d}E=\mathrm{d}E_{\mathrm{P}}+\mathrm{d}W=0\tag{1.83}$$

在笛卡儿坐标系中，当保守力(F_x,F_y,F_z)沿坐标轴(x,y,z)发生元位移$(\mathrm{d}x,\mathrm{d}y,\mathrm{d}z)$时，势能的增量

$$\mathrm{d}E_{\mathrm{P}}=-\mathrm{d}W=-(F_x\mathrm{d}x+F_y\mathrm{d}y+F_z\mathrm{d}z)\tag{1.84}$$

力的大小会因为相对于力源的位置不同而在空间发生变化，如空间某一点的引力随着该点到引力源距离的增大而减小，电场力也会随着该点到场源电荷距离的增大而减小。一个物理量如果在某一区域内产生一种力，则称该区域为场。几何上可以用一组曲线来描述场——场

线，场线上每一点的切线方向都指向该点力的方向。场也可以用来表示单位物理量所受到的场力（即场强），例如，空间中某点的电场是指该点的单位电荷所受的电场力。引力场是指单位质量的物体所受的引力，也等于引力加速度。

在引力场中，引力 $\boldsymbol{F}$ 与引力加速度 $\boldsymbol{a}$ 成正比，因此在笛卡儿坐标系中引力 $\boldsymbol{F}$ 可以表示为(ma_x, ma_y, ma_z)。引力势 U 是单位质量的物体在引力场中所具有的势能，因此 $\mathrm{d}E_{\mathrm{P}} = m\mathrm{d}U$，代入式（1.84）得

$$\mathrm{d}U = -(a_x\mathrm{d}x + a_y\mathrm{d}y + a_z\mathrm{d}z) \tag{1.85}$$

$\mathrm{d}U$ 的全微分用偏微分可以表示为

$$\mathrm{d}U = \frac{\partial U}{\partial x}\mathrm{d}x + \frac{\partial U}{\partial y}\mathrm{d}y + \frac{\partial U}{\partial z}\mathrm{d}z \tag{1.86}$$

比较式（1.85）和式（1.86）可得

$$a_x = -\frac{\partial U}{\partial x}; a_y = -\frac{\partial U}{\partial y}; a_z = -\frac{\partial U}{\partial z} \tag{1.87}$$

这说明引力加速度等于引力势梯度的负值，即

$$\boldsymbol{a} = -\nabla U \tag{1.88}$$

类似地，其他保守场（如电场、静磁场）也可以由相对应的标量势梯度推导出来，根据式（1.32）可知梯度的旋度恒等于零，结合式(1.88)可得保守力场满足下面条件:

$$\nabla \times \boldsymbol{F} = \boldsymbol{0} \tag{1.89}$$

1.6 散度定理（高斯定理）

设 $\boldsymbol{n}$ 是垂直于面元 $\mathrm{d}S$ 的法线方向的单位矢量，$\mathrm{d}\Phi$ 是穿过面元 $\mathrm{d}S$ 的矢量 $\boldsymbol{F}$ 的通量（见图 1.5），则通量 $\mathrm{d}\Phi$ 等于 $\boldsymbol{F}$ 和 $\mathrm{d}\boldsymbol{S}$ 的标量积，即

$$\mathrm{d}\Phi = \boldsymbol{F} \cdot \boldsymbol{n}\mathrm{d}S \tag{1.90}$$

如果 $\boldsymbol{F}$ 和 $\boldsymbol{n}$ 的夹角为 θ，则穿过 $\mathrm{d}S$ 的通量为

$$\mathrm{d}\Phi = F\mathrm{d}S\cos\theta \tag{1.91}$$

其中 F 是矢量 $\boldsymbol{F}$ 的大小，因此，穿过斜面 $\mathrm{d}S$ 的矢量 $\boldsymbol{F}$ 的通量就等于穿过投影面 $\mathrm{d}S_n(=\mathrm{d}S\cos\theta)$的通量，投影面 $\mathrm{d}S_n$垂直于 $\boldsymbol{F}$。

考虑矢量 $\boldsymbol{F}$ 穿过一长、宽、高分别是 $\mathrm{d}x$、$\mathrm{d}y$ 和 $\mathrm{d}z$ 的长方形体积元表面的净通量，$\mathrm{d}x$、$\mathrm{d}y$ 和 $\mathrm{d}z$ 分别平行于 x 轴、y 轴和 z 轴（见图1.6）。由图可知与 x 轴垂直的面元 $\mathrm{d}S_x=\mathrm{d}y\mathrm{d}z$，矢量 $\boldsymbol{F}$ 在 x 处（穿进）的分量为F_x，在 $x+\mathrm{d}x$ 处（穿出）的分量为$F_x+\mathrm{d}F_x$，则 x 方向的净通量

$$\mathrm{d}\Phi_x=((F_x+\mathrm{d}F_x)-F_x)\mathrm{d}S_x=\mathrm{d}F_x\mathrm{d}y\mathrm{d}z \tag{1.92}$$

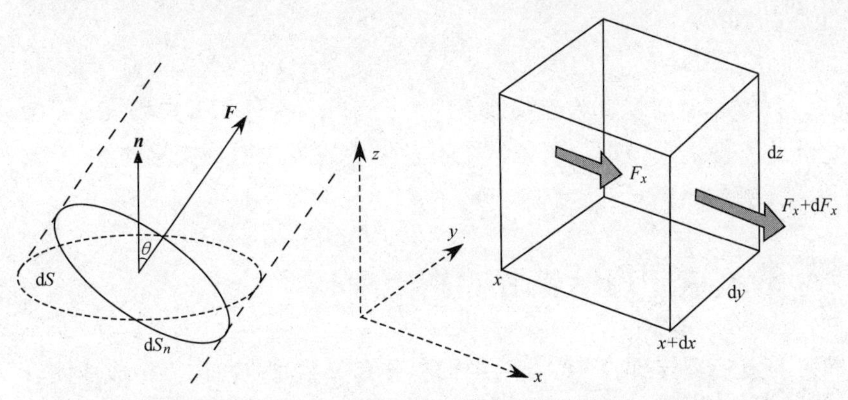

图1.5　矢量 $\boldsymbol{F}$ 穿过面元 $\mathrm{d}S$ 的通量

图1.6　穿过体积元($\mathrm{d}x,\mathrm{d}y,\mathrm{d}z$)的 x 方向上的净通量的计算

如果 $\mathrm{d}x$ 非常小，F_x的变化量 $\mathrm{d}F_x$可以用一阶微分表示，即

$$\mathrm{d}F_x=\frac{\partial F_x}{\partial x}\mathrm{d}x \tag{1.93}$$

则沿 x 方向的净通量

$$\mathrm{d}\Phi_x=\frac{\partial F_x}{\partial x}\mathrm{d}x\mathrm{d}y\mathrm{d}z=\frac{\partial F_x}{\partial x}\mathrm{d}V \tag{1.94}$$

式中，$\mathrm{d}V$ 是体积元，同理可以计算出穿过 y 方向和 z 方向的净通量，则 $\boldsymbol{F}$ 穿过整个体积元表面的净通量为

$$\mathrm{d}\Phi=\mathrm{d}\Phi_x+\mathrm{d}\Phi_y+\mathrm{d}\Phi_z \tag{1.95}$$

$$\mathrm{d}\Phi=\left(\frac{\partial F_x}{\partial x}+\frac{\partial F_y}{\partial y}+\frac{\partial F_z}{\partial z}\right)\mathrm{d}V=(\nabla\cdot\boldsymbol{F})\mathrm{d}V \tag{1.96}$$

与通量定义式（1.90）对比，可得穿过有限体积 V 的表面 S（$\boldsymbol{n}$ 为外

法线方向）的通量为

$$\iiint_V (\nabla \cdot \boldsymbol{F})\,\mathrm{d}V = \iint_S \boldsymbol{F} \cdot \boldsymbol{n}\,\mathrm{d}S \tag{1.97}$$

式（1.97）称为散度定理或高斯定理，高斯定理是以德国数学家高斯（1777—1855）命名的。注意这里的表面 S 是包围体积 V 的闭合曲面，如果矢量 $\boldsymbol{F}$ 穿入和穿出闭合曲面的通量相等，则穿过整个闭合曲面的净通量为零，因此

$$\nabla \cdot \boldsymbol{F} = 0 \tag{1.98}$$

式（1.98）有时候称为连续性条件，它意味着在体积 V 内场线既不会产生也不会消失（即，该区域既不是矢量的源也不是矢量的汇），矢量是无源的。

1.7 旋度定理（斯托克斯定理）

斯托克斯定理将矢量旋度的面积分和矢量对曲面边界构成的闭合路径的环流联系了起来。设矢量 $\boldsymbol{F}$ 经过曲面 S，该曲面被分割成许多小网格面元（见图 1.7），任一面元大小为其面积的大小，方向为垂直于该面元的法线方向 $\boldsymbol{n}$。

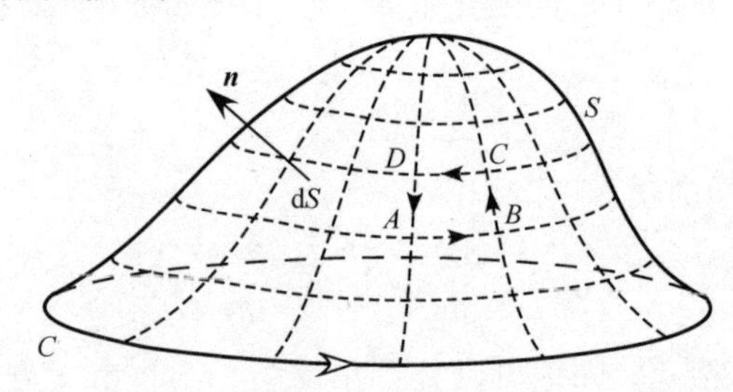

图 1.7　斯托克斯定理：以闭合曲线 C 为边界的曲面 S 被分割成无数个小网格面元 $\mathrm{d}S$

首先，我们来计算力 $\boldsymbol{F}$ 绕任一面元边界构成的闭合路径 $ABCD$（见图 1.8）一周所做的功。沿着每一段路径我们只需要考虑力 $\boldsymbol{F}$ 在该段路径上的平行分量即可。力 $\boldsymbol{F}$ 的值可以随着位置而改变，例如，

沿 AB 的 x 分量与沿 CD 的 x 分量可以不同。如果 $\mathrm{d}x$ 和 $\mathrm{d}y$ 无限小，我们可以用泰勒级数（见 1.10.2 小节）对 $\boldsymbol{F}$ 的分量做一阶近似：

$$\begin{cases}(F_x)_{CD} = (F_x)_{AB} + \dfrac{\partial F_x}{\partial y}\mathrm{d}y \\ (F_y)_{BC} = (F_y)_{DA} + \dfrac{\partial F_y}{\partial x}\mathrm{d}x\end{cases} \tag{1.99}$$

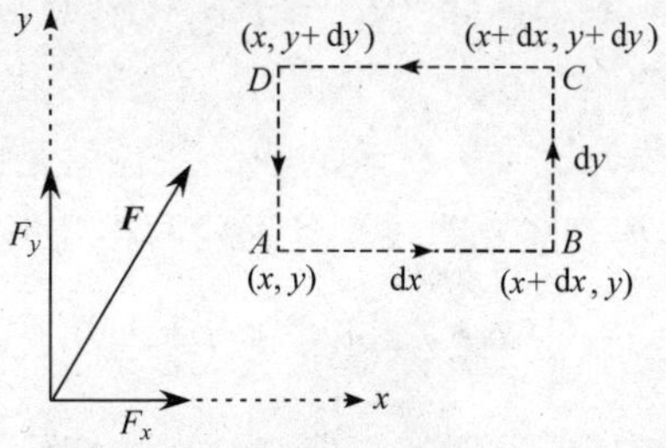

图 1.8　力 $\boldsymbol{F}$ 绕小矩形闭合回路 $ABCD$ 一周所做功的计算

沿小闭合回路 $ABCD$ 一周所做的功等于沿每一小段路径做功的代数和，即

$$\oint_{ABCD}\boldsymbol{F}\cdot\mathrm{d}\boldsymbol{l} = \int_x^{x+\mathrm{d}x}(F_x)_{AB}\mathrm{d}x + \int_y^{y+\mathrm{d}y}(F_y)_{BC}\mathrm{d}y + \int_{x+\mathrm{d}x}^{x}(F_x)_{CD}\mathrm{d}x + \int_{y+\mathrm{d}y}^{y}(F_y)_{DA}\mathrm{d}y \tag{1.100}$$

$$\oint_{ABCD}\boldsymbol{F}\cdot\mathrm{d}\boldsymbol{l} = \int_x^{x+\mathrm{d}x}((F_x)_{AB} - (F_x)_{CD})\mathrm{d}x + \int_y^{y+\mathrm{d}y}((F_y)_{BC} - (F_y)_{DA})\mathrm{d}y \tag{1.101}$$

将式（1.99）代入上式得

$$\oint_{ABCD}\boldsymbol{F}\cdot\mathrm{d}\boldsymbol{l} = \int_x^{x+\mathrm{d}x}\left(-\frac{\partial F_x}{\partial y}\mathrm{d}y\right)\mathrm{d}x + \int_y^{y+\mathrm{d}y}\left(\frac{\partial F_y}{\partial x}\mathrm{d}x\right)\mathrm{d}y \tag{1.102}$$

根据微分中值定理，当 $\mathrm{d}x$、$\mathrm{d}y$ 很小时，我们可以在积分区间内用一点的函数值代替积分，则有

$$\oint_{ABCD}\boldsymbol{F}\cdot\mathrm{d}\boldsymbol{l} = \left(\frac{\partial F_y}{\partial x} - \frac{\partial F_x}{\partial y}\right)\mathrm{d}x\mathrm{d}y \tag{1.103}$$

方程右端括号里面的项表示 $\boldsymbol{F}$ 旋度的 z 分量，因此

$$\oint_{ABCD}\boldsymbol{F}\cdot\mathrm{d}\boldsymbol{l}=(\nabla\times\boldsymbol{F})_z\mathrm{d}x\mathrm{d}y \tag{1.104}$$

小面元 $\mathrm{d}S=\mathrm{d}x\mathrm{d}y$ 的法线方向 $\boldsymbol{n}$ 与 z 轴平行（即垂直于纸面向外，见图 1.8），因此 $\boldsymbol{n}$ 与 $(\nabla\times\boldsymbol{F})_z$ 同向，所以

$$\oint_{ABCD}\boldsymbol{F}\cdot\mathrm{d}\boldsymbol{l}=(\nabla\times\boldsymbol{F})\cdot\boldsymbol{n}\mathrm{d}S \tag{1.105}$$

闭合回路 $ABCD$ 是许多小回路中的一个，对两个相邻的小回路来说，沿着它们公共路径的曲线积分大小相等，但符号相反。如果对曲面 S 上所有小回路进行积分，唯一有效的积分路径就是曲面边界构成的曲线 C（见图 1.7），其他地方曲线积分都两两相互抵消了，因此

$$\iint_S(\nabla\times\boldsymbol{F})\cdot\boldsymbol{n}\mathrm{d}S=\oint_C\boldsymbol{F}\cdot\mathrm{d}\boldsymbol{l} \tag{1.106}$$

这个方程就是以英国数学家斯托克斯（1819—1903）的名字命名的斯托克斯定理，它可以将矢量的面积分转化为线积分。方程左边是对曲面 S 的面积分，右边是矢量 $\boldsymbol{F}$ 对曲面边界构成的闭合路径 C 的线积分，$\mathrm{d}\boldsymbol{l}$ 为边界路径上无限小的线元。闭合回路的环绕方向和面积的法线方向满足右手螺旋定则，即当边界路径在曲面的右侧时，路径的环绕方向为正（见图 1.7）。

斯托克斯定理中的曲面 S 是一个开放的曲面，就像一个以边界曲线 C 为边缘的碗面一样，矢量 $\boldsymbol{F}$ 沿边缘的积分称为沿曲线 C 的环流。如果积分为零说明没有环流，则矢量 $\boldsymbol{F}$ 是无旋的。根据式（1.106）可知，此时

$$\nabla\times\boldsymbol{F}=\boldsymbol{0} \tag{1.107}$$

式（1.107）也是判断 $\boldsymbol{F}$ 是保守场的一个判据。

1.8 泊松方程

在本节及以下几节的推导中，认为对任何场，场与到场源的距离的平方成反比都适用，如引力场、电荷激发的电场等。

设 S 是包含观察点 P 和质点 m 的闭合曲面，$\mathrm{d}S$ 是闭合曲面上的

面元，其到质点 m 的距离为 r。定义$\boldsymbol{e}_r$为径向 $\boldsymbol{r}$ 方向的单位矢量，$\boldsymbol{n}$ 为与面元 $\mathrm{d}S$ 垂直的法线方向的单位矢量（见图 1.9），G 表示引力常数（见 2.1 节），则 $\mathrm{d}S$ 处引力加速度$\boldsymbol{a}_\mathrm{G}$为

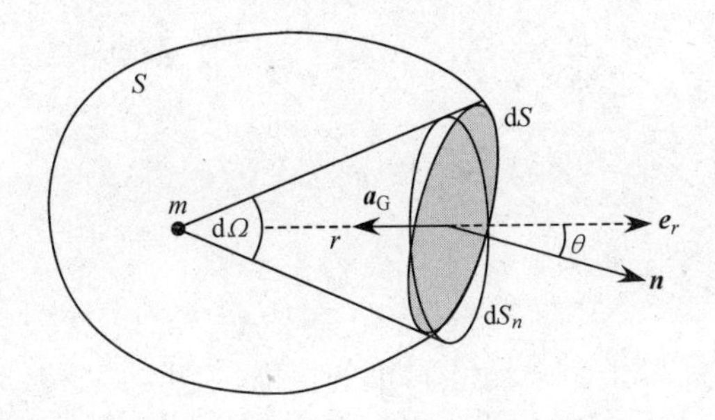

图 1.9　闭合曲面内有场源（质点 m）时，穿过闭合曲面 S 的引力加速度通量

$$\boldsymbol{a}_\mathrm{G} = -G\frac{m}{r^2}\boldsymbol{e}_r \tag{1.108}$$

用 θ 表示$\boldsymbol{e}_r$和 $\boldsymbol{n}$ 之间的夹角，$\mathrm{d}S_n$表示 $\mathrm{d}S$ 在垂直于$\boldsymbol{e}_r$方向上的投影，以质点 m 为顶点的立体角 $\mathrm{d}\Omega$ 定义为面积$\mathrm{d}S_n$与距离 r 平方的比值（见 Box1.3），即

$$\mathrm{d}\Omega = \frac{\mathrm{d}S_n}{r^2} = \frac{\mathrm{d}S\cos\theta}{r^2} = \frac{(\boldsymbol{e}_r\cdot\boldsymbol{n})\mathrm{d}S}{r^2} \tag{1.109}$$

则引力加速度$\boldsymbol{a}_\mathrm{G}$穿过面元 $\mathrm{d}S$ 的通量 $\mathrm{d}N$ 为

$$\mathrm{d}N = \boldsymbol{a}_\mathrm{G}\cdot\boldsymbol{n}\mathrm{d}S = -G\frac{m}{r^2}(\boldsymbol{e}_r\cdot\boldsymbol{n})\mathrm{d}S \tag{1.110}$$

$$\mathrm{d}N = -Gm\frac{\cos\theta\mathrm{d}S}{r^2} = -Gm\mathrm{d}\Omega \tag{1.111}$$

把式（1.111）对整个闭合曲面 S 求积分可以得到总的引力场强通量 N 为

$$N = \iint_S \boldsymbol{a}_\mathrm{G}\cdot\boldsymbol{n}\mathrm{d}S = -\int_\Omega Gm\mathrm{d}\Omega = -4\pi Gm \tag{1.112}$$

根据散度定理（见 1.6 节），用体积分代替上式的面积分可得

$$\iiint_V (\nabla\cdot\boldsymbol{a}_\mathrm{G})\mathrm{d}V = \iint_S \boldsymbol{a}_\mathrm{G}\cdot\boldsymbol{n}\mathrm{d}S = -4\pi Gm \tag{1.113}$$

该结论对闭合曲面 S 内的任何质点 m 都成立，如果闭合曲面内有多个

质点，可以把上式右端的 m 替换为所有质点的质量之和 $\sum m_i$。如果质量分布在闭合曲面所包围的体积内，平均体密度为 ρ，则可以用密度对体积的积分代替上式右端的质量 m，即

$$\iiint_V (\nabla \cdot \boldsymbol{a}_G) \mathrm{d}V = -4\pi G \iiint_V \rho \mathrm{d}V \tag{1.114}$$

$$\iiint_V (\nabla \cdot \boldsymbol{a}_G + 4\pi G\rho) \mathrm{d}V = 0 \tag{1.115}$$

上式成立的条件是被积函数等于零，因此

$$\nabla \cdot \boldsymbol{a}_G = -4\pi G\rho \tag{1.116}$$

由于引力加速度等于引力势 U_G 梯度的负值［参考式（1.88）］，所以

$$\nabla \cdot (-\nabla U_G) = -4\pi G\rho \tag{1.117}$$

$$\nabla^2 U_G = 4\pi G\rho \tag{1.118}$$

方程（1.118）称为泊松方程，因由法国数学家和物理学家泊松提出而得名。它反映了质量分布范围内的引力势分布，例如，利用泊松方程可以计算地球内部某一点的引力势。

Box 1.3 立体角的定义

球体表面的小面元对应着一个以球心为顶点的圆锥体（见图B1.3a）。立体角 Ω 的定义是面元的面积 A 和半径 r 的平方的比值，即

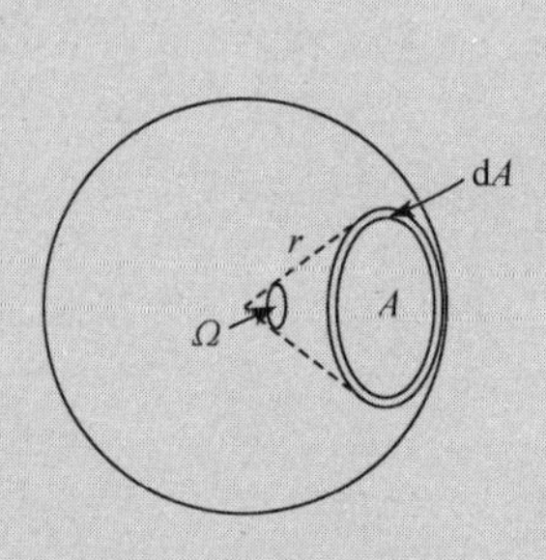

a) 立体角Ω、球面面元的面积A和半径r之间的关系

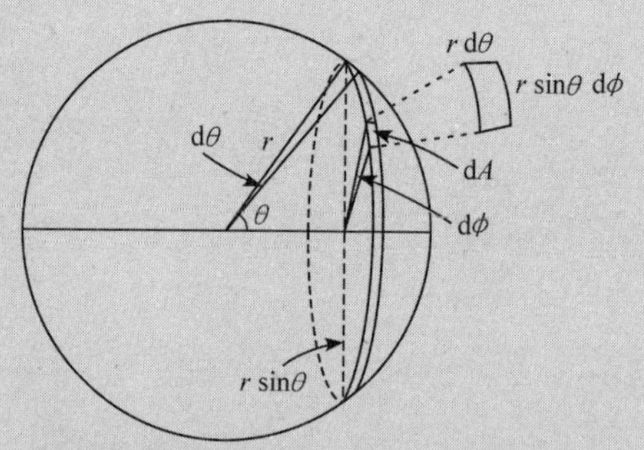

b) 球面被分成小圆环面，每一个小圆环面又被分成边长分别是 $r\mathrm{d}\theta$ 和 $r\sin\theta\mathrm{d}\phi$ 的小面元

图 B1.3

$$\Omega=\frac{A}{r^2} \tag{1}$$

此定义可用于任意形状的曲面。如果表面沿径向倾斜，则必须将其投影到与径向垂直的面上，如图1.5所示。例如，如果面积A的法向与过其圆锥体顶点的径向方向成α角，则投影面积为$A\cos\alpha$，与该面积对应立体角为

$$\Omega=\frac{A\cos\alpha}{r^2} \tag{2}$$

例如，在球体表面取一个小圆环面（见图B1.3b），根据对称性可以用球坐标系来描述其面积。设圆环面为同心圆环，相对于球心的角半径为θ。圆环的半径为$r\sin\theta$，宽度为$r\mathrm{d}\theta$。设圆环面上小面元的角位置为ϕ，其长度为$r\sin\theta\mathrm{d}\phi$，则其面积$\mathrm{d}A$等于$r^2\sin\theta\mathrm{d}\theta\mathrm{d}\phi$。面元$\mathrm{d}A$相对于球心的立体角为

$$\mathrm{d}\Omega=\frac{r^2\sin\theta\mathrm{d}\theta\mathrm{d}\phi}{r^2}=\sin\theta\mathrm{d}\theta\mathrm{d}\phi \tag{3}$$

该表达式也等同于单位球面上面元的面积（半径长度为1）。在$0\leqslant\phi\leqslant2\pi$和$0\leqslant\theta\leqslant\theta_0$范围内求积分，可得在球面上，角半径为$\theta_0$的圆环面相对于球心的立体角$\Omega_0$为

$$\Omega_0=\int_0^{\theta_0}\int_0^{2\pi}\sin\theta\mathrm{d}\theta\mathrm{d}\phi=2\pi(1-\cos\theta_0) \tag{4}$$

立体角的计量单位是球面度，类似于平面几何中的弧度。当表面是完整的球面，即面积为$4\pi r^2$时，立体角具有最大值。此时，其中心立体角具有最大可能值4π。设式（4）中角半径θ_0增加到最大值π，也可得到相同的结果。

1.9　拉普拉斯方程

质量分布范围以外某一点的引力势是引力势分布的另外一种情况。设S是不包含质点m在内的闭合曲面，过质点m的径矢$\boldsymbol{r}$与闭合

曲面 S 有两个交点 A 和 B，$\boldsymbol{r}$ 与 $\boldsymbol{n}_1$ 和 $\boldsymbol{n}_2$ 所成角度分别为 θ_1 和 θ_2，其中 $\boldsymbol{n}_1$ 和 $\boldsymbol{n}_2$ 分别是 A 点和 B 点处面元外法线方向的单位矢量（见图 1.10），$\boldsymbol{e}_r$ 表示径矢方向的单位矢量。由图 1.10 可以看出 A 点处面元 $\mathrm{d}S_1$ 的外法线方向 $\boldsymbol{n}_1$ 与径矢 $\boldsymbol{r}$ 成钝角，设 A 点的引力场强为 $\boldsymbol{a}_1$，则穿过面元 $\mathrm{d}S_1$ 的引力加速度通量

$$\mathrm{d}N_1=\boldsymbol{a}_1\cdot\boldsymbol{n}_1\mathrm{d}S_1=\left(-\frac{Gm}{r_1^2}\right)(\boldsymbol{r}\cdot\boldsymbol{n}_1)\mathrm{d}S_1 \tag{1.119}$$

$$\mathrm{d}N_1=\left(-\frac{Gm}{r_1^2}\right)\cos(\pi-\theta_1)\mathrm{d}S_1=Gm\frac{\cos\theta_1\mathrm{d}S_1}{r_1^2} \tag{1.120}$$

$$\mathrm{d}N_1=Gm\mathrm{d}\Omega \tag{1.121}$$

设 B 点的引力加速度为 $\boldsymbol{a}_2$，则穿过面元 $\mathrm{d}S_2$ 的引力场强通量

$$\mathrm{d}N_2=\boldsymbol{a}_2\cdot\boldsymbol{n}_2\mathrm{d}S_2=-Gm\frac{\cos\theta_2\mathrm{d}S_2}{r_2^2} \tag{1.122}$$

$$\mathrm{d}N_2=-Gm\mathrm{d}\Omega \tag{1.123}$$

穿过两个面元 $\mathrm{d}S_1$ 和 $\mathrm{d}S_2$ 的引力场强总通量

$$\mathrm{d}N=\mathrm{d}N_1+\mathrm{d}N_2=0 \tag{1.124}$$

因此，当质点 m 在闭合曲面 S 外部时，穿过整个曲面 S 的引力加速度通量为零，结合散度定理可以得到

$$\int_V(\nabla\cdot\boldsymbol{a}_\mathrm{G})\mathrm{d}V=\int_S\boldsymbol{a}_\mathrm{G}\cdot\boldsymbol{n}\mathrm{d}S=0 \tag{1.125}$$

若使上式恒成立要求被积函数必须为零，即

$$\nabla\cdot\boldsymbol{a}_\mathrm{G}=\nabla\cdot(-\nabla U_\mathrm{G})=0 \tag{1.126}$$

$$\nabla^2U_\mathrm{G}=0 \tag{1.127}$$

方程（1.127）称为拉普拉斯方程，以法国数学家和物理学家拉普拉斯命名。它反映了质量分布范围以外的引力势分布，例如，利用拉普拉斯方程可以计算地球外或地球表面上某一点的引力势。

在笛卡儿直线坐标系中，拉普拉斯方程的形式比较简单：

$$\frac{\partial^2U_\mathrm{G}}{\partial x^2}+\frac{\partial^2U_\mathrm{G}}{\partial y^2}+\frac{\partial^2U_\mathrm{G}}{\partial z^2}=0 \tag{1.128}$$

球坐标系是曲线坐标系，且角度坐标的曲率使拉普拉斯方程的形式比

较复杂：

$$\frac{1}{r^2}\frac{\partial}{\partial r}\left(r^2\frac{\partial U_G}{\partial r}\right)+\frac{1}{r^2\sin\theta}\frac{\partial}{\partial\theta}\left(\sin\theta\frac{\partial U_G}{\partial\theta}\right)+\frac{1}{r^2\sin^2\theta}\frac{\partial^2 U_G}{\partial\phi^2}=0 \tag{1.129}$$

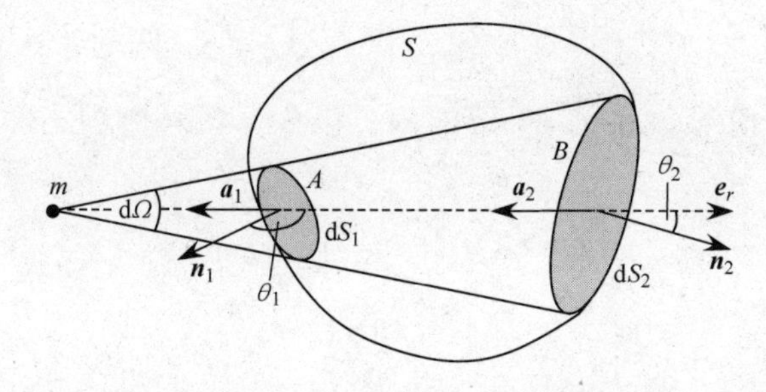

图1.10　闭合曲面内无场源（质点m）时，穿过闭合曲面S的引力场通量

1.10 幂级数

如果函数$f(x)$连续且可导，则$f(x)$可以用无穷多个x的幂函数求和来近似，即x的幂级数。许多数学函数，如$\sin x$、$\cos x$、$\exp(x)$、$\ln(1+x)$满足连续性条件，都可以表示为幂级数。这通常有助于函数值的计算。这里介绍三种类型的幂级数：麦克劳林级数、泰勒级数和二项式级数。

1.10.1　麦克劳林级数

设函数$f(x)$可以表示为无穷多个x的幂函数的和：

$$f(x)=a_0+a_1x+a_2x^2+a_3x^3+a_4x^4+\cdots+a_nx^n+\cdots \tag{1.130}$$

式中的系数a_n是常数，将函数$f(x)$对x重复求导，求出x的各阶导数，则有

$$\frac{\mathrm{d}f}{\mathrm{d}x}=a_1+2a_2x+3a_3x^2+4a_4x^3+\cdots+na_nx^{n-1}+\cdots$$

$$\frac{\mathrm{d}^2f}{\mathrm{d}x^2}=2a_2+(3\cdot2)a_3x+(4\cdot3)a_4x^2+\cdots+n(n-1)a_nx^{n-2}+\cdots$$

$$\frac{d^3f}{dx^3}=(3\cdot 2)a_3+(4\cdot 3\cdot 2)a_4x+\cdots+n(n-1)(n-2)a_nx^{n-3}+\cdots \tag{1.131}$$

求完 n 阶导数后，$f(x)$变为

$$\frac{d^nf}{dx^n}=(n(n-1)(n-2)\cdots 3\cdot 2\cdot 1)a_n+x\text{ 的幂级数项} \tag{1.132}$$

求出函数各阶导数在 $x=0$ 处的值，包含 x 次幂的项为零，则可得系数

$$f(0)=a_0,\quad \left(\frac{df}{dx}\right)_{x=0}=a_1$$

$$\left(\frac{d^2f}{dx^2}\right)_{x=0}=2a_2,\quad \left(\frac{d^3f}{dx^3}\right)_{x=0}=(3\cdot 2)a_3$$

$$\left(\frac{d^nf}{dx^n}\right)_{x=0}=(n(n-1)(n-2)\cdots 3\cdot 2\cdot 1)a_n=n!a_n \tag{1.133}$$

把计算的系数代入式（1.130）可得$f(x)$的幂级数为

$$f(x)=f(0)+x\left(\frac{df}{dx}\right)_{x=0}+\frac{x^2}{2!}\left(\frac{d^2f}{dx^2}\right)_{x=0}+\frac{x^3}{3!}\left(\frac{d^3f}{dx^3}\right)_{x=0}+\cdots+\frac{x^n}{n!}\left(\frac{d^nf}{dx^n}\right)_{x=0}+\cdots \tag{1.134}$$

上式就是$f(x)$关于原点 $x=0$ 的麦克劳林级数，它是泰勒级数的一种特殊情况，由苏格兰数学家麦克劳林在 18 世纪推导出来。

麦克劳林级数为推导几个重要函数的级数表达式提供了一种简便方法，特别是下面几种函数：

$$\begin{cases}\sin x=x-\dfrac{x^3}{3!}+\dfrac{x^5}{5!}-\dfrac{x^7}{7!}+\cdots+(-1)^{n-1}\dfrac{x^{2n-1}}{(2n-1)!}+\cdots\\ \cos x=1-\dfrac{x^2}{2!}+\dfrac{x^4}{4!}-\dfrac{x^6}{6!}+\cdots+(-1)^{n-1}\dfrac{x^{2n-2}}{(2n-2)!}+\cdots\\ \exp(x)=e^x=1+x+\dfrac{x^2}{2!}+\dfrac{x^3}{3!}+\cdots+\dfrac{x^{n-1}}{(n-1)!}+\cdots\\ \ln(1+x)=\log_e(1+x)=x-\dfrac{x^2}{2}+\dfrac{x^3}{3}-\dfrac{x^4}{4}+\cdots+(-1)^{n-1}\dfrac{x^n}{n}+\cdots\end{cases} \tag{1.135}$$

1.10.2　泰勒级数

式（1.134）中 $f(x)$ 可以任一点为中心展开成幂级数，如 $x=x_0$ 处，在上面的推导中，只要用 $x=x_0$ 代替 x 即可，此时

$$f(x)=f(x_0)+(x-x_0)\left(\frac{\mathrm{d}f}{\mathrm{d}x}\right)_{x=x_0}+\frac{(x-x_0)^2}{2!}\left(\frac{\mathrm{d}^2f}{\mathrm{d}x^2}\right)_{x=x_0}+\frac{(x-x_0)^3}{3!}\left(\frac{\mathrm{d}^3f}{\mathrm{d}x^3}\right)_{x=x_0}+\cdots+\frac{(x-x_0)^n}{n!}\left(\frac{\mathrm{d}^nf}{\mathrm{d}x^n}\right)_{x=x_0}+\cdots \tag{1.136}$$

这就是泰勒级数，以英国数学家泰勒（1685—1731）的名字命名，于 1712 年提出。

麦克劳林级数和泰勒级数都是函数 $f(x)$ 的近似，函数的真值与其幂级数的余数可以衡量用幂级数表示的函数的精度。

1.10.3　二项式级数

1. 有限级数

一个重要的级数是函数 $f(x)=(a+x)^n$ 的展开式，如果 n 是正整数，函数 $f(x)$ 的展开是有限幂级数，（$n+1$）次幂后面的项为零。当 n 比较小时，幂级数展开如下：

$$\begin{cases} n=0:(a+x)^0=1 \\ n=1:(a+x)^1=a+x \\ n=2:(a+x)^2=a^2+2ax+x^2 \\ n=3:(a+x)^3=a^3+3a^2x+3ax^2+x^3 \\ n=4:(a+x)^4=a^4+4a^3x+6a^2x^2+4ax^3+x^4 \end{cases} \tag{1.137}$$

对于任意 n，函数 $f(x)$ 的级数展开为

$$(a+x)^n=a^n+na^{n-1}x+\frac{n(n-1)}{1\cdot 2}a^{n-2}x^2+\cdots+\frac{n(n-1)\cdots(n-k+1)}{k!}a^{n-k}x^k+\cdots+x^n \tag{1.138}$$

第 k 项系数为

$$\frac{n(n-1)\cdots(n-k+1)}{k!}=\frac{n!}{k!(n-k)!} \tag{1.139}$$

称为二项式系数。

当常数 $a=1$ 且 n 是正整数时，可以得到一个有用的级数展开式：

$$(1+x)^n=\sum_{k=0}^{n}\frac{n!}{k!(n-k)!}x^k \tag{1.140}$$

2. 无限级数

如果式（1.140）中指数不是正整数，则级数不终止，是无限级数。如果 $f(x)=(a+x)^p$ 中指数 p 不是正整数，那么可以衍生为麦克劳林级数：

$$\begin{cases}\left(\dfrac{\mathrm{d}f}{\mathrm{d}x}\right)_{x=0}=(p(1+x)^{p-1})_{x=0}=p\\\left(\dfrac{\mathrm{d}^2f}{\mathrm{d}x^2}\right)_{x=0}=(p(p-1)(1+x)^{p-2})_{x=0}=p(p-1)\\\left(\dfrac{\mathrm{d}^nf}{\mathrm{d}x^n}\right)_{x=0}=(p(p-1)\cdots(p-n+1)(1+x)^{p-n})_{x=0}=p(p-1)\cdots(p-n+1)\end{cases} \tag{1.141}$$

代入式（1.134）且 $f(0)=1$，则二项式级数为

$$(1+x)^p=1+px+\frac{p(p-1)}{1\cdot 2}x^2+\frac{p(p-1)(p-2)}{1\cdot 2\cdot 3}x^3+\cdots+\frac{p(p-1)\cdots(p-n+1)}{n!}x^n+\cdots \tag{1.142}$$

如果指数 p 既不是整数，也不是负数，级数的收敛区间为 $-1<x<1$。

1.10.4 线性近似

地球表面某些物理性质的变化与地球主要参数的关系较小，例如，地球的扁率 f（即赤道半径 a 的差和极半径 c 与赤道半径的比值）等于1/298。这是由于地球自转的离心力而使地球发生变形造成的，离心力与地球引力的比值 m 为1/289。不管是 f 还是 m 的值都不到主要参数的千分之三，而 f^2，m^2 及它们的乘积 fm 更是百万分之九的数量级，它们和高阶组合都可以忽略不计。所以对这些小量做一阶近似，有助于方程的求解并且不会显著地损失地球物理信息。

在接下来的章节里将大量使用这种一阶线性近似，它简化了数学函数的形式和上述级数的可用部分。例如，当 x 或（$x-x_0$）很小时，可以使用下列函数的一阶近似：

$$\begin{cases}\sin x \approx x, \quad \cos x \approx 1 \\ \exp(x) \approx 1+x, \quad \ln(1+x) \approx x \\ (1+x)^p \approx 1+px \\ f(x) \approx f(x_0)+(x-x_0)\left(\dfrac{\mathrm{d}f}{\mathrm{d}x}\right)_{x=x_0}\end{cases} \tag{1.143}$$

1.11 莱布尼茨法则

设函数 $u(x)$ 和 $v(x)$ 对 x 可导，则两个函数的乘积对 x 的导数为

$$\frac{\mathrm{d}}{\mathrm{d}x}(u(x)v(x)) = u(x)\frac{\mathrm{d}v(x)}{\mathrm{d}x} + v(x)\frac{\mathrm{d}u(x)}{\mathrm{d}x} \tag{1.144}$$

如果定义算符 $\mathrm{D}=\mathrm{d}/\mathrm{d}x$，则可以把上式简写为

$$\mathrm{D}(uv) = u\mathrm{D}v + v\mathrm{D}u \tag{1.145}$$

对函数乘积（uv）求二阶导数：

$$\begin{aligned}\mathrm{D}^2(uv) &= \mathrm{D}(\mathrm{D}(uv)) = u\mathrm{D}^2v + (\mathrm{D}u)(\mathrm{D}v) + (\mathrm{D}v)(\mathrm{D}u) + v\mathrm{D}^2u \\ &= u\mathrm{D}^2v + 2(\mathrm{D}u)(\mathrm{D}v) + v\mathrm{D}^2u\end{aligned} \tag{1.146}$$

以此类推：

$$\begin{cases}\mathrm{D}^3(uv) = u\mathrm{D}^3v + 3(\mathrm{D}u)(\mathrm{D}^2v) + 3(\mathrm{D}^2u)(\mathrm{D}v) + v\mathrm{D}^3u \\ \mathrm{D}^4(uv) = u\mathrm{D}^4v + 4(\mathrm{D}u)(\mathrm{D}^3v) + 6(\mathrm{D}^2u)(\mathrm{D}^2v) + 4(\mathrm{D}^2u)(\mathrm{D}v) + v\mathrm{D}^4u\end{cases} \tag{1.147}$$

方程中的系数是式（1.139）中的二项式系数，因此在 n 次求导之后，有

$$\mathrm{D}^n(uv) = \sum_{k=0}^{n}\frac{n!}{k!(n-k)!}(\mathrm{D}^k u)(\mathrm{D}^{n-k}v) \tag{1.148}$$

这种关系称为莱布尼茨法则，以莱布尼茨（1646—1716）的名字命名，他与牛顿（1642—1727）在同一时期分别独立地创立了微积分。

1.12 勒让德多项式

设 r 和 R 是三角形的两条边且它们之间的夹角为 θ，u 是 θ 的对边（见图 1.11），根据余弦定理可得角边之间的关系为

$$u^2 = r^2 + R^2 - 2rR\cos\theta \tag{1.149}$$

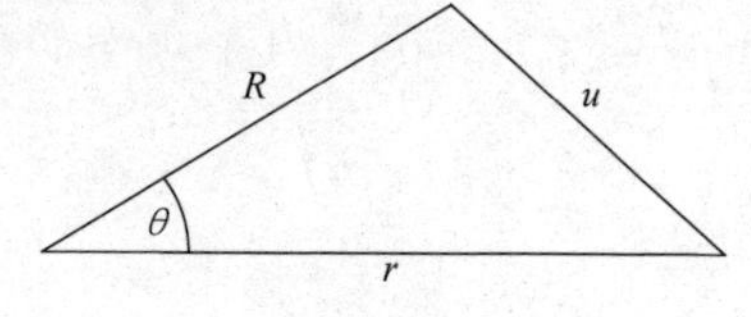

图 1.11　勒让德多项式中用到的三角形关系，其中边 r 和 R 的夹角为 θ，θ 的对边为 u

对上式取倒数并求平方根：

$$\frac{1}{u} = \frac{1}{R}\left[1 - 2\left(\frac{r}{R}\right)\cos\theta + \left(\frac{r}{R}\right)^2\right]^{-1/2} \tag{1.150}$$

设 $h = r/R$ 且 $x = \cos\theta$，则

$$\frac{1}{u} = \frac{1}{R}(1 - 2xh + h^2)^{-1/2} = \frac{1}{R}(1 - t)^{-1/2} \tag{1.151}$$

式（1.151）中 $t = 2xh - h^2$，则 $(1 - t)^{-1/2}$ 的二项式展开为

$$\begin{aligned}(1-t)^{-1/2} &= 1 + \left(-\frac{1}{2}\right)(-t) + \frac{\left(-\frac{1}{2}\right)\left(-\frac{3}{2}\right)}{1\cdot 2}(-t)^2 + \\ &\quad \frac{\left(-\frac{1}{2}\right)\left(-\frac{3}{2}\right)\left(-\frac{5}{2}\right)}{1\cdot 2\cdot 3}(-t)^3 + \cdots \\ &= 1 + \frac{t}{2} + \frac{1\cdot 3}{1\cdot 2}\left(\frac{t}{2}\right)^2 + \frac{1\cdot 3\cdot 5}{1\cdot 2\cdot 3}\left(\frac{t}{2}\right)^3 + \cdots + \\ &\quad \frac{1\cdot 3\cdot 5\cdot \cdots \cdot (2n-1)}{1\cdot 2\cdot 3\cdots n}\left(\frac{t}{2}\right)^n + \cdots\end{aligned} \tag{1.152}$$

方程右边的无穷级数可以表示为

$$(1 - t)^{-1/2} = \sum_{n=0}^{\infty} a_n t^n \tag{1.153}$$

系数 a_n 由下式给出：

$$a_n = \frac{1\cdot 3\cdot 5\cdot \cdots \cdot (2n-1)}{2^n n!} \tag{1.154}$$

现在代入之前定义的 t 的表达式得

$$(1-2xh+h^2)^{-1/2}=\sum_{n=0}^{\infty}a_n(2xh-h^2)^n=\sum_{n=0}^{\infty}a_n h^n(2x-h)^n \tag{1.155}$$

这个方程是关于 h 的无穷幂级数，幂级数中每一项的系数是 x 的多项式，设 h_n 的系数为 $P_n(x)$，上式变为

$$\Psi(x,h)=(1-2xh+h^2)^{-1/2}=\sum_{n=0}^{\infty}h^n P_n(x) \tag{1.156}$$

式（1.156）被称为多项式 $P_n(x)$ 的生成函数。利用该结果并代入 $h=r/R$、$x=\cos\theta$，则式（1.156）变为

$$\frac{1}{u}=\frac{1}{R}\sum_{n=0}^{\infty}\left(\frac{r}{R}\right)^n P_n(\cos\theta) \tag{1.157}$$

多项式 $P_n(x)$ 或 $P_n(\cos\theta)$ 称为勒让德多项式，以法国数学家勒让德（1752—1833）命名。式（1.157）称为距离倒数公式，Box1.4 中给出了公式的另一种表示。

Box 1.4　距离倒数公式的另一种表达形式

图 1.1 中三角形的边和内角满足余弦定理

$$u^2=r^2+R^2-2rR\cos\theta \tag{1}$$

不是把式（1.150）中的 R 移到括号外边，而是把 r 移到括号外边，可以得到关于 u 的表达式为

$$\frac{1}{u}=\frac{1}{r}\left[1-2\left(\frac{R}{r}\right)\cos\theta+\left(\frac{R}{r}\right)^2\right]^{-1/2} \tag{2}$$

同 1.12 节的处理方式一样，令 $h=R/r$，$x=\cos\theta$，可得

$$\frac{1}{u}=\frac{1}{r}(1-2xh+h^2)^{-1/2}=\frac{1}{r}(1-t)^{-1/2} \tag{3}$$

此处，设 $t=2xh-h^2$。函数 $(1-t)^2$ 可以展开为二项式级数，该函数仍然是 h 的无穷级数，h^n 的系数是 $P_n(x)$。定义方程和之前一样：

$$\Psi(x,h)=(1-2xh+h^2)^{-1/2}=\sum_{n=0}^{\infty}h^n P_n(x) \tag{4}$$

代入 $h = R/r$ 和 $x = \cos\theta$，我们得到勒让德多项式生成方程的另一种形式：

$$\frac{1}{u} = \frac{1}{r}\sum_{n=0}^{\infty}\left(\frac{R}{r}\right)^n P_n(\cos\theta) \tag{5}$$

1.13 勒让德微分方程

勒让德多项式满足一个重要的二阶偏微分方程，称为勒让德微分方程。为了推导这个方程，我们对勒让德多项式的生成函数进行一系列微分，最初生成函数的形式如下：

$$\Psi = (1 - 2xh + h^2)^{-1/2} \tag{1.158}$$

对 h 求一阶导数：

$$\frac{\partial\Psi}{\partial h} = (x - h)(1 - 2xh + h^2)^{-3/2} = (x - h)\Psi^3 \tag{1.159}$$

将 Ψ 对 x 求二阶导数：

$$\begin{cases} \dfrac{\partial\Psi}{\partial x} = h(1 - 2xh + h^2)^{-3/2} = h\Psi^3 \\ \Psi^3 = \dfrac{1}{h}\dfrac{\partial\Psi}{\partial x} \end{cases} \tag{1.160}$$

$$\begin{cases} \dfrac{\partial^2\Psi}{\partial x^2} = 3h\Psi^2\dfrac{\partial\Psi}{\partial x} = 3h^2\Psi^5 \\ \Psi^5 = \dfrac{1}{3h^2}\dfrac{\partial^2\Psi}{\partial x^2} \end{cases} \tag{1.161}$$

接下来将函数积（$h\Psi$）连续对 h 求导，可得一阶导数

$$\frac{\partial}{\partial h}(h\Psi) = \Psi + h\frac{\partial\Psi}{\partial h} = \Psi + h(x - h)\Psi^3 \tag{1.162}$$

再次求导，并将式（1.159）代入式（1.162）可得

$$\begin{aligned} \frac{\partial^2}{\partial h^2}(h\Psi) &= \frac{\partial\Psi}{\partial h} + h(x - h)3\Psi^2\frac{\partial\Psi}{\partial h} + (x - 2h)\Psi^3 \\ &= (x - h)\Psi^3 + 3h(x - h)^2\Psi^5 + (x - 2h)\Psi^3 \\ &= (2x - 3h)\Psi^3 + 3h(x - h)^2\Psi^5 \end{aligned} \tag{1.163}$$

把式（1.160）中Ψ^3和式（1.161）中Ψ^5的表达式代入上式，则

$$\frac{\partial^2}{\partial h^2}(h\Psi)=(2x-3h)\left(\frac{1}{h}\frac{\partial \Psi}{\partial x}\right)+3h(x-h)^2\left(\frac{1}{3h^2}\frac{\partial^2 \Psi}{\partial x^2}\right) \tag{1.164}$$

方程两边同乘以h：

$$\begin{aligned} h\frac{\partial^2}{\partial h^2}(h\Psi)&=(2x-3h)\left(\frac{\partial \Psi}{\partial x}\right)+(x-h)^2\left(\frac{\partial^2 \Psi}{\partial x^2}\right) \\ &=2x\left(\frac{\partial \Psi}{\partial x}\right)-3h\left(\frac{\partial \Psi}{\partial x}\right)+(x-h)^2\left(\frac{\partial^2 \Psi}{\partial x^2}\right) \end{aligned} \tag{1.165}$$

再一次利用式（1.160）中Ψ^3和式（1.161）中Ψ^5的表达式，式（1.165）右边第二项可以写成如下形式：

$$\begin{aligned} 3h\frac{\partial \Psi}{\partial x}=3h^2\Psi^3&=\frac{1}{\Psi^2}\frac{\partial^2 \Psi}{\partial x^2} \\ &=(1-2xh+h^2)\frac{\partial^2 \Psi}{\partial x^2} \end{aligned} \tag{1.166}$$

代入式（1.165）并整理得

$$h\frac{\partial^2}{\partial h^2}(h\Psi)=[(x-h)^2-(1-2xh+h^2)]\left(\frac{\partial^2 \Psi}{\partial x^2}\right)+2x\left(\frac{\partial \Psi}{\partial x}\right) \tag{1.167}$$

$$h\frac{\partial^2}{\partial h^2}(h\Psi)=(x^2-1)\left(\frac{\partial^2 \Psi}{\partial x^2}\right)+2x\left(\frac{\partial \Psi}{\partial x}\right) \tag{1.168}$$

式（1.156）中函数Ψ是h的幂级数，勒让德多项式$P_n(x)$定义为h^n的系数。用h同乘以式（1.156）的两边，可得

$$h\Psi=\sum_{n=0}^{\infty}h^{n+1}P_n(x) \tag{1.169}$$

对上式求两次导数后，再将式子两边同乘以h，得到的结果可以代入式（1.168）的左端：

$$\frac{\partial}{\partial h}(h\Psi)=\sum_{n=0}^{\infty}(n+1)h^nP_n(x) \tag{1.170}$$

$$h\frac{\partial^2}{\partial h^2}(h\Psi)=\sum_{n=0}^{\infty}n(n+1)h^nP_n(x) \tag{1.171}$$

利用式（1.156）消去Ψ，式（1.168）变换为包含勒让德多项式$P_n(x)$的二阶微分方程

$$\sum_{n=0}^{\infty} h^n \left\{ (x^2 - 1) \frac{\mathrm{d}^2 P_n(x)}{\mathrm{d}x^2} + 2x \frac{\mathrm{d}P_n(x)}{\mathrm{d}x} \right\} = \sum_{n=0}^{\infty} n(n+1) h^n P_n(x) \tag{1.172}$$

$$\sum_{n=0}^{\infty} h^n \left\{ (x^2 - 1) \frac{\mathrm{d}^2 P_n(x)}{\mathrm{d}x^2} + 2x \frac{\mathrm{d}P_n(x)}{\mathrm{d}x} - n(n+1) P_n(x) \right\} = 0 \tag{1.173}$$

如果上面表达式对任何 h 都成立，那么要求花括号里面的项必须为零，因此

$$(1 - x^2) \frac{\mathrm{d}^2 P_n(x)}{\mathrm{d}x^2} - 2x \frac{\mathrm{d}P_n(x)}{\mathrm{d}x} + n(n+1) P_n(x) = 0 \tag{1.174}$$

合并前两项，方程简化为

$$\frac{\mathrm{d}}{\mathrm{d}x}\left[(1 - x^2) \frac{\mathrm{d}P_n(x)}{\mathrm{d}x} \right] + n(n+1) P_n(x) = 0 \tag{1.175}$$

这就是勒让德微分方程，它有一系列解，每一个解都是给定 n 的多项式。勒让德多项式为球对称势分析提供了解，在地球物理理论中有很重要的作用。表 1.1 列出了一些低阶普通勒让德多项式的表达式。

表 1.1　一些低阶普通勒让德多项式的表达式

n	$P_n(x)$	$P_n(\cos\theta)$
0	1	1
1	x	$\cos\theta$
2	$\frac{1}{2}(3x^2 - 1)$	$\frac{1}{2}(3\cos^2\theta - 1)$
3	$\frac{1}{2}(5x^3 - 3x)$	$\frac{1}{2}(5\cos^3\theta - 3\cos\theta)$
4	$\frac{1}{8}(35x^4 - 30x^2 + 3)$	$\frac{1}{8}(35\cos^4\theta - 30\cos^2\theta + 3)$

1.13.1　勒让德多项式的正交性

如果两个矢量 $\boldsymbol{a}$ 和 $\boldsymbol{b}$ 的标量积为零，则这两个矢量互相正交：

$$\boldsymbol{a} \cdot \boldsymbol{b} = a_x b_x + a_y b_y + a_z b_z = \sum_{i=1}^{3} a_i b_i = 0 \tag{1.176}$$

类比过来，如果同一变量的两个函数的乘积在某一特定取值范围内的

积分为零，则称其为正交函数。例如，三角函数 $\sin\theta$ 和 $\cos\theta$ 在 $0\leqslant\theta\leqslant 2\pi$ 范围内是正交函数，因为

$$\int_0^{2\pi}\sin\theta\cos\theta\mathrm{d}\theta = \int_0^{2\pi}\frac{1}{2}\sin(2\theta)\mathrm{d}\theta = -\frac{1}{4}\cos(2\theta)\bigg|_{\theta=0}^{2\pi} = 0 \tag{1.177}$$

勒让德多项式 $P_n(x)$ 和 $P_l(x)$ 在 $-1\leqslant x\leqslant 1$ 范围内是正交函数，证明如下：首先简化勒让德多项式的书写形式，略写自变量 x，$P_n(x)$ 和 $P_l(x)$ 简写为 P_n 和 P_l，则

$$\frac{\mathrm{d}}{\mathrm{d}x}P_n(x) = P'_n,\quad \frac{\mathrm{d}^2}{\mathrm{d}x^2}P_n(x) = P''_n \tag{1.178}$$

因此

$$(1-x^2)P''_n - 2xP'_n + n(n+1)P_n = 0 \tag{1.179}$$

$$(1-x^2)P''_l - 2xP'_l + l(l+1)P_l = 0 \tag{1.180}$$

式（1.179）乘以 P_l，式（1.180）乘以 P_n 可得

$$(1-x^2)P_lP''_n - 2xP_lP'_n + n(n+1)P_lP_n = 0 \tag{1.181}$$

$$(1-x^2)P_nP''_l - 2xP'_lP_n + l(l+1)P_lP_n = 0 \tag{1.182}$$

式（1.182）减去式（1.181）得

$$(1-x^2)(P_lP''_n - P_nP''_l) - 2x(P_lP'_n - P'_lP_n) + [n(n+1) - l(l+1)]P_lP_n = 0 \tag{1.183}$$

注意到

$$\frac{\mathrm{d}}{\mathrm{d}x}(P_lP'_n - P'_lP_n) = P_lP''_n + P'_lP'_n - P'_lP'_n - P''_lP_n = P_lP''_n - P''_lP_n \tag{1.184}$$

且

$$(1-x^2)\frac{\mathrm{d}}{\mathrm{d}x}(P_lP'_n - P'_lP_n) - 2x(P_lP'_n - P'_lP_n) = \frac{\mathrm{d}}{\mathrm{d}x}[(1-x^2)(P_lP'_n - P'_lP_n)] \tag{1.185}$$

因此

$$\frac{\mathrm{d}}{\mathrm{d}x}[(1-x^2)(P_lP'_n - P'_lP_n)] + [n(n+1) - l(l+1)]P_lP_n = 0 \tag{1.186}$$

把方程中每一项对 x 求积分，积分范围为 $-1\leqslant x\leqslant 1$，可得

$$\{(1-x^2)(P_l P'_n - P'_l P_n)\}\Big|_{x=-1}^{+1} + [n(n+1)-l(l+1)]\int_{-1}^{1} P_l P_n \mathrm{d}x = 0 \tag{1.187}$$

上式中第一项的 $(1-x^2)$ 在 $x=\pm 1$ 时等于零，因此第二项也必须为零。当 $n\neq l$ 时，勒让德多项式的正交条件是

$$\int_{-1}^{1} P_n(x)P_l(x)\mathrm{d}x = 0 \tag{1.188}$$

1.13.2 勒让德多项式的归一化

如果函数的平方在其定义域上的内积为 1，则称该函数是归一化函数。因此必须计算 $\int_{-1}^{+1}[P_n(x)]^2\mathrm{d}x$。首先，由式（1.156）中的勒让德多项式的生成函数，将$P_n(x)$和$P_l(x)$分别重新写为

$$\sum_{n=0}^{\infty} h^n P_n(x) = (1-2xh+h^2)^{-1/2} \tag{1.189}$$

$$\sum_{l=0}^{\infty} h^l P_l(x) = (1-2xh+h^2)^{-1/2} \tag{1.190}$$

将以上两个方程相乘得

$$\sum_{l=0}^{\infty}\sum_{n=0}^{\infty} h^{n+l} P_n(x)P_l(x) = (1-2xh+h^2)^{-1} \tag{1.191}$$

设 $l=n$，并将方程两边对 x 求积分，考虑到式（1.188），得

$$\sum_{n=0}^{\infty} h^{2n}\int_{-1}^{1}[P_n(x)]^2\mathrm{d}x = \int_{-1}^{1}\frac{\mathrm{d}x}{1+h^2-2xh} \tag{1.192}$$

该方程右边是一个标准积分，其积分结果是一个自然对数：

$$\int\frac{\mathrm{d}x}{a+bx} = \frac{1}{b}\ln(a+bx) \tag{1.193}$$

因此，由式（1.192）得

$$\begin{aligned}\int_{-1}^{1}\frac{\mathrm{d}x}{1+h^2-2xh} &= \frac{1}{(-2h)}\ln(1+h^2-2xh)\Big|_{x=-1}^{+1}\\ &= \frac{-1}{2h}[\ln(1+h^2-2h)-\ln(1+h^2+2h)]\end{aligned} \tag{1.194}$$

且

$$\int_{-1}^{1}\frac{\mathrm{d}x}{1+h^2-2xh}=\frac{1}{h}\left[-\frac{1}{2}\ln(1-h)^2+\frac{1}{2}\ln(1+h)^2\right]$$
$$=\frac{1}{h}[\ln(1+h)-\ln(1-h)] \tag{1.195}$$

用麦克劳林级数表示自然对数，如式（1.135）所示，可得

$$\ln(1+h)=h-\frac{h^2}{2}+\frac{h^3}{3}-\frac{h^4}{4}+\cdots+(-1)^{n-1}\frac{h^n}{n}+\cdots \tag{1.196}$$

$$\ln(1-h)=-h-\frac{h^2}{2}-\frac{h^3}{3}-\frac{h^4}{4}-\cdots+(-1)^{n-1}\frac{(-h)^n}{n}+\cdots \tag{1.197}$$

式（1.196）减去式（1.197）得

$$\int_{-1}^{1}\frac{\mathrm{d}x}{1+h^2-2xh}=\frac{2}{h}\left[h+\frac{h^3}{3}+\frac{h^5}{5}+\cdots\right]=\frac{2}{h}\sum_{n=0}^{\infty}\frac{h^{2n+1}}{2n+1} \tag{1.198}$$

将结果代入式（1.192）得

$$\sum_{n=0}^{\infty}h^{2n}\int_{-1}^{1}[P_n(x)]^2\mathrm{d}x=\frac{2}{h}\sum_{n=0}^{\infty}\frac{h^{2n+1}}{2n+1} \tag{1.199}$$

$$\sum_{n=0}^{\infty}h^{2n}\left(\int_{-1}^{1}[P_n(x)]^2\mathrm{d}x-\frac{2}{2n+1}\right)=0 \tag{1.200}$$

这对求和中的每一个 h 值都是成立的。因此得勒让德多项式的归一化条件：

$$\int_{-1}^{1}[P_n(x)]^2\mathrm{d}x=\frac{2}{2n+1} \tag{1.201}$$

由此可得$\left(n+\frac{1}{2}\right)^{\frac{1}{2}}P_n(x)$是一个勒让德多项式。

1.14 罗德里格斯公式

通过以法国数学家罗德里格斯（1795—1851）命名的罗德里格斯

公式，很容易计算出勒让德多项式。首先，定义函数

$$f(x)=(x^2-1)^n \tag{1.202}$$

将函数$f(x)$对x求一阶导数得

$$\frac{df}{dx}=\frac{d}{dx}(x^2-1)^n=2nx(x^2-1)^{n-1} \tag{1.203}$$

两边乘以（x^2-1）得

$$(x^2-1)\frac{d}{dx}(x^2-1)^n=2nx(x^2-1)^n \tag{1.204}$$

$$(x^2-1)\frac{df}{dx}=2nxf \tag{1.205}$$

现在利用莱布尼茨法则（1.148）将方程两边都对x求$n+1$次导数，并像1.1节中一样，记$D=d/dx$，得

$$D^{n+1}(uv)=\sum_{k=0}^{n+1}\frac{(n+1)!}{k!(n+1-k)!}(D^k u)(D^{n+1-k}v) \tag{1.206}$$

令式（1.205）左边$u(x)=(x^2-1)$、$v(x)=df/dx=Df$。根据莱布尼茨法则可知，对（x^2-1）求三次导数之后结果为零，项数减少。令方程的右边$u(x)=2nx$，$v(x)=f$。在这种情况下求两次导数之后结果也为零。

因此，利用莱布尼茨法则对方程（1.205）两边求$n+1$次导数之后，可得

$$(x^2-1)D^{n+2}f+2x(n+1)D^{n+1}f+2\frac{(n+1)n}{1\cdot 2}D^n f$$
$$=2nxD^{n+1}f+2n(n+1)D^n f \tag{1.207}$$

把所有项都移到方程的左边并整理得

$$(x^2-1)D^{n+2}f+2xD^{n+1}f-n(n+1)D^n f=0 \tag{1.208}$$

定义函数$y(x)$如下：

$$y(x)=D^n f=\frac{d^n}{dx^n}(x^2-1)^n \tag{1.209}$$

则有

$$(x^2-1)\frac{d^2y}{dx^2}+2x\frac{dy}{dx}-n(n+1)y=0 \tag{1.210}$$

与式（1.174）比较可以看出该方程就是勒让德方程。因此，勒让德多项式必须和 $y(x)$ 成正比，因此可以写成

$$P_n(x)=c_n\frac{\mathrm{d}^n}{\mathrm{d}x^n}(x^2-1)^n \tag{1.211}$$

其中，c_n 是一个校准常数。为了确定 c_n，首先

$$\frac{\mathrm{d}^n}{\mathrm{d}x^n}(x^2-1)^n=\frac{\mathrm{d}^n}{\mathrm{d}x^n}[(x-1)^n(x+1)^n] \tag{1.212}$$

接着对方程右边的乘积项应用莱布尼茨法则：

$$\frac{\mathrm{d}^n}{\mathrm{d}x^n}(x^2-1)^n=\sum_{m=0}^{n}\frac{n!}{m!(n-m)!}\frac{\mathrm{d}^m}{\mathrm{d}x^m}(x-1)^n\frac{\mathrm{d}^{n-m}}{\mathrm{d}x^{n-m}}(x+1)^n \tag{1.213}$$

$(x-1)^n$ 的连续导数为

$$\begin{aligned}
&\frac{\mathrm{d}}{\mathrm{d}x}(x-1)^n=n(x-1)^{n-1}\\
&\frac{\mathrm{d}^2}{\mathrm{d}x^2}(x-1)^n=n(n-1)(x-1)^{n-2}\\
&\frac{\mathrm{d}^{n-1}}{\mathrm{d}x^{n-1}}(x-1)^n=(n(n-1)(n-2)\cdots3\cdot2\cdot1)(x-1)=n!\,(x-1)\\
&\frac{\mathrm{d}^n}{\mathrm{d}x^n}(x-1)^n=n!
\end{aligned} \tag{1.214}$$

除了最后一项，式（1.214）中每一阶导数在 $x=1$ 时都等于零。因此在式（1.213）的求和项中，除了最后一项（即 $m=n$）外，其他项也都等于零。将 $x=1$ 代入可得

$$\left[\frac{\mathrm{d}^n}{\mathrm{d}x^n}(x^2-1)^n\right]_{x=1}=\left[(x+1)^n\frac{\mathrm{d}^n}{\mathrm{d}x^n}(x-1)^n\right]_{x=1}=2^n n! \tag{1.215}$$

将该结果和条件 $P_n(1)=1$ 代入式（1.211）得

$$P_n(1)=c_n\left(\frac{\mathrm{d}^n}{\mathrm{d}x^n}(x^2-1)^n\right)_{x=1}=c_n2^n n!\ =1 \tag{1.216}$$

其中

$$c_n = \frac{1}{2^n n!} \tag{1.217}$$

因此，勒让德多项式的罗德里格斯公式为

$$P_n(x) = \frac{1}{2^n n!}\frac{\mathrm{d}^n}{\mathrm{d}x^n}(x^2-1)^n \tag{1.218}$$

1.15 连带勒让德多项式

当详细研究地球的物理性质时（如地磁场），许多性质相对于自转轴并没有旋转对称性。不过这些性质可以用基于前一节中描述的勒让德多项式的数学函数来描述。为了得到这些函数，可以从勒让德方程（1.174）出发，将其用简写形式写成

$$(1-x^2)P''_n - 2xP'_n + n(n+1)P_n = 0 \tag{1.219}$$

对 x 求导数得

$$(1-x^2)\frac{\mathrm{d}}{\mathrm{d}x}P''_n - 2xP''_n - 2x\frac{\mathrm{d}}{\mathrm{d}x}P'_n - 2P'_n + n(n+1)\frac{\mathrm{d}}{\mathrm{d}x}P_n = 0 \tag{1.220}$$

因为 $P''_n = (\mathrm{d}/\mathrm{d}x)P'_n$ 和 $P'_n = (\mathrm{d}/\mathrm{d}x)P_n$，方程可以写为

$$(1-x^2)\frac{\mathrm{d}}{\mathrm{d}x}P''_n - 4x\frac{\mathrm{d}}{\mathrm{d}x}P'_n + [n(n+1)-2]\frac{\mathrm{d}}{\mathrm{d}x}P_n = 0 \tag{1.221}$$

也可以写成如下形式，便于以后比较：

$$(1-x^2)\frac{\mathrm{d}}{\mathrm{d}x}P''_n - 2(2)x\frac{\mathrm{d}}{\mathrm{d}x}P'_n + [n(n+1)-1(2)]\frac{\mathrm{d}}{\mathrm{d}x}P_n = 0 \tag{1.222}$$

接下来，我们对上式再求一次导数，同上面规则一样，并整理各项得

$$\left((1-x^2)\frac{\mathrm{d}^2}{\mathrm{d}x^2}P''_n - 2x\frac{\mathrm{d}}{\mathrm{d}x}P''_n\right) - \left(4\frac{\mathrm{d}}{\mathrm{d}x}P'_n + 4x\frac{\mathrm{d}^2}{\mathrm{d}x^2}P'_n\right) + [n(n+1)-2]\frac{\mathrm{d}^2}{\mathrm{d}x^2}P_n = 0 \tag{1.223}$$

$$(1-x^2)\frac{d^2}{dx^2}P''_n-2x\frac{d^2}{dx^2}P'_n-4x\frac{d^2}{dx^2}P'_n+[n(n+1)-2-4]\frac{d^2}{dx^2}P_n=0 \tag{1.224}$$

$$(1-x^2)\frac{d^2}{dx^2}P''_n-6x\frac{d^2}{dx^2}P'_n+[n(n+1)-6]\frac{d^2}{dx^2}P_n=0 \tag{1.225}$$

正如式（1.222）那样，我们可以写成

$$(1-x^2)\frac{d^2}{dx^2}P''_n-2(3)x\frac{d^2}{dx^2}P'_n+[n(n+1)-2(3)]\frac{d^2}{dx^2}P_n=0 \tag{1.226}$$

用同样的方式循序渐进，可以得到三阶导数

$$(1-x^2)\frac{d^3}{dx^3}P''_n-2(4)x\frac{d^3}{dx^3}P'_n+[n(n+1)-3(4)]\frac{d^3}{dx^3}P_n=0 \tag{1.227}$$

式（1.222）、式（1.226）和式（1.227）全部具有相同的形式。只是高阶导数的系数按照式（1.222）、式（1.226）和式（1.227）所呈现出的规律变化。通过扩展，对式（1.219）求 m 阶导数（$m \leqslant n$）得

$$(1-x^2)\frac{d^m}{dx^m}P''_n-2(m+1)x\frac{d^m}{dx^m}P'_n+[n(n+1)-m(m+1)]\frac{d^m}{dx^m}P_n=0 \tag{1.228}$$

现在设P_n的 m 阶导数可以写成

$$\frac{d^m}{dx^m}P_n(x)=\frac{Q(x)}{(1-x^2)^{m/2}} \tag{1.229}$$

把这个表达式代入式（1.228）可以得到一个关于 $Q(x)$的新微分方程。因为需要同时确定$(d^m/dx^m)P'_n$和$(d^m/dx^m)P''_n$，因此首先将式（1.229）对 x 求导得

$$\frac{d^m}{dx^m}P'_n=\frac{Q'}{(1-x^2)^{m/2}}-\left(\frac{m}{2}\right)(-2x)\frac{Q}{(1-x^2)^{m/2+1}} \tag{1.230}$$

$$\frac{d^m}{dx^m}P'_n=(1-x^2)^{-(m+2)/2}\{(1-x^2)Q'+mxQ\} \tag{1.231}$$

将式（1.231）进一步求偏导数

$$\frac{d^m}{dx^m}P''_n=\left(\frac{d}{dx}(1-x^2)^{-(m+2)/2}\right)\{(1-x^2)Q'+mxQ\}+$$
$$(1-x^2)^{-(m+2)/2}\frac{d}{dx}\{(1-x^2)Q'+mxQ\}$$
$$=(m+2)x(1-x^2)^{-(m+2)/2-1}\{(1-x^2)Q'+mxQ\}+$$
$$(1-x^2)^{-(m+2)/2}\{(1-x^2)Q''+mxQ'-2xQ'+mQ\} \tag{1.232}$$

$$\frac{d^m}{dx^m}P''_n=(1-x^2)^{-(m+2)/2}\left\{(1-x^2)Q''+(m-2)xQ'+\right.$$
$$\left.mQ+(m+2)xQ'+\frac{m(m+2)x^2Q}{1-x^2}\right\} \tag{1.233}$$

$$\frac{d^m}{dx^m}P''_n=(1-x^2)^{-(m+2)/2}\left\{(1-x^2)Q''+2mxQ'+mQ+\frac{m(m+2)x^2Q}{1-x^2}\right\} \tag{1.234}$$

将式（1.231）和式（1.234）代入式（1.228），如果$(1-x^2)^{-(m+2)/2}$不是恒等于零，则 Q 需满足下面条件

$$(1-x^2)^2Q''+2mx(1-x^2)Q'+m(1-x^2)Q+m(m+2)x^2Q-$$
$$2(m+1)x(1-x^2)Q'-2m(m+1)x^2Q+$$
$$[n(n+1)-m(m+1)](1-x^2)Q=0 \tag{1.235}$$

把方程中各项合并抵消后，可以得到

$$(1-x^2)Q''-2xQ'+\left[n(n+1)-\frac{m^2}{1-x^2}\right]Q=0 \tag{1.236}$$

函数 $Q(x)$ 用$P_{n,m}(x)$表示，包括两个参数，多项式的阶 n 和求导数的次数 m。因此

$$(1-x^2)\frac{d^2}{dx^2}P_{n,m}(x)-2x\frac{d}{dx}P_{n,m}(x)+\left[n(n+1)-\frac{m^2}{1-x^2}\right]P_{n,m}(x)=0 \tag{1.237}$$

这就是连带勒让德方程。其解$P_{n,m}(x)$或$P_{n,m}(\cos\theta)$（其中 $x=\cos\theta$），称为连带勒让德多项式，根据式（1.229）中定义的 Q，可以由勒让德多项式获得

$$P_{n,m}(x)=(1-x^2)^{m/2}\frac{\mathrm{d}^m}{\mathrm{d}x^m}P_n(x) \tag{1.238}$$

将罗德里格斯公式（1.218）$P_n(x)$代入上式中可得

$$P_{n,m}(x)=\frac{(1-x^2)^{m/2}}{2^n n!}\frac{\mathrm{d}^{n+m}}{\mathrm{d}x^{n+m}}(x^2-1)^n \tag{1.239}$$

函数$(x^2-1)^n$中x的最高次幂是x^{2n}。求$2n$次导数之后为一常量，再求一次导数变为零。因此$n+m\leqslant 2n$，m可能的取值范围为$0\leqslant m\leqslant n$。

1.15.1　连带勒让德多项式的正交性

为了简单起见，我们将$P_{n,m}(x)$再一次简写为$P_{n,m}$。连带勒让德多项式$P_{n,m}$和$P_{l,m}$的定义式为

$$(1-x^2)(P_{n,m})''-2x(P_{n,m})'+\left[n(n+1)-\frac{m^2}{1-x^2}\right]P_{n,m}=0 \tag{1.240}$$

$$(1-x^2)(P_{l,m})''-2x(P_{l,m})'+\left[l(l+1)-\frac{m^2}{1-x^2}\right]P_{l,m}=0 \tag{1.241}$$

与勒让德多项式一样，用$P_{l,m}$乘以式（1.240）、$P_{n,m}$乘以式（1.241）得

$$(1-x^2)(P_{n,m})''P_{l,m}-2x(P_{n,m})'P_{l,m}+\left[n(n+1)-\frac{m^2}{1-x^2}\right]P_{n,m}P_{l,m}=0 \tag{1.242}$$

$$(1-x^2)(P_{l,m})''P_{n,m}-2x(P_{l,m})'P_{n,m}+\left[l(l+1)-\frac{m^2}{1-x^2}\right]P_{n,m}P_{l,m}=0 \tag{1.243}$$

用式（1.242）减去式（1.243）可得

$$(1-x^2)[(P_{n,m})''P_{l,m}-(P_{l,m})''P_{n,m}]-2x[(P_{n,m})'P_{l,m}-(P_{l,m})'P_{n,m}]+ [n(n+1)-l(l+1)]P_{n,m}P_{l,m}=0 \tag{1.244}$$

像证明勒让德多项式的正交性一样（见1.13.1节），我们将该方程

写为

$$\frac{\mathrm{d}}{\mathrm{d}x}\{(1-x^2)((P_{n,m})'P_{l,m}-(P_{l,m})'P_{n,m})\}+ \\ [n(n+1)-l(l+1)]P_{n,m}P_{l,m}=0 \tag{1.245}$$

将每一项对 x 在 $-1\leqslant x\leqslant 1$ 区间内求积分，可得

$$\{(1-x^2)((P_{n,m})'P_{l,m}-(P_{l,m})'P_{n,m})\}\Big|_{-1}^{+1}+ \\ [n(n+1)-l(l+1)]\int_{-1}^{1}P_{n,m}P_{l,m}\mathrm{d}x=0 \tag{1.246}$$

第一项因为 $(1-x^2)$ 的存在，在 $x=\pm 1$ 时为零；因此，第二项也必须为零。设 $n\neq l$，连带勒让德多项式的正交条件为

$$\int_{-1}^{1}P_{n,m}(x)P_{l,m}(x)\mathrm{d}x=0 \tag{1.247}$$

1.15.2 连带勒让德多项式的归一化

将连带勒让德多项式的平方在 $-1\leqslant x\leqslant 1$ 上积分得

$$\int_{-1}^{1}[P_{n,m}(x)]^2\mathrm{d}x=\frac{2}{2n+1}\frac{(n+m)!}{(n-m)!} \tag{1.248}$$

若函数平方的积分不为 1，则它们不是归一化函数。如果多项式乘以一个归一化函数，再平方积分，那么可以使其值等于所选择的值。这可以应用于不同条件下的大地测量和地磁学。

用于大地测量的勒让德多项式是完全归一化的。它们定义如下：

$$P_n^m(x)=\left(\left(\frac{2n+1}{2}\right)\frac{(n-m)!}{(n+m)!}\right)^{1/2}P_{n,m}(x) \tag{1.249}$$

用于地磁学的勒让德多项式是部分归一化的（或准归一化）。施密特于 1889 年定义了这种归一化方法

$$P_n^m(x)=\left(2\frac{(n-m)!}{(n+m)!}\right)^{1/2}P_{n,m}(x),\quad m\neq 0 \tag{1.250}$$

$$P_n^0(x)=P_{n,0}(x),\quad m=0 \tag{1.251}$$

在整个取值范围 $-1\leqslant x\leqslant 1$ 内，施密特多项式平方的积分在 $m=0$ 时为 1，在 $m>0$ 时为 $1/(2n+1)$。

表 1.2 列出了常用的一些低阶次完全归一化连带勒让德多项式和部分归一化施密特多项式。

表 1.2　一些低阶次完全归一化连带勒让德多项式和部分归一化施密特多项式

n	m	$P_n^m(\cos\theta)$，勒让德 完全归一化	$P_n^m(\cos\theta)$，施密特 部分归一化
1	0	$\cos\theta$	$\cos\theta$
1	1	$\sin\theta$	$\sin\theta$
2	0	$\frac{1}{2}(3\cos^2\theta-1)$	$\frac{1}{2}(3\cos^2\theta-1)$
2	1	$3\sin\theta\cos\theta$	$\sqrt{3}\sin\theta\cos\theta$
2	2	$3\sin^2\theta$	$\frac{\sqrt{3}}{2}\sin^2\theta$
3	0	$\frac{1}{2}\cos\theta(5\cos^2\theta-3)$	$\frac{1}{2}\cos\theta(5\cos^2\theta-3)$
3	1	$\frac{3}{2}\sin\theta(5\cos^2\theta-1)$	$\frac{\sqrt{6}}{4}\sin\theta(5\cos^2\theta-1)$
3	2	$15\sin^2\theta\cos\theta$	$\frac{\sqrt{15}}{2}15\sin^2\theta\cos\theta$
3	3	$15\sin^3\theta$	$\frac{\sqrt{10}}{4}\sin^3\theta$

1.16 球谐函数

有些地球物理势场满足拉普拉斯方程，例如引力势和地磁势。球坐标系最适合描述全球的地球物理势。势可以随着到地心的距离 r、任何同心球面上的极角 θ 和方位角 ϕ（相当于地球上的同纬度和经度）的变化而变化。势 U 在球坐标系中的拉普拉斯方程的解可以写成（参照 2.4.5 小节的式（2.104））

$$U=\sum_{n=0}^{\infty}\sum_{m=0}^{n}\left(A_n r^n+\frac{B_n}{r^{n+1}}\right)\left(a_n^m\cos(m\phi)+b_n^m\sin(m\phi)\right)P_n^m(\cos\theta) \tag{1.252}$$

式中，A_n，B_n，a_n^m 和 b_n^m 是特定位置的常数。在地球表面或任意球体上，球中心点源势的径向部分是常量，球体表面的变化由 θ 和 ϕ 的函数描述。我们主要研究地球以外的解的情况，此时A_n等于零。我们也可以设$B_n = R^{n+1}$，其中 R 是地球的平均半径。那么势可以写成

$$U = \sum_{n=0}^{\infty}\sum_{m=0}^{n}\left(\frac{R}{r}\right)^{n+1}(a_n^m\cos(m\phi) + b_n^m\sin(m\phi))P_n^m(\cos\theta) \tag{1.253}$$

设球谐函数$C_n^m(\theta,\phi)$和$S_n^m(\theta,\phi)$的定义为

$$\begin{cases} C_n^m(\theta,\phi) = \cos(m\phi)\cdot P_n^m(\cos\theta) \\ S_n^m(\theta,\phi) = \sin(m\phi)\cdot P_n^m(\cos\theta) \end{cases} \tag{1.254}$$

球体表面势的变化可以用这些函数来描述，或者用将正弦变量和余弦变量结合起来的更一般的球谐函数$Y_n^m(\theta,\phi)$来描述：

$$Y_n^m(\theta,\phi) = P_n^m(\cos\theta)\begin{Bmatrix}\cos(m\phi)\\ \sin(m\phi)\end{Bmatrix} \tag{1.255}$$

就像它们的组成部分（正弦函数、余弦函数和连带勒让德函数）一样，球谐函数也是正交和归一化的。

1.16.1 球谐函数的归一化

函数$C_n^m(\theta,\phi)$和$S_n^m(\theta,\phi)$的归一化要求每一个函数的平方在单位球面上进行积分。因为单位球面上的面元 $\mathrm{d}\Omega = \sin\theta\mathrm{d}\theta\mathrm{d}\phi$（见 Box1.3），其取值范围分别是 $0\leqslant\theta\leqslant\pi$ 和 $0\leqslant\phi\leqslant 2\pi$。所以积分为

$$\begin{aligned}\iint_S (C_n^m(\theta,\phi))^2\mathrm{d}\Omega &= \int_0^{\pi}\int_0^{2\pi}(C_n^m(\theta,\phi))^2\sin\theta\mathrm{d}\theta\mathrm{d}\phi \\ &= \int_0^{\pi}\int_0^{2\pi}(\cos(m\phi)P_n^m(\cos\theta))^2\sin\theta\mathrm{d}\theta\mathrm{d}\phi\end{aligned} \tag{1.256}$$

设连带勒让德多项式中 $x = \cos\theta$，则 $\mathrm{d}x = -\sin\theta\mathrm{d}\theta$，且其取值范围是 $-1\leqslant x\leqslant 1$。则积分变为

$$\int_{-1}^{1}\left\{\int_0^{2\pi}\cos^2(m\phi)\mathrm{d}\phi\right\}[P_n^m(x)]^2\mathrm{d}x = \pi\int_{-1}^{1}[P_n^m(x)]^2\mathrm{d}x \tag{1.257}$$

连带勒让德多项式的归一化结果由式（1.248）给出，因此

$$\iint_S (C_n^m(\theta,\phi))^2 \mathrm{d}\Omega = \left(\frac{2\pi}{2n+1}\right)\frac{(n+m)!}{(n-m)!} \tag{1.258}$$

通过这种方法对函数$S_n^m(\theta,\phi)$进行归一化可以得到相同的结果。

球谐函数可以将地球表面物理性质的变化表示为无穷级数，例如重力异常 $g(\theta,\phi)$ 可以表示成

$$g(\theta,\phi) = \sum_{n=0}^{\infty}\sum_{m=0}^{n}(a_n^m C_n^m(\theta,\phi) + b_n^m S_n^m(\theta,\phi)) \tag{1.259}$$

用函数 $g(\theta,\phi)$ 分别乘以$C_n^m(\theta,\phi)$和$S_n^m(\theta,\phi)$，并对其在单位球面上求积分可以得到系数a_n^m和b_n^m。由归一化性质可以得到

$$a_n^m = \left(\frac{2n+1}{2\pi}\right)\frac{(n-m)!}{(n+m)!}\iint_S g(\theta,\phi)\cdot C_n^m(\theta,\phi)\mathrm{d}\Omega$$

$$b_n^m = \left(\frac{2n+1}{2\pi}\right)\frac{(n-m)!}{(n+m)!}\iint_S g(\theta,\phi)\cdot S_n^m(\theta,\phi)\mathrm{d}\Omega \tag{1.260}$$

1.16.2　带谐、扇谐和田谐函数

球谐函数$Y_n^m(\theta,\phi)$描述的几何结构，使得球体表面的势可以用图表表示。势与某个常数的偏差形成势大于或小于平均值的交替区域。等势面与球面相交时就形成一条节线。当$Y_n^m(\theta,\phi)=0$ 时，任何一个$Y_n^m(\theta,\phi)$的表达式都由其节线的分布决定。为了简化讨论，我们将极角 θ 与纬线关联，将方位角 ϕ 与经线关联。

式（1.239）中连带勒让德多项式的定义表明方程$P_n^m(x)=0$ 除了平凡解 $x=\pm1$ 之外，还有 $n-m$ 个解。因此，球谐函数$Y_n^m(\theta,\phi)$随纬度 θ 的变化，在两极之间有 $n-m$ 个节线，每个节线就是一条纬线。另外如果 $m=0$，球面上的势只随纬度变化，且存在 n 个节线分割区域，其势大于或小于平均值。带谐函数$Y_2^0(\theta,\phi)$的示意图如图 1.12a 所示。

拉普拉斯方程（1.253）的解表明，势关于任意纬线变化的函数可以表示为

$$\Phi(\phi) = a_n^m\cos(m\phi) + b_n^m\sin(m\phi) \tag{1.261}$$

当 $\Phi(\phi)=0$ 时，有 $2m$ 个节线，对应于 $2m$ 个经度子午线或 m 个

经线大圆。在 $n=m$ 的特殊情况下，没有纬度节线和经线隔开的大于或小于平均值的势区域。扇谐函数$Y_5^5(\theta,\phi)$的示意图如图 1.12b 所示。

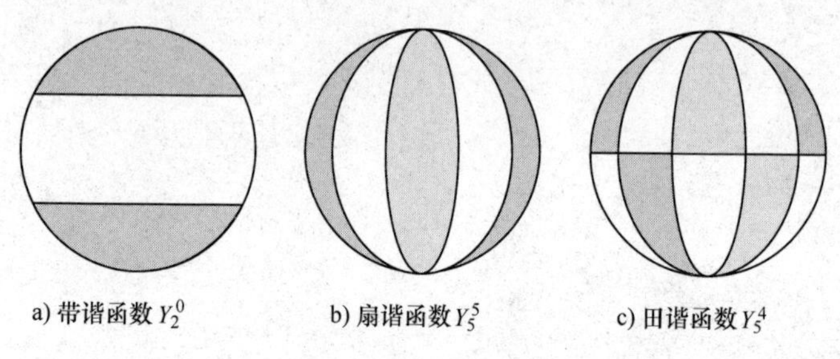

a) 带谐函数 Y_2^0　　b) 扇谐函数 Y_5^5　　c) 田谐函数 Y_5^4

图 1.12　带谐、扇谐、田谐函数在参考球子午面上的投影示意图

对一般情况（$m\neq0$，$n\neq0$），势同时随着纬度和经度变化。此时，有 $n-m$ 个纬度节线和 m 个经度节线大圆（$2m$ 个子午线）。球谐函数的出现类似于交替区域的组合，每一区域的势大于或小于平均值。田谐函数$Y_5^4(\theta,\phi)$的示意图如图 1.12c 所示。

1.17 傅里叶级数、傅里叶积分和傅里叶变换

1.17.1　傅里叶级数

类似于用幂级数表示连续函数（见 1.10 节），我们可以用无穷个基频谐波的正弦和余弦组合来表示周期函数。考虑周期函数$f(t)$，其周期为τ，定义域为 $0\leqslant t\leqslant\tau$，因此①$f(t)$在定义域内是有限的；②$f(t)$在定义域之外具有周期性，即$f(t+\tau)=f(t)$；③除了在有限数量的点之外，$f(t)$是单值函数，且在这些点之间是连续函数。条件①～③称为狄利克雷边界条件。如果满足这些条件，函数$f(t)$可以表示为

$$f(t)=\frac{a_0}{2}+\sum_{n=1}^{\infty}(a_n\cos(n\omega t)+b_n\sin(n\omega t))\tag{1.262}$$

其中 $\omega=2\pi/\tau$，为了保持形式的一致性，第一项需要乘以$\frac{1}{2}$。$f(t)$的这种表示称为傅里叶级数。由于正弦和余弦函数具有正交性，因此系

数a_n和b_n可以用 $\sin(n\omega t)$或 $\cos(n\omega t)$乘以式（1.262）并对整个周期进行积分得

$$\begin{cases} a_n = \dfrac{2}{\tau}\displaystyle\int_{-\tau/2}^{\tau/2} f(t)\cos(n\omega t)\,\mathrm{d}t \\ b_n = \dfrac{2}{\tau}\displaystyle\int_{-\tau/2}^{\tau/2} f(t)\sin(n\omega t)\,\mathrm{d}t \end{cases} \tag{1.263}$$

如果不用三角函数，用式（1.7）中复数指数定义的正弦项和余弦项，即

$$\begin{cases} \cos(n\omega t) = \dfrac{\exp(\mathrm{i}n\omega t) + \exp(-\mathrm{i}n\omega t)}{2} \\ \sin(n\omega t) = \dfrac{\exp(\mathrm{i}n\omega t) - \exp(-\mathrm{i}n\omega t)}{2\mathrm{i}} \end{cases} \tag{1.264}$$

根据式（1.262）中的关系可得

$$\begin{aligned} f(t) &= \sum_{n=0}^{\infty}\left(\frac{a_n}{2}[\exp(\mathrm{i}n\omega t) + \exp(-\mathrm{i}n\omega t)] + \frac{b_n}{2\mathrm{i}}[\exp(\mathrm{i}n\omega t) - \exp(-\mathrm{i}n\omega t)]\right) \\ &= \sum_{n=0}^{\infty}\left(\frac{a_n - \mathrm{i}b_n}{2}\exp(\mathrm{i}n\omega t)\right) + \sum_{n=0}^{\infty}\left(\frac{a_n + \mathrm{i}b_n}{2}\exp(-\mathrm{i}n\omega t)\right) \end{aligned} \tag{1.265}$$

求和指数是虚数，因此第二项中可以将 n 替换为 $-n$，并将求和极限扩展为 $n=-\infty$，从而

$$\begin{aligned} f(t) &= \sum_{n=0}^{\infty}\left(\frac{a_n - \mathrm{i}b_n}{2}\exp(\mathrm{i}n\omega t)\right) + \sum_{n=-\infty}^{0}\left(\frac{a_{-n} + \mathrm{i}b_{-n}}{2}\exp(\mathrm{i}n\omega t)\right) \\ &= \sum_{n=-\infty}^{\infty}\frac{(a_n + a_{-n}) - \mathrm{i}(b_n - b_{-n})}{2}\exp(\mathrm{i}n\omega t) \end{aligned} \tag{1.266}$$

如果将c_n定义为复数

$$c_n = \frac{(a_n + a_{-n}) - \mathrm{i}(b_n - b_{-n})}{2} \tag{1.267}$$

则式（1.262）的傅里叶级数可以写成复数指数形式

$$f(t) = \sum_{n=-\infty}^{\infty} c_n \exp(\mathrm{i}n\omega t) \tag{1.268}$$

在这种情况下，协变系数c_n由下式给出：

$$c_n = \frac{1}{\tau}\int_{-\tau/2}^{\tau/2} f(t)\exp(-\mathrm{i}n\omega t)\mathrm{d}t \tag{1.269}$$

1.17.2 傅里叶积分和傅里叶变换

傅里叶级数作为离散的不同频率的正弦和余弦函数构成的无穷级数，可以用来表示物理性质的周期性。该理论可以扩展到$f(t)$不是周期函数的情况，此时$f(t)$可以表示为连续频谱的组合，只要该函数满足前面的狄利克雷条件，且具有有限的能量：

$$\int_{-\infty}^{\infty} |f(t)|^2 \mathrm{d}t < \infty \tag{1.270}$$

式（1.268）中的无限求和用傅里叶积分来代替，且复系数c_n用振幅函数$g(\omega)$代替：

$$f(t) = \int_{-\infty}^{\infty} g(\omega)\exp(\mathrm{i}\omega t)\mathrm{d}\omega \tag{1.271}$$

其中$g(\omega)$是连续函数，从下式可得：

$$g(\omega) = \frac{1}{2\pi}\int_{-\infty}^{\infty} f(t)\exp(-\mathrm{i}\omega t)\mathrm{d}t \tag{1.272}$$

从傅里叶级数到傅里叶积分的过渡在Box1.5中有解释。函数$g(\omega)$称为$f(t)$的傅里叶变换，且$f(t)$称为$g(\omega)$的傅里叶逆变换。傅里叶变换构成了一种强大的数学工具，可以将时域函数$f(t)$转换为频域的新函数$g(\omega)$。

Box 1.5　从傅里叶级数到傅里叶积分

函数$f(t)$的复指数傅里叶变换为

$$f(t) = \sum_{n=-\infty}^{\infty} c_n \exp(\mathrm{i}n\omega t) \tag{1}$$

复系数c_n由下式给出：

$$c_n = \frac{1}{\tau}\int_{-\tau/2}^{\tau/2} f(t)\exp(-\mathrm{i}n\omega t)\mathrm{d}t \tag{2}$$

表达式中 $\omega=2\pi/\tau$ 是基频，τ 是基本周期。n 每增加 1，基频改变 $\delta\omega=2\pi/\tau$，所以第二个方程的积分因子可以用 $1/\tau=\delta\omega/2\pi$ 代替，以避免在将式（2）代入式（1）时出现混淆，将积分自变量变换为 u，得

$$c_n=\frac{\delta\omega}{2\pi}\int_{-\tau/2}^{\tau/2}f(u)\exp(-\mathrm{i}n\omega u)\,\mathrm{d}u \tag{3}$$

代入后，式（1）变为

$$\begin{aligned}f(t)&=\sum_{n=-\infty}^{\infty}\left(\frac{\delta\omega}{2\pi}\int_{-\tau/2}^{\tau/2}f(u)\exp(-\mathrm{i}n\omega u)\,\mathrm{d}u\right)\exp(\mathrm{i}n\omega t)\\&=\sum_{n=-\infty}^{\infty}\left(\frac{\delta\omega}{2\pi}\int_{-\tau/2}^{\tau/2}f(u)\exp(\mathrm{i}n\omega(t-u))\,\mathrm{d}u\right)\end{aligned} \tag{4}$$

现在，将积分函数定义为

$$F(\omega)=\int_{-\tau/2}^{\tau/2}f(u)\exp(\mathrm{i}n\omega(t-u))\,\mathrm{d}u \tag{5}$$

原始的傅里叶级数变为

$$f(t)=\frac{1}{2\pi}\sum_{\omega=-\infty}^{\infty}F(\omega)\delta\omega \tag{6}$$

现在缩小频率增量 $\delta\omega$，使其无限趋于零；这等价于令周期 τ 趋于无穷大。因为频率 ω 变成了一个连续变量，所以去掉下标 n；离散求和变成连续积分，函数 $f(t)$ 是

$$f(t)=\frac{1}{2\pi}\int_{-\infty}^{\infty}F(\omega)\,\mathrm{d}\omega \tag{7}$$

式（5）中的函数 $F(\omega)$ 变为

$$F(\omega)=\int_{-\infty}^{\infty}f(u)\exp(\mathrm{i}\omega(t-u))\,\mathrm{d}u \tag{8}$$

将 $F(\omega)$ 代入式（7）可得

$$\begin{aligned}f(t)&=\frac{1}{2\pi}\int_{-\infty}^{\infty}\left[\int_{-\infty}^{\infty}f(u)\exp(\mathrm{i}\omega(t-u))\,\mathrm{d}u\right]\mathrm{d}\omega\\&=\frac{1}{2\pi}\int_{-\infty}^{\infty}\left[\int_{-\infty}^{\infty}f(u)\exp(-\mathrm{i}\omega u)\,\mathrm{d}u\right]\exp(\mathrm{i}\omega t)\,\mathrm{d}\omega\end{aligned} \tag{9}$$

将方括号中的变量 u 再变回 t，则

$$g(\omega) = \frac{1}{2\pi}\int_{-\infty}^{\infty} f(t)\exp(-i\omega t)\,dt \tag{10}$$

原来的表达式现在可以写成

$$f(t) = \int_{-\infty}^{\infty} g(\omega)\exp(i\omega t)\,d\omega \tag{11}$$

这两个方程的等价性称为傅里叶积分定理。

1.17.3 傅里叶正弦和余弦变换

函数一个简单但重要的性质是其奇偶性。偶函数对其自变量的正值和负值都具有相同函数值，即 $f(t)=f(-t)$。余弦函数就是一个偶函数。偶函数在关于原点对称的区间上积分等于对其正区间积分的两倍。奇函数的正负随其自变量符号的改变而改变，即 $f(-t)=-f(t)$。例如，正弦函数就是奇函数。奇函数在关于原点对称的区间上积分等于零。两个奇函数相乘或者两个偶函数相乘，其结果都是偶函数；一个奇函数和一个偶函数相乘，其结果是奇函数。

表示奇函数和偶函数的傅里叶级数分别由正弦或余弦函数构成。同样，正弦和余弦函数构成的傅里叶积分也可以分别表示奇函数和偶函数。设函数 $f(t)$ 是偶函数，用式（1.5）代替式（1.272）中的复指数：

$$g(\omega) = \frac{1}{2\pi}\int_{-\infty}^{\infty} f(t)[\cos(\omega t) - i\sin(\omega t)]\,dt \tag{1.273}$$

正弦函数是奇函数，如果 $f(t)$ 是偶函数，则其乘积 $f(t)\sin(\omega t)$ 是奇函数，所以上式中第二项等于零。乘积 $f(t)\cos(\omega t)$ 是偶函数，我们可以将积分区间转换为对正区间的积分：

$$\begin{aligned} g(\omega) &= \frac{1}{2\pi}\int_{-\infty}^{\infty} f(t)\cos(\omega t)\,dt \\ &= \frac{1}{\pi}\int_{0}^{\infty} f(t)\cos(\omega t)\,dt \end{aligned} \tag{1.274}$$

因此，如果 $f(t)$ 是偶函数，那么 $g(\omega)$ 也是偶函数。类似地，如果 $f(t)$ 是奇函数，那么 $g(\omega)$ 也是奇函数。

现在，将式（1.271）中的指数展开，并根据相同的条件判断乘积的奇偶性：

$$
\begin{aligned}
f(t) &= \int_{-\infty}^{\infty} g(\omega)(\cos(\omega t) + \mathrm{i}\sin(\omega t))\mathrm{d}\omega \\
&= 2\int_{0}^{\infty} g(\omega)\cos(\omega t)\mathrm{d}\omega
\end{aligned} \tag{1.275}
$$

如果将式（1.275）代回式（1.274），则积分常数将变为 $2/\pi$（两个式子中常数的乘积）。式（1.275）和式（1.274）形成傅里叶变换对，并且因子 $2/\pi$ 放在变换对中的任何一个方程里都可以。将式（1.275）和式（1.274）联系起来则得

$$
\begin{cases}
f(t) = \displaystyle\int_{0}^{\infty} g(\omega)\cos(\omega t)\mathrm{d}\omega \\
g(\omega) = \dfrac{2}{\pi}\displaystyle\int_{0}^{\infty} f(t)\cos(\omega t)\mathrm{d}t
\end{cases} \tag{1.276}
$$

偶函数 $f(t)$ 和 $g(\omega)$ 互为傅里叶变换。

对奇函数进行类似的处理可以得到类似的方程对，其中傅里叶变换 $g(\omega)$ 也是奇函数

$$
\begin{cases}
f(t) = \displaystyle\int_{0}^{\infty} g(\omega)\sin(\omega t)\mathrm{d}\omega \\
g(\omega) = \dfrac{2}{\pi}\displaystyle\int_{0}^{\infty} f(t)\sin(\omega t)\mathrm{d}t
\end{cases} \tag{1.277}
$$

奇函数 $f(t)$ 和 $g(\omega)$ 也互为傅里叶变换。

进一步阅读

Boas, M. L. (2006). *Mathematical Methods in the Physical Sciences*, 3rd edn. Hoboken, NJ: Wiley, 839 pp.

James, J. F. (2004). *A Student's Guide to Fourier transforms*, 2nd edn. Cambridge: Cambridge University Press, 135 pp.

第2章 万有引力

2.1 引力加速度和引力势

牛顿于1687年提出的万有引力定律描述了相距为r的两个质点m和M之间的引力规律。设M是球坐标系(r,θ,ϕ)的原点，则M作用在m上的万有引力为

$$\boldsymbol{F} = -G\frac{mM}{r^2}\boldsymbol{e}_r \tag{2.1}$$

式中，G是引力常数（$6.67421\times10^{-11}\mathrm{m}^3\cdot\mathrm{kg}^{-1}\cdot\mathrm{s}^{-2}$），$\boldsymbol{e}_r$是从$M$指向$m$的径向单位矢量，方向指向距离增加的方向，负号表示力的方向指向施力物体M。到M点距离为r处的引力加速度$\boldsymbol{a}_{\mathrm{G}}$为单位质量的物体所受的引力，即

$$\boldsymbol{a}_{\mathrm{G}} = -G\frac{M}{r^2}\boldsymbol{e}_r \tag{2.2}$$

引力加速度$\boldsymbol{a}_{\mathrm{G}}$也可以表示为引力势$U_{\mathrm{G}}$梯度的负值：

$$\boldsymbol{a}_{\mathrm{G}} = -\nabla U_{\mathrm{G}} \tag{2.3}$$

质点的引力加速度是径向函数，所以引力势梯度

$$-\frac{\partial U_{\mathrm{G}}}{\partial r} = -G\frac{M}{r^2} \tag{2.4}$$

$$U_{\mathrm{G}} = -G\frac{M}{r} \tag{2.5}$$

在牛顿时代，引力常数无法在实验室中得到验证，正常大小的重物体之间的引力很弱，且摩擦力和空气阻力的影响相对较大，所以直到一个多世纪后，1798年卡文迪许才第一次成功测量了引力常数。而牛顿在1687年，是利用当时现有太阳系中行星运动的天文观测数据

来确定万有引力的反平方关系的，这些天文观测数据在1609年和1619年被开普勒总结为开普勒三定律。跟行星与太阳之间的巨大距离相比，行星和太阳的尺寸可以忽略不计，可以将它们视为质点，牛顿正是据此确定万有引力的反平方规律的。

2.2 行星运动的开普勒定律

德国数学家和科学家开普勒（1571—1630）根据丹麦天文学家布拉赫对行星的详细观察，提出了开普勒定律。观测是在16世纪晚期进行的，那时还没有望远镜，开普勒发现观测结果符合以下三个规律：

（1）每一个行星的运动轨道都是椭圆，且太阳位于其焦点上；

（2）从太阳到行星的半径在相同的时间内扫过相同的面积；

（3）周期的平方与长半轴的立方成正比。

基本假设是行星在中心力（即径向力）的作用下运动。对于质量为 m 的行星，到太阳的距离为 r 时，太阳对其万有引力 $\boldsymbol{F}$ 为

$$\boldsymbol{F}=m\frac{\mathrm{d}^2\boldsymbol{r}}{\mathrm{d}t^2}=f(r)\boldsymbol{e}_r \tag{2.6}$$

则该行星相对于太阳的角动量

$$\boldsymbol{h}=\boldsymbol{r}\times m\frac{\mathrm{d}\boldsymbol{r}}{\mathrm{d}t} \tag{2.7}$$

角动量对时间的变化率为

$$\frac{\mathrm{d}\boldsymbol{h}}{\mathrm{d}t}=m\frac{\mathrm{d}}{\mathrm{d}t}\left(\boldsymbol{r}\times\frac{\mathrm{d}\boldsymbol{r}}{\mathrm{d}t}\right)=m\left(\frac{\mathrm{d}\boldsymbol{r}}{\mathrm{d}t}\times\frac{\mathrm{d}\boldsymbol{r}}{\mathrm{d}t}\right)+m\left(\boldsymbol{r}\times\frac{\mathrm{d}^2\boldsymbol{r}}{\mathrm{d}t^2}\right) \tag{2.8}$$

方程右边第一项为零，因为矢量与它自身（或与它平行的矢量）的矢量积是零。因此

$$\frac{\mathrm{d}\boldsymbol{h}}{\mathrm{d}t}=\boldsymbol{r}\times m\frac{\mathrm{d}^2\boldsymbol{r}}{\mathrm{d}t^2} \tag{2.9}$$

同样，根据式（2.6），用 $f(r)\boldsymbol{e}_r$ 替代上式中的 $m\frac{\mathrm{d}^2\boldsymbol{r}}{\mathrm{d}t^2}$ 可得

$$\frac{\mathrm{d}\boldsymbol{h}}{\mathrm{d}t}=\boldsymbol{r}\times f(r)\boldsymbol{e}_r=f(r)(\boldsymbol{r}\times\boldsymbol{e}_r)=0 \tag{2.10}$$

这意味着角动量 $\boldsymbol{h}$ 是常矢量，系统的角动量守恒。取 $\boldsymbol{h}$ 和 $\boldsymbol{r}$ 的标量积可得

$$\boldsymbol{r} \cdot \boldsymbol{h} = \boldsymbol{r} \cdot \left(\boldsymbol{r} \times m \frac{\mathrm{d}\boldsymbol{r}}{\mathrm{d}t} \right) \tag{2.11}$$

对上式依次交换三重积中矢量的位置可得

$$\boldsymbol{r} \cdot \boldsymbol{h} = m \frac{\mathrm{d}\boldsymbol{r}}{\mathrm{d}t} \cdot (\boldsymbol{r} \times \boldsymbol{r}) = 0 \tag{2.12}$$

该结果证明了行星相对于太阳的位置矢量 $\boldsymbol{r}$ 总是垂直于它的角动量 $\boldsymbol{h}$，这就定义了一个平面。每一个行星轨道所围的平面（轨道平面）都经过太阳，地球的轨道平面称为黄道面。

2.2.1 开普勒第二定律

行星在其轨道上相对于太阳的位置用极坐标(r, θ)表示，当行星离太阳最近（近日点）时角度 θ 定义为零。行星在轨道上任一点的角动量大小为

$$h = mr^2 \frac{\mathrm{d}\theta}{\mathrm{d}t} \tag{2.13}$$

从太阳指向行星的径矢在很短的时间间隔 Δt 内转过的角度为 $\Delta\theta$，则径矢扫过的面积近似为一个小三角形，其面积 ΔA 为

$$\Delta A = \frac{1}{2} r^2 \Delta\theta \tag{2.14}$$

该面积对时间的变化率：

$$\frac{\mathrm{d}A}{\mathrm{d}t} = \lim_{\Delta t \to 0} \left(\frac{\Delta A}{\Delta t} \right) = \lim_{\Delta t \to 0} \left(\frac{1}{2} r^2 \frac{\Delta\theta}{\Delta t} \right) \tag{2.15}$$

$$\frac{\mathrm{d}A}{\mathrm{d}t} = \frac{1}{2} r^2 \frac{\mathrm{d}\theta}{\mathrm{d}t} \tag{2.16}$$

把式（2.13）中的 h 代入上式得

$$\frac{\mathrm{d}A}{\mathrm{d}t} = \frac{h}{2m} \tag{2.17}$$

所以从太阳指向行星的径矢在给定时间内扫过的面积是一个常量，这

就是行星运动的开普勒第二定律。

2.2.2 开普勒第一定律

如果我们忽略行星之间的万有引力，只考虑行星和太阳之间的万有引力，则行星的总能量为常数。总能量 E 由轨道动能和其在太阳引力场中的势能组成：

$$\frac{1}{2}m\left(\frac{\mathrm{d}r}{\mathrm{d}t}\right)^2+\frac{1}{2}mr^2\left(\frac{\mathrm{d}\theta}{\mathrm{d}t}\right)^2-Gm\frac{S}{r}=E \tag{2.18}$$

上式中第一项是行星的线性（径向）动能，第二项是行星的旋转动能（mr^2为行星相对于太阳的转动惯量），第三项是引力势能。因为

$$\frac{\mathrm{d}r}{\mathrm{d}t}=\frac{\mathrm{d}r}{\mathrm{d}\theta}\frac{\mathrm{d}\theta}{\mathrm{d}t} \tag{2.19}$$

等量替换可得

$$\left(\frac{\mathrm{d}r}{\mathrm{d}\theta}\right)^2\left(\frac{\mathrm{d}\theta}{\mathrm{d}t}\right)^2+r^2\left(\frac{\mathrm{d}\theta}{\mathrm{d}t}\right)^2-2G\frac{S}{r}=2\frac{E}{m} \tag{2.20}$$

为了简化方程，令

$$u=\frac{1}{r} \tag{2.21}$$

那么

$$\frac{\mathrm{d}r}{\mathrm{d}\theta}=\frac{\mathrm{d}}{\mathrm{d}\theta}\left(\frac{1}{u}\right)=-\frac{1}{u^2}\left(\frac{\mathrm{d}u}{\mathrm{d}\theta}\right)=-r^2\left(\frac{\mathrm{d}u}{\mathrm{d}\theta}\right) \tag{2.22}$$

把式（2.22）代入式（2.20），则有

$$\left(r^2\frac{\mathrm{d}\theta}{\mathrm{d}t}\right)^2\left(\frac{\mathrm{d}u}{\mathrm{d}\theta}\right)^2+r^2\left(\frac{\mathrm{d}\theta}{\mathrm{d}t}\right)^2-2G\frac{S}{r}=2\frac{E}{m} \tag{2.23}$$

根据式（2.13）的结果可得

$$\begin{gathered}r^2\frac{\mathrm{d}\theta}{\mathrm{d}t}=\frac{h}{m}\\ r\left(\frac{\mathrm{d}\theta}{\mathrm{d}t}\right)=\frac{1}{r}\left(\frac{h}{m}\right)=u\left(\frac{h}{m}\right)\end{gathered} \tag{2.24}$$

把式（2.24）代入式（2.23）可得

$$\left(\frac{h}{m}\right)^2\left(\frac{\mathrm{d}u}{\mathrm{d}\theta}\right)^2+u^2\left(\frac{h}{m}\right)^2-2uGS=2\frac{E}{m} \tag{2.25}$$

$$\left(\frac{\mathrm{d}u}{\mathrm{d}\theta}\right)^2 + u^2 - 2uGS\frac{m^2}{h^2} = 2\frac{Em}{h^2} \tag{2.26}$$

剩下的计算很简单，首先在方程两边加一个常数：

$$\left(\frac{\mathrm{d}u}{\mathrm{d}\theta}\right)^2 + u^2 - 2uGS\frac{m^2}{h^2} + \left(GS\frac{m^2}{h^2}\right)^2 = 2\frac{Em}{h^2} + \left(GS\frac{m^2}{h^2}\right)^2 \tag{2.27}$$

$$\left(\frac{\mathrm{d}u}{\mathrm{d}\theta}\right)^2 + \left(u - GS\frac{m^2}{h^2}\right)^2 = 2\frac{Em}{h^2} + \left(GS\frac{m^2}{h^2}\right)^2 \tag{2.28}$$

把第二项移到方程右边，得

$$\left(\frac{\mathrm{d}u}{\mathrm{d}\theta}\right)^2 = 2\frac{Em}{h^2} + \left(GS\frac{m^2}{h^2}\right)^2 - \left(u - GS\frac{m^2}{h^2}\right)^2 \tag{2.29}$$

$$\left(\frac{\mathrm{d}u}{\mathrm{d}\theta}\right)^2 = \left(GS\frac{m^2}{h^2}\right)^2\left(1 + \frac{2Eh^2}{G^2S^2m^3}\right) - \left(u - GS\frac{m^2}{h^2}\right)^2 \tag{2.30}$$

把方程中的项做如下定义：

$$u_0 = GS\frac{m^2}{h^2} \tag{2.31}$$

$$e^2 = 1 + \frac{2Eh^2}{G^2S^2m^3} \tag{2.32}$$

把这些项代入式（2.30），则方程简化为

$$\left(\frac{\mathrm{d}u}{\mathrm{d}\theta}\right)^2 = u_0^2e^2 - (u - u_0)^2 \tag{2.33}$$

$$\frac{\mathrm{d}u}{\mathrm{d}\theta} = -\sqrt{u_0^2e^2 - (u - u_0)^2} \tag{2.34}$$

该方程的试探解为

$$u = u_0(1 + e\cos\theta) \tag{2.35}$$

该解中 θ 在近日点定义为零。在式（2.34）中取了负的平方根，所以当 θ 和 r 增加时，u 必定减小，设

$$p = \frac{1}{u_0} = \frac{h^2}{GSm^2} \tag{2.36}$$

$$r = \frac{p}{1 + e\cos\theta} \tag{2.37}$$

这是极坐标系下的椭圆方程，坐标原点是其焦点，也是开普勒行星运动第一定律的证明。其中 e 是椭圆的偏心率，p 是椭圆的正焦半弦，

它是过焦点平行于短轴的弦长的一半（见图2.1）。

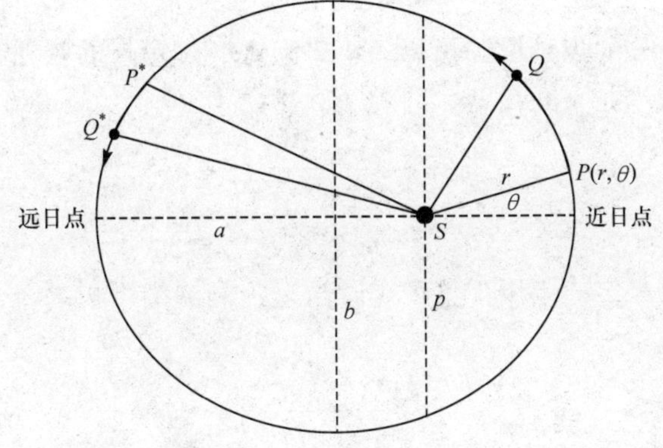

图2.1　行星运动的开普勒图解。每个行星的轨道是一个椭圆，太阳在椭圆的焦点上；a、b 和 p 分别是长半轴、短半轴和正焦半弦。在给定时间内，从太阳到行星的半径扫过的面积是恒定的（即图中扇形 SPQ 的面积等于扇形 SP^*Q^* 的面积）；行星运行周期的平方与长半轴的立方成正比。出自 Lowrie（2007）

这些方程表明，围绕太阳的运动轨道类型有三种，这取决于式（2.18）决定的太阳和行星之间的总能量值 E。如果动能大于势能，式（2.32）中的总能量 E 为正，且 e 大于1，此时行星的运动轨道是双曲线；如果动能和势能相等，总能量 E 为零，e 等于1，此时行星的运动轨道是抛物线。不管是上述两种情况中的哪一种，行星都可以逃离太阳，这些轨道称为逃逸轨道。如果动能小于势能，总能量 E 为负，e 小于1，在这种情况下（对应于行星或小行星），物体绕太阳运动的轨道是椭圆。

2.2.3　开普勒第三定律

用笛卡儿坐标系(x, y)描述椭圆轨道很方便，坐标原点在椭圆的中心而不是太阳，x 轴平行于长半轴 a，y 轴平行于短半轴 b，则图2.1中的椭圆方程为

$$\frac{x^2}{a^2}+\frac{y^2}{b^2}=1 \tag{2.38}$$

短半轴通过偏心率 e 与长半轴相关联，即

$$b^2 = a^2(1 - e^2) \tag{2.39}$$

根据定义可知原点到椭圆焦点的距离为 ae，过焦点的弦在 y 轴上的坐标值为正焦半弦 p 的长度。设式（2.38）中 $y = p$、$x = ae$，可得

$$\frac{p^2}{b^2} = 1 - \frac{(ae)^2}{a^2} = 1 - e^2 \tag{2.40}$$

$$p^2 = a^2(1 - e^2)^2 \tag{2.41}$$

将开普勒第二定律应用于整个椭圆轨道，椭圆的面积为 πab，轨道周期为 T，则

$$\frac{\mathrm{d}A}{\mathrm{d}t} = \frac{\pi ab}{T} \tag{2.42}$$

利用式（2.17）得

$$\frac{h}{m} = \frac{2\pi ab}{T} \tag{2.43}$$

从式（2.36）到式（2.43）可以得到正焦半弦的值：

$$p = \frac{1}{GS}\left(\frac{h}{m}\right)^2 = \frac{1}{GS}\left(\frac{2\pi ab}{T}\right)^2 \tag{2.44}$$

代入式（2.41）中得

$$a(1 - e^2) = \frac{4\pi^2 a^2 b^2}{GST^2} = \frac{4\pi^2 a^4}{GST^2}(1 - e^2) \tag{2.45}$$

化简后可得

$$\frac{T^2}{a^3} = \frac{4\pi^2}{GS} \tag{2.46}$$

方程右边是一个常数，所以轨道周期的平方正比于长半轴的立方，这就是开普勒第三定律。

2.3 实心球体的引力加速度和引力势

实心球体内外的引力势和引力加速度可以分别通过泊松方程和拉普拉斯方程计算求得。

2.3.1 实心球体外，用拉普拉斯方程

在实心球体外，引力势U_G满足拉普拉斯方程（参考 1.9 节）。如果密度均匀，引力势不会随极角 θ 和方位角 ϕ 的变化而变化。在这些条件下，拉普拉斯方程（2.67）在球坐标系中简化为

$$\frac{\partial}{\partial r}\left(r^2\frac{\partial U_G}{\partial r}\right)=0 \tag{2.47}$$

这就要求括号里的项必须是常数 C，即

$$r^2\frac{\partial U_G}{\partial r}=C \tag{2.48}$$

$$\frac{\partial U_G}{\partial r}=\frac{C}{r^2} \tag{2.49}$$

因此，实心球体外的引力加速度

$$\boldsymbol{a}_G(r>R)=-\frac{\partial U_G}{\partial r}=-\left(\frac{C}{r^2}\right)\boldsymbol{e}_r \tag{2.50}$$

球面上的引力加速度大小为

$$\boldsymbol{a}_G(R)=-\frac{\partial U_G}{\partial r}=-\left(\frac{C}{R^2}\right)\boldsymbol{e}_r \tag{2.51}$$

球面边界条件是球面内外的引力加速度在球面上的值必须相等，我们利用该条件可求出常数 C。对比式（2.51）和式（2.60）可得

$$C=GM \tag{2.52}$$

把 C 的表达式代入式（2.50），球外的引力加速度为

$$\boldsymbol{a}_G(r>R)=-G\frac{M}{r^2}\boldsymbol{e}_r \tag{2.53}$$

实心球体外引力势可以通过将式（2.53）对半径积分求得，即

$$U_G(r>R)=-G\frac{M}{r} \tag{2.54}$$

2.3.2 实心球体内，用泊松方程

在半径为 R、密度为 ρ 的均匀实心球体内，引力势U_G满足泊松方程（参考 1.8 节）。由于对称性我们还是采用球坐标系，因为密度均

匀，所以引力势不会随极角 θ 和方位角 ϕ 的变化而变化。泊松方程在球坐标系中简化为

$$\frac{1}{r^2}\frac{\partial}{\partial r}r^2\frac{\partial U_{\mathrm{G}}}{\partial r}=4\pi G\rho \tag{2.55}$$

方程两边同乘以 r^2 并对 r 积分，可得

$$\frac{\partial}{\partial r}r^2\frac{\partial U_{\mathrm{G}}}{\partial r}=4\pi G\rho r^2 \tag{2.56}$$

$$r^2\frac{\partial U_{\mathrm{G}}}{\partial r}=\frac{4}{3}\pi G\rho r^3+C_1 \tag{2.57}$$

这个方程只对坐标原点在球心（$r=0$）处成立，因此 $C_1=0$，则

$$\frac{\partial U_{\mathrm{G}}}{\partial r}=\frac{4}{3}\pi G\rho r \tag{2.58}$$

$$\boldsymbol{a}_{\mathrm{G}}(r<R)=-\frac{\partial U_{\mathrm{G}}}{\partial r}=\left(-\frac{4}{3}\pi G\rho r\right)\boldsymbol{e}_r \tag{2.59}$$

这说明均匀的各向同性实心球体内部某一点引力加速度正比于其到球心的距离，球表面上点（$r=R$）的引力加速度为

$$\boldsymbol{a}_{\mathrm{G}}(R)=\left(-\frac{4}{3}\pi G\rho R\right)\boldsymbol{e}_r=-\frac{GM}{R^2}\boldsymbol{e}_r \tag{2.60}$$

式中，质量 M 为

$$M=\frac{4}{3}\pi R^3\rho \tag{2.61}$$

为了得到实心球体内部的引力势，我们必须对式（2.58）进行积分，所以

$$U_{\mathrm{G}}=\frac{2}{3}\pi G\rho r^2+C_2 \tag{2.62}$$

注意，引力势在球面上连续，从而可以求出常数 C_2，否则将会存在不连续的势能梯度（力）变得无穷大。结合式（2.54）和式（2.62）可知在 $r=R$ 处：

$$\frac{2}{3}\pi G\rho R^2+C_2=-\frac{GM}{R}=-\frac{4}{3}\pi G\rho R^2 \tag{2.63}$$

$$C_2=-2\pi G\rho R^2 \tag{2.64}$$

因此，均匀的实心球体内部的引力势为

$$U_{\mathrm{G}} = \frac{2}{3}\pi G\rho r^2 - 2\pi G\rho R^2 \tag{2.65}$$

$$U_{\mathrm{G}} = \frac{2}{3}\pi G\rho(r^2 - 3R^2) \tag{2.66}$$

实心球体内、外引力势变化的示意图如图2.2所示。

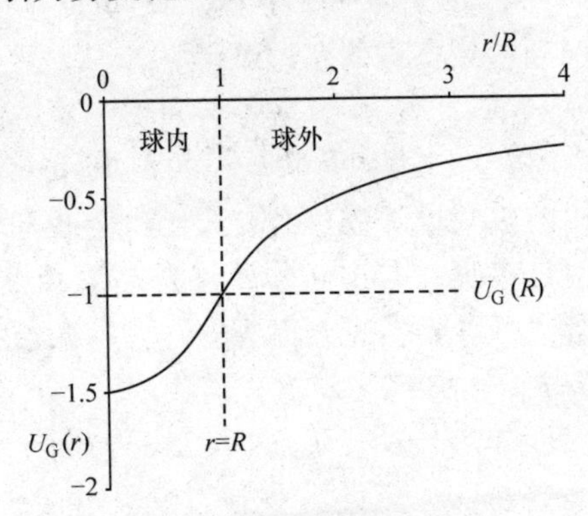

图2.2 半径为 R 的实心球体内外引力势随径向距离 r 的变化，球面引力势为 $U_{\mathrm{G}}(R)$

2.4 球坐标系中的拉普拉斯方程

在前面的例子中都假设球体密度是均匀的，因此只需求解拉普拉斯径向方程，这当然也适用于密度函数是径向变量的情况。但是在地球上，密度分布各向异性，那么引力势就是全拉普拉斯方程的解：

$$\frac{1}{r^2}\frac{\partial}{\partial r}r^2\frac{\partial U_{\mathrm{G}}}{\partial r} + \frac{1}{r^2\sin\theta}\frac{\partial}{\partial\theta}\sin\theta\frac{\partial U_{\mathrm{G}}}{\partial\theta} + \frac{1}{r^2\sin^2\theta}\frac{\partial^2 U_{\mathrm{G}}}{\partial\phi^2} = 0 \tag{2.67}$$

将该方程采用分离变量的方法求解，这是一种有用的数学方法。它允许将偏微分方程中的变量分开，这样含有一个变量的项在方程的一边，含有另一个变量的项在方程的另一边。设 U_{G} 的试探解为

$$U_{\mathrm{G}}(r,\theta,\phi) = \Re(r)\cdot\Theta(\theta)\cdot\Phi(\phi) \tag{2.68}$$

式中，$\Re$、Θ 和 Φ 都是单变量函数，即分别是 r，θ 和 ϕ 的函数。式

(2.67) 两边同乘以 r^2 并把式 (2.68) 中 U_G 的表达式代入可得

$$\Theta\Phi \frac{\partial}{\partial r}r^2 \frac{\partial \mathfrak{R}}{\partial r} + \frac{\mathfrak{R}\Phi}{\sin\theta}\frac{\partial}{\partial\theta}\sin\theta\frac{\partial\Theta}{\partial\theta} + \frac{\mathfrak{R}\Theta}{\sin^2\theta}\frac{\partial^2\Phi}{\partial\phi^2} = 0 \tag{2.69}$$

方程两边同除以 $\mathfrak{R}\Theta\Phi$ 可得

$$\frac{1}{\mathfrak{R}}\frac{\partial}{\partial r}r^2\frac{\partial\mathfrak{R}}{\partial r} + \frac{1}{\Theta\sin\theta}\frac{\partial}{\partial\theta}\sin\theta\frac{\partial\Theta}{\partial\theta} + \frac{1}{\Phi\sin^2\theta}\frac{\partial^2\Phi}{\partial\phi^2} = 0 \tag{2.70}$$

分离变量，把径向项移到方程的左边可得

$$\frac{1}{\mathfrak{R}}\frac{\partial}{\partial r}r^2\frac{\partial\mathfrak{R}}{\partial r} = -\frac{1}{\Theta\sin\theta}\frac{\partial}{\partial\theta}\sin\theta\frac{\partial\Theta}{\partial\theta} - \frac{1}{\Phi\sin^2\theta}\frac{\partial^2\Phi}{\partial\phi^2} \tag{2.71}$$

方程的左边是径向的单变量函数，而右边函数与径向变量无关。不管方程的左边函数值是多少，右边必须始终和左边相等，但是 r，θ，ϕ 是相互独立的变量，所以要想使方程成立，方程两边必须等于同一个常数。设该常数为 K，由方程 (2.71) 可得

$$\frac{1}{\mathfrak{R}}\frac{\partial}{\partial r}r^2\frac{\partial\mathfrak{R}}{\partial r} = K \tag{2.72}$$

$$-\frac{1}{\Theta\sin\theta}\frac{\partial}{\partial\theta}\sin\theta\frac{\partial\Theta}{\partial\theta} - \frac{1}{\Phi\sin^2\theta}\frac{\partial^2\Phi}{\partial\phi^2} = K \tag{2.73}$$

如果把方程 (2.73) 两边同乘以 $\sin^2\theta$，方程可以再次分离变量：

$$\frac{\sin\theta}{\Theta}\frac{\partial}{\partial\theta}\sin\theta\frac{\partial\Theta}{\partial\theta} + K\sin^2\theta = -\frac{1}{\Phi}\frac{\partial^2\Phi}{\partial\phi^2} \tag{2.74}$$

方程 (2.74) 两边的变量相互独立，因此方程两边必须等于同一个常数，设为 K^2。所以可以用三个方程代替方程 (2.70)，包括方程 (2.72) 和下面的两个方程：

$$\frac{\sin\theta}{\Theta}\frac{\partial}{\partial\theta}\sin\theta\frac{\partial\Theta}{\partial 0} + K\sin^2\theta = K_2 \tag{2.75}$$

$$-\frac{1}{\Phi}\frac{\partial^2\Phi}{\partial\phi^2} = K_2 \tag{2.76}$$

2.4.1 方位（经度）解

常数 K_2 选择要符合决定引力势的条件。函数 $\Phi(\phi)$ 描述势随方位角（经度，地理术语）的变化，当极角（地理余纬度）恒定时，如

果我们测量引力势绕纬度的波动，经过一个完整圆周之后结果必定是相同的。这就要求方程的解 $\Phi(\phi)$ 是周期函数，如果设常数为 m^2，则满足该条件，对方程（2.74）右侧有

$$-\frac{1}{\Phi}\frac{\partial^2 \Phi}{\partial \phi^2} = m^2 \tag{2.77}$$

$$\frac{\partial^2 \Phi}{\partial \phi^2} + m^2 \Phi = 0 \tag{2.78}$$

这是简谐运动方程，其周期解的形式为

$$\Phi(\phi) = a_m \cos(m\phi) + b_m \sin(m\phi) \tag{2.79}$$

2.4.2 旋转对称性的极角（纬度）解

我们首先考虑拉普拉斯方程关于旋转对称性的解，对地球来说旋转参考轴就是其自转轴。在该解中势能不涉及方位角，所以可以设 $m=0$，引力势随极角 θ 的变化描述如下：

$$\sin\theta \frac{\partial}{\partial \theta}\sin\theta \frac{\partial \Theta}{\partial \theta} + (K + \sin^2\theta)\Theta = 0 \tag{2.80}$$

$$\frac{1}{\sin\theta}\frac{\partial}{\partial \theta}\sin\theta \frac{\partial \Theta}{\partial \theta} + K\Theta = 0 \tag{2.81}$$

$$\left(\frac{-1}{\sin\theta}\frac{\partial}{\partial \theta}\right)\sin^2\theta\left(\frac{-1}{\sin\theta}\frac{\partial \Theta}{\partial \theta}\right) + K\Theta = 0 \tag{2.82}$$

如果令 $x=\cos\theta$，那么

$$\frac{\partial}{\partial x} = \frac{-1}{\sin\theta}\frac{\partial}{\partial \theta} \tag{2.83}$$

方程（2.82）变为

$$\frac{\partial}{\partial x}\left[(1-x^2)\frac{\partial \Theta}{\partial x}\right] + K\Theta = 0 \tag{2.84}$$

与式（1.175）比较可知，如果 $n(n+1)=K$，该方程与勒让德微分方程的形式相同。如果令 $n(n+1)=K$，则拉普拉斯方程关于极角（余纬度）有周期解，即拉普拉斯多项式，那么方程为

$$\frac{\partial}{\partial x}\left[(1-x^2)\frac{\partial P_n(x)}{\partial x}\right] + n(n+1)P_n(x) = 0 \tag{2.85}$$

则其解为

$$\Theta_n = P_n(x) = P_n(\cos\theta) \tag{2.86}$$

2.4.3 径向解

如果 $K=n(n+1)$，则引力势关于径向变量的方程表示为

$$\frac{1}{\mathfrak{R}}\frac{\partial}{\partial r}r^2\frac{\partial \mathfrak{R}}{\partial r}=n(n+1) \tag{2.87}$$

对于每一个 n 值都存在一个径向解，记为$\mathfrak{R}_n$，则

$$\frac{\partial}{\partial r}r^2\frac{\partial \mathfrak{R}_n}{\partial r}-n(n+1)\mathfrak{R}_n=0 \tag{2.88}$$

用幂级数表示$\mathfrak{R}_n(r)$:

$$\mathfrak{R}_n(r) = \sum_{p=0}^{\infty}a_p r^p \tag{2.89}$$

对 r 求导数得

$$\frac{\partial \mathfrak{R}}{\partial r} = \sum_{p=0}^{\infty}pa_p r^{p-1} \tag{2.90}$$

方程两边同乘以 r^2后，再对 r 求导，则有

$$r^2\frac{\partial \mathfrak{R}}{\partial r} = \sum_{p=0}^{\infty}pa_p r^{p+1} \tag{2.91}$$

$$\frac{\partial}{\partial r}r^2\frac{\partial \mathfrak{R}}{\partial r} = \sum_{p=0}^{\infty}p(p+1)a_p r^p \tag{2.92}$$

把结果代入式（2.88）得

$$\sum_{p=0}^{\infty}p(p+1)a_p r^p - n(n+1)\sum_{p=0}^{\infty}a_p r^p = 0 \tag{2.93}$$

$$\sum_{p=0}^{\infty}a_p r^p[p(p+1)-n(n+1)] = 0 \tag{2.94}$$

要想使方程对任何 r 值都成立，式（2.94）方括号里的项必须为零，即

$$p(p+1)-n(n+1)=0 \tag{2.95}$$

也就是

$$p^2+p-n(n+1)=0 \tag{2.96}$$

因此 p 可以取 $p=n$ 或 $p=-(n+1)$，势关于径向变量 r 的解为

$$\mathfrak{R}_n(r)=A_n r^n+\frac{B_n}{r^{n+1}} \tag{2.97}$$

其中，A_n和B_n是常数，由边界条件决定。

2.4.4 拉普拉斯方程的旋转对称解

结合径向和极角变化，绕轴具有旋转对称性时，引力势为

$$U_G=\sum_{n=0}^{\infty}\left(A_n r^n+\frac{B_n}{r^{n+1}}\right)P_n(\cos\theta) \tag{2.98}$$

2.4.5 拉普拉斯方程的一般解

一般情况下，势可能相对于参考轴的方位发生变化，这时m不再等于零，则式（2.80）变为

$$\frac{\sin\theta}{\Theta}\frac{\partial}{\partial\theta}\sin\theta\frac{\partial\Theta}{\partial\theta}+K\sin^2\theta=m^2 \tag{2.99}$$

$$\sin\theta\frac{\partial}{\partial\theta}\sin\theta\frac{\partial\Theta}{\partial\theta}+(K\sin^2\theta-m^2)\Theta=0 \tag{2.100}$$

在旋转对称情况下，令$x=\cos\theta$，则

$$\frac{\partial}{\partial x}(1-x^2)\frac{\partial\Theta}{\partial x}+\left[K_1-\frac{m^2}{1-x^2}\right]\Theta=0 \tag{2.101}$$

再次令$n(n+1)=K$，则有

$$(1-x^2)\frac{\partial^2\Theta}{\partial x^2}-2x\frac{\partial\Theta}{\partial x}+\left[n(n+1)-\frac{m^2}{1-x^2}\right]\Theta=0 \tag{2.102}$$

该方程与式（1.237）的连带勒让德方程形式相同，则函数Θ是连带勒让德多项式，即

$$\Theta(\theta)=P_n^m(x)=P_n^m(\cos\theta) \tag{2.103}$$

结合式（2.79）、式（2.97）和式（2.103）的结果，可以得到球坐标系中引力势拉普拉斯方程的通解

$$U_G=\sum_{n=0}^{\infty}\sum_{m=0}^{n}\left(A_n r^n+\frac{B_n}{r^{n+1}}\right)(a_n^m\cos(m\phi)+b_n^m\sin(m\phi))P_n^m(\cos\theta) \tag{2.104}$$

2.5 马古拉引力势公式

地球由于自转产生的形变力使其形状相对于自转轴对称，两极略偏扁平。该形状被归类为旋转的椭球体，但是因为其只是略微偏离球体，所以也可以称之为球状体。球状体方程和几何性质总结于Box 2.1中。

地球的扁率是赤道半径和极半径的差与赤道半径的比值：

$$f=\frac{a-c}{a} \tag{2.105}$$

通过卫星大地测量可以得到地球扁率的精确值 $f=1/298.252$（见表2.1）。

表2.1　常用的大地测量参数（来源：Groten，2004）

参数	符号	单位	数值
地心引力常数	GE	$10^{14}\,m^3\cdot s^{-2}$	3.986 004 418
地球质量 GE/G	E	$10^{24}\,kg$	5.973 7
赤道半径	a	km	6 371.136 7
极半径 $a(1-f)$	c	km	6 356.752
等效球半径 $(a^2c)^{1/3}$	R	km	6 371.000 4
扁率	f	10^{-3}	3.352 865 9
扁率倒数	$1/f$		298.252 31
动力形状因子	J_2	10^{-3}	1.082 635 9
名义平均角速度	Ω	$10^{-5}\,rad\cdot s^{-1}$	7.292 115
平均赤道重力	g_e	$m\cdot s^{-2}$	9.780 327 8
加速度比 $\Omega^2a^3/(GE)$	m	10^{-3}	3.461 391
加速度比倒数	$1/m$		288.901
转动惯量比 C	$C/(Ea^2)$		0.330 701
转动惯量比 B	$B/(Ea^2)$		0.329 622
转动惯量比 A	$A/(Ea^2)$		0.329 615
动态椭圆率	H	10^{-3}	3.273 787 5
动态椭圆率倒数	$1/H$		304.513

Box 2.1 椭球体和球状体

设椭球体的三个主轴互不相等，分别沿笛卡儿坐标系的三个坐标轴(x,y,z)，最长的主轴沿 x 轴方向，最短的主轴沿 z 轴方向（见图 B2.1a)。椭球体的方程为

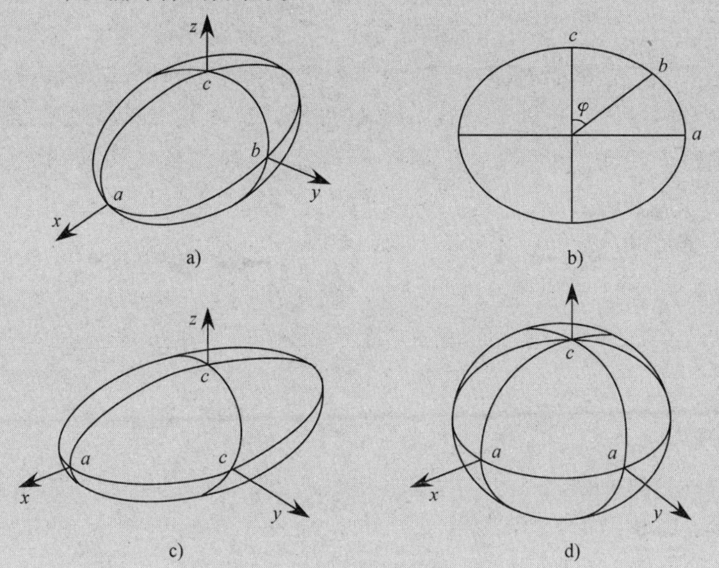

图 B2.1 a）三个主轴互不相等的一般椭球体，$a>b>c$；b）通过椭球体中心的椭圆截面，b 是圆形截面的半径，与短轴 c 之间的夹角为 φ；c）扁长椭球体；d）扁平椭球体

$$\frac{x^2}{a^2}+\frac{y^2}{b^2}+\frac{z^2}{c^2}=1 \tag{1}$$

式中，a，b，c 是椭球体的三个主轴长度，分别代表椭球体在坐标轴 x，y，z 上的截距。其体积为

$$V=\frac{4}{3}\pi abc \tag{2}$$

通过三维椭球体中心的截面中只有两个是圆面，其他截面都是椭圆面。设 $a>b>c$，圆形截面的半径等于中轴的长度 b，且与 c 轴的夹角 φ（见图 B2.1b）满足

$$\tan\varphi = \frac{a}{c}\sqrt{\frac{b^2 - c^2}{a^2 - b^2}} \tag{3}$$

旋转的椭球体相对于自身的某一个主轴具有旋转对称性。如果对称轴是长轴 x，则 $y-z$ 平面内每一个轴的轴长都等于 c。这种拉长的椭球体称为扁长椭球体（见图 B2.1c）。如果旋转椭球体的对称轴是短轴 z，则 $x-y$ 平面内每一个轴的轴长都等于 a。这种压扁的椭球体称为扁平椭球体（见图 B2.1d）。旋转椭球体只有一个圆形截面，要么是扁平椭球体中的 $x-y$ 平面（赤道面），要么是扁长椭球体中的 $y-z$ 平面。

旋转的扁平椭球体方程为

$$\frac{x^2 + y^2}{a^2} + \frac{z^2}{c^2} = 1 \tag{4}$$

其体积为

$$V = \frac{4}{3}\pi a^2 c \tag{5}$$

通过旋转对称轴的每一个横截面都是一个长半轴是 a、短半轴是 c 的椭圆，其椭圆率 f 的定义为

$$f = \frac{a - c}{a} \tag{6}$$

旋转的扁平椭球体形状上接近于球体（即 a 轴和 c 轴的长度相等），因此称其为球状体。这是最接近地球形状的几何近似，球状体极地部分的椭圆率称为扁率。

用扁率为 f 的球状体来描述地球，并取笛卡儿坐标系（x，y，z）的原点在地球的质量中心（见图 2.3）。用 U_G 表示地球外任一点 P 的引力势，其中 P 点到地心的距离为 r。对于质量连续分布的物体，我们可以用积分计算其质量、转动惯量或质心的位置。但是，我们把地球看作是由离散的质点 m_i 组成的质点系处理问题时更方便，m_i 是笛卡儿坐标系中的点 Q，其坐标为（x_i，y_i，z_i），该质点到地心的距离为 r_i、到观察点 P 的距离为 u_i。对比式（2.54）可知 P 点处的引力势可以表示为地球上所有质点在该处产生的引力势的代数和：

$$U_{\mathrm{G}} = -G\sum_i \frac{m_i}{u_i} \tag{2.106}$$

设过 Q 点的径矢 r_i 与过 P 点的径矢 r 之间的夹角为 θ_i，勒让德多项式表示的距离倒数公式（1.157）可以应用于 $\triangle OPQ$：

$$\frac{1}{u_i} = \frac{1}{r}\sum_{n=0}^{\infty}\left(\frac{r_i}{r}\right)^n P_n(\cos\theta_i) \tag{2.107}$$

代入式（2.106）可得引力势表达式为

$$U_{\mathrm{G}} = -G\sum_i m_i \frac{1}{r}\sum_{n=0}^{\infty}\left(\frac{r_i}{r}\right)^n P_n(\cos\theta_i) \tag{2.108}$$

将距离倒数公式进行展开可以得到无穷多项，逐项比取决于 r_i/r（观察点 P 在球外时比值小于1)。此外，如果一个物体的形状与球状体的偏差不大，可以忽略高阶项，则有

$$\begin{aligned} U_{\mathrm{G}} &\approx -G\frac{1}{r}\sum_i m_i - G\frac{1}{r^2}\sum_i m_i r_i\cos\theta_i - G\frac{1}{r^3}\sum_i m_i r_i^2 P_2(\cos\theta_i) \\ &= U_0 + U_1 + U_2 \end{aligned} \tag{2.109}$$

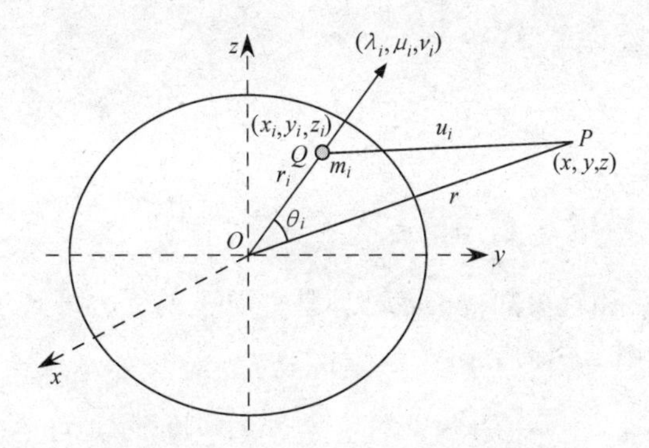

图 2.3　用于计算被视为由离散的质点 m_i 组成的椭球体质点系的引力势示意图

式（2.109）每一个包含 $\cos\theta_i$ 项中的 θ_i（参考 Box 1.2 式（6））都可以通过 OP 的方向余弦（λ，μ，ν）和 OQ 的方向余弦（λ_i，μ_i，ν_i）来计算，OP 和 OQ 间的夹角为 θ_i（见图 2.4），则

$$\cos\theta_i = \lambda\lambda_i + \mu\mu_i + \nu\nu_i \tag{2.110}$$

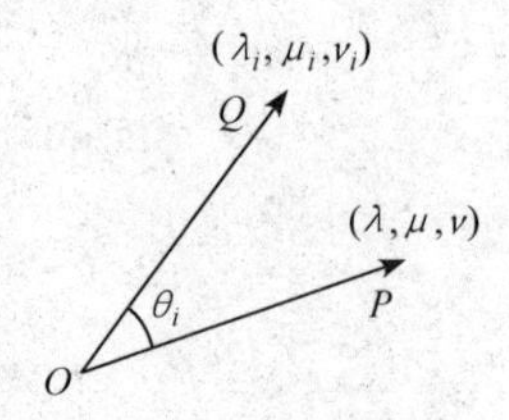

图2.4　角θ_i由直线OP（方向余弦（λ，μ，ν））和OQ（方向余弦（λ_i，μ_i，ν_i））决定

两条直线的方向余弦定义如下：对于OP，

$$\lambda = \frac{x}{r}, \quad \mu = \frac{y}{r}, \quad \nu = \frac{z}{r} \tag{2.111}$$

对于OQ，

$$\lambda_i = \frac{x_i}{r_i}, \quad \mu_i = \frac{y_i}{r_i}, \quad \nu_i = \frac{z_i}{r_i} \tag{2.112}$$

代入式（2.110）可得

$$\cos\theta_i = \frac{1}{rr_i}(xx_i + yy_i + zz_i) \tag{2.113}$$

现在我们仔细观察一下式（2.109）中关于引力势的各项，当$n=0$时，引力势U_0为

$$U_0 = -G\frac{1}{r}\sum_i m_i = -\frac{GM}{r} \tag{2.114}$$

与式（2.54）比较可知U_0表示球体外部P点的引力势。

当$n=1$时，引力势U_1为

$$U_1 = -G\frac{1}{r^2}\sum_i m_i r_i \cos\theta_i \tag{2.115}$$

通过式（2.113）可得

$$r_i\cos\theta_i = \frac{1}{r}(xx_i + yy_i + zz_i) \tag{2.116}$$

取代式（2.115）中的r_i并求和可得

$$U_1 = -G\frac{1}{r^3}\left(x\sum_i m_i x_i + y\sum_i m_i y_i + z\sum_i m_i z_i\right) \tag{2.117}$$

坐标系原点是地球的质心，而质心是指组成物体的质量矩之和为零的点：

$$\sum_i m_i x_i = \sum_i m_i y_i = \sum_i m_i z_i = 0 \tag{2.118}$$

式（2.117）右边每一项求和都等于零，因此

$$U_1 = 0 \tag{2.119}$$

当 $n=2$ 时，引力势U_2为

$$U_2 = -G\frac{1}{r^3}\sum_i m_i r_i^2 P_2(\cos\theta_i) \tag{2.120}$$

把表1.1中的P_2（$\cos\theta$）代入上式可得

$$U_2 = -G\frac{1}{2r^3}\sum_i m_i r_i^2(3\cos^2\theta_i - 1) = -G\frac{1}{2r^3}\sum_i m_i r_i^2(2 - 3\sin^2\theta_i) \tag{2.121}$$

$$U_2 = -G\frac{1}{2r^3}\left[\sum_i 2m_i r_i^2 - 3\sum_i m_i r_i^2 \sin^2\theta_i\right] \tag{2.122}$$

一个物体关于 x，y 和 z 轴的主转动惯量 A，B 和 C 的定义见 Box2. 2。

Box 2. 2　转动惯量和惯量积

以角速度 ω 转动的物体关于某一个轴的角动量 h 定义为

$$h = I\omega \tag{1}$$

其中 I 是物体的转动惯量，它是衡量一个物体关于转轴质量分布的物理量。如果一个质点的质量为 m，它到转轴的垂直距离为 r，则其转动惯量为

$$I = mr^2 \tag{2}$$

如果一个系统由一系列质量为m_i的离散质点组成，每一个质点m_i到转轴的距离为r_i，则该质点系的转动惯量是所有质点转动惯量的和：

$$I = \sum_i m_i r_i^2 \tag{3}$$

设物体的质量分布与三个正交的笛卡儿坐标轴有关，则该物体关于 x，y 和 z 轴的转动惯量 A，B 和 C 分别是

$$\begin{cases} A = \sum_i m_i(y_i^2 + z_i^2) \\ B = \sum_i m_i(z_i^2 + x_i^2) \\ C = \sum_i m_i(x_i^2 + y_i^2) \end{cases} \tag{4}$$

影响物体转动行为的另一个物理量是其关于转轴的惯量积。物体关于 x，y 和 z 轴的惯量积 H，J 和 K 分别是

$$\begin{cases} H = \sum_i m_i y_i z_i \\ J = \sum_i m_i z_i x_i \\ K = \sum_i m_i x_i y_i \end{cases} \tag{5}$$

假设一个质量分布均匀的物体关于 $z-x$ 平面对称。每一个坐标为（x_i，y_i）的质点都有一个等价质点（x_i，$-y_i$），它们对惯量积 K 的贡献正好相互抵消，也就是等于零。如果每一对坐标轴都定义一个对称面（如球体、球状体或椭球体），则所有的惯量积为零。非零的惯量积是质量分布均匀的物体关于转轴不对称的表现。

$$A = \sum_i m_i(y_i^2 + z_i^2),\quad B = \sum_i m_i(z_i^2 + x_i^2),\quad C = \sum_i m_i(x_i^2 + y_i^2) \tag{2.123}$$

把这些转动惯量加起来，则

$$A + B + C = 2\sum_i m_i r_i^2 \tag{2.124}$$

代入式（2.122）得

$$U_2 = -G\frac{1}{2r^3}\left[A + B + C - 3\sum_i m_i r_i^2 \sin^2\theta_i\right] \tag{2.125}$$

设物体相对于 OP 的转动惯量为 I（见 Box2.2），OP 为连接椭球体中心和观察点的直线。点 Q 到 OP 的距离（见图2.3）为$r_i\sin\theta_i$，转动惯量 I 由下式给出：

$$I = \sum_i m_i r_i^2 \sin^2\theta_i \tag{2.126}$$

引力势的二阶项变为

$$U_2 = -G\frac{1}{2r^3}(A + B + C - 3I) \tag{2.127}$$

把U_0和U_1的表达式结合起来可知，球状体在 P 点的引力势为

$$U_{\mathrm{G}} = -G\frac{M}{r} - G\frac{A + B + C - 3I}{2r^3} \tag{2.128}$$

这就是著名的马古拉引力公式（创立于1855年）。

2.5.1 球状体的引力势

地球的形状只是略微偏离球体，所以用相对于自转轴对称的球状体来描述最为合适。在马古拉公式中，椭球体的转动惯量 I 可以用主转动惯量 A，B 和 C 来表示。转动惯量的定义可以拓展为

$$I = \sum_i m_i r_i^2 \sin^2\theta_i = \sum_i m_i r_i^2 - \sum_i m_i r_i^2 \cos^2\theta_i \tag{2.129}$$

因为方向余弦的平方和为1，所以有

$$\sum_i m_i r_i^2 = \sum_i m_i (x_i^2 + y_i^2 + z_i^2)(\lambda^2 + \mu^2 + \nu^2) \tag{2.130}$$

根据式（2.116）中$r_i\cos\theta_i$的定义和式（2.111）中 OP 的方向余弦的定义，得

$$\begin{aligned}\sum_i m_i r_i^2 \cos^2\theta_i &= \frac{1}{r^2}\sum_i m_i (xx_i + yy_i + zz_i)^2 \\ &= \sum_i m_i (\lambda x_i + \mu y_i + \nu z_i)^2\end{aligned} \tag{2.131}$$

将平方项展开并把方向余弦提到求和号的外边，则有

$$\begin{aligned}\sum_i m_i r_i^2 \cos^2\theta_i = {}& \lambda^2 \sum_i m_i x_i^2 + \mu^2 \sum_i m_i y_i^2 + \nu^2 \sum_i m_i z_i^2 + \\ & 2\lambda\mu \sum_i m_i x_i y_i + 2\mu\nu \sum_i m_i y_i z_i + 2\nu\lambda \sum_i m_i z_i x_i\end{aligned} \tag{2.132}$$

联立式（2.130）和式（2.132），可以得到椭球体相对于 OP 的转动惯量为

$$I = \lambda^2 \sum_i m_i (y_i^2 + z_i^2) + \mu^2 \sum_i m_i (z_i^2 + x_i^2) + \nu^2 \sum_i m_i (x_i^2 + y_i^2) -$$

$$2\lambda\mu\sum_i m_i x_i y_i - 2\mu\nu\sum_i m_i y_i z_i - 2\nu\lambda\sum_i m_i z_i x_i \tag{2.133}$$

等式右边前三项之和是主转动惯量 A，B 和 C 的定义，后三项分别称为惯量积 H，J 和 K（见 Box2.2）。因此，相对于转轴（方向余弦为 λ，μ，ν）的转动惯量由主转动惯量和惯量积决定，即

$$I = A\lambda^2 + B\mu^2 + C\nu^2 - 2K\lambda\mu - 2H\mu\nu - 2J\nu\lambda \tag{2.134}$$

在椭球体中，$x-y$，$y-z$ 和 $z-x$ 平面都是面对称的，因此惯量积 $H=J=K=0$。在这种情况下，I 的表达式简化为

$$I = A\lambda^2 + B\mu^2 + C\nu^2 \tag{2.135}$$

代入马古拉引力公式可得

$$U_G = -G\frac{M}{r} - G\left(\frac{A+B+C-3(A\lambda^2+B\mu^2+C\nu^2)}{2r^3}\right) \tag{2.136}$$

由于地球相对于自转轴具有对称性，所以它相对于赤道面内任意轴的转动惯量都相等，即 $A=B$。则对于球状地球有

$$U_G = -G\frac{M}{r} - G\left(\frac{2A+C-3A(\lambda^2+\mu^2)-3C\nu^2}{2r^3}\right) \tag{2.137}$$

现在我们把 OP 的方向余弦用表示其方向的角度 θ 和 ϕ 表示，分别对应地理上的余纬度和经度。这些角度和方向余弦的关系如图 2.5 所示：

$$\begin{cases}\lambda = \sin\theta\cos\phi \\ \mu = \sin\theta\sin\phi \\ \nu = \cos\theta\end{cases} \tag{2.138}$$

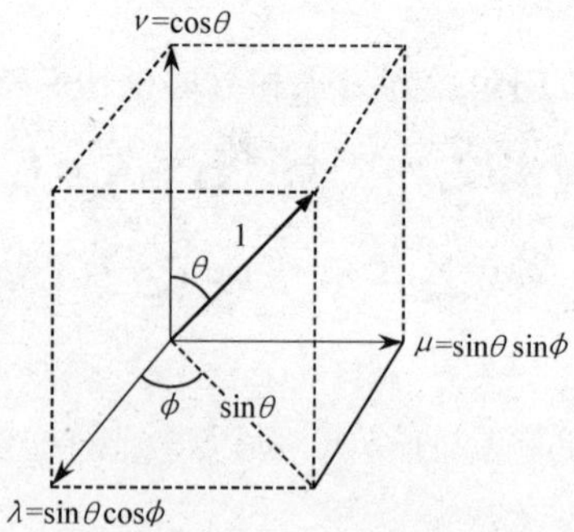

图 2.5　直线的方向余弦和定义其方向的角度（θ 和 ϕ）之间的关系

方向余弦λ和μ的平方和为

$$\begin{aligned}\lambda^2+\mu^2&=\sin^2\theta(\cos^2\phi+\sin^2\phi)=\sin^2\theta\\&=1-\cos^2\theta\end{aligned}\tag{2.139}$$

代入式（2.137）得

$$U_{\mathrm{G}}=-G\frac{M}{r}-G\left[\frac{2A+C-3A(1-\cos^2\theta)-3C\cos^2\theta}{2r^3}\right]\tag{2.140}$$

$$U_{\mathrm{G}}=-G\frac{M}{r}-G(C-A)\left(\frac{1-3\cos^2\theta}{2r^3}\right)\tag{2.141}$$

$$U_{\mathrm{G}}=-G\frac{M}{r}+G\frac{C-A}{r^3}P_2(\cos\theta)\tag{2.142}$$

这就是旋转椭球体外部任一点引力势能的表达式。

2.5.2 马古拉公式和地球形状

地球的形状仅略微偏离球体，并且接近于扁平球状体。马古拉公式并不是地球引力势的精确表达式，因为式（2.109）中阶数高于U_2的项被省略了。为了更精确地表示U_{G}，我们需要用势的无穷级数表示：

$$U_{\mathrm{G}}=U_0+U_1+U_2+U_3+\cdots=\sum_{n=0}^{\infty}U_n\tag{2.143}$$

第n阶项与$(1/r)^n$成正比，且随着距离r的增加迅速减小。地球外任一点的引力势U_{G}的另外一种形式是：用地球的质量E和赤道半径a，将其写成包含勒让德多项式的无穷级数

$$U_{\mathrm{G}}=-G\frac{E}{r}\left[1-\sum_{n=2}^{\infty}J_n\left(\frac{a}{r}\right)^nP_n(\cos\theta)\right]\tag{2.144}$$

方括号内的求和项是球体的引力势U_0的修正项，反映了地球质量的真实分布情况。系数J_n说明了级数中逐项的相对重要性。求和从$n=2$开始，因为在式（2.119）中，当地球的质心在坐标系原点时$U_1=0$。系数J_n由测地卫星测得。除了$J_2=1.082\times10^{-3}$外，其他J_n的值都很小，数量级为10^{-6}。因为J_2差不多是其他J_n的1000倍，所以称为地球

的动力形状因子。系数$J_3 = -2.54 \times 10^{-6}$，它描述了地球与球状体的微小偏差，在南极更为凹陷，北极更为凸出，使得地球略呈梨形。假设地球的质量分布关于赤道对称，为了更精确地描述地球的引力势，需要引入系数$J_4 = -1.59 \times 10^{-6}$。

取式（2.144）的一阶近似：

$$U_{\mathrm{G}} = -G\frac{E}{r}\left[1 - J_2\left(\frac{a}{r}\right)^2 P_2(\cos\theta)\right] \tag{2.145}$$

这必须是球状地球的马古拉公式，根据式（2.142）和式（2.145）相等，可得

$$G\frac{E}{r}J_2\left(\frac{a}{r}\right)^2 P_2(\cos\theta) = G\frac{C-A}{r^3}P_2(\cos\theta) \tag{2.146}$$

其中

$$J_2 = \frac{C-A}{Ea^2} \tag{2.147}$$

结果表明动力形状因子J_2取决于主转动惯量 C 和 A 之间的差异。地球极地形状的扁平是由于其自转的离心力产生的。地球质量的重新分布与主转动惯量之间的差异有关。这种差异反过来影响外引力矩对地球的作用，外引力矩使地球自转轴绕黄道轴进动。C 和 A 之间的差异甚至会影响地球的自转，从而产生长周期的摆动，这个摆动会叠加在地球的自转上。

进一步阅读

Blakely, R. J. (1995). *Potential Theory in Gravity & Magnetic Applications*. Cambridge: Cambridge University Press, 441 pp.

Lowrie, W. (2007). *Fundamentals of Geophysics*, 2nd edn. Cambridge: Cambridge University Press, 381 pp.

Officer, C. B. (1974). *Introduction to Theoretical Geophysics*. New York: Springer, 385 pp.

Stacey, F. D. and Davis, P. M. (2008). *Physics of the Earth*, 4th edn. Cambridge: Cambridge University Press, 532 pp.

3

第 3 章 重 力

地球上任意一点的重力方向都垂直于重力势的等势面，这个等势面是用来描述地球海平面的最佳几何图形。它是一个两极稍扁、赤道略鼓的球状体，其表面任一点的半径都可以计算出来。结合地球引力势和由于地球自转产生的惯性离心势，可以计算球状体上重力势。为了对比不同纬度上重力的差异，在对其计算过程中对精度的要求很高。因此，重力公式中扁率 f 及相关参数必须做到二阶近似。

3.1 地球的椭圆率

通过两极的球状地球的每一个横截面都是形状相同的椭圆，长半轴 a 是赤道半径，短半轴 c 是极半径，它们之间（见 Box2.1）的关系是 $c = a(1 - f)$。在笛卡儿坐标系中椭圆方程为

$$\frac{x^2}{a^2} + \frac{z^2}{c^2} = 1 \tag{3.1}$$

参考球状体上的位置由极角（θ）和半径（r）确定，分别指相对于旋转对称轴的角度和相对于球体中心的距离（见图 3.1）。考虑到过极点的横截面通过 x 轴和 z 轴，所以将 $x = r\sin\theta$，$z = r\cos\theta$。代入式（3.1）可得椭圆截面在极坐标系中的方程

$$\frac{r^2\sin^2\theta}{a^2} + \frac{r^2\cos^2\theta}{c^2} = 1 \tag{3.2}$$

$$\frac{r^2}{a^2}\left[\sin^2\theta + \frac{\cos^2\theta}{(1 - f)^2}\right] = 1 \tag{3.3}$$

整理得

$$r^2 = \frac{a^2(1 - f)^2}{\cos^2\theta + (1 - f)^2\sin^2\theta} \tag{3.4}$$

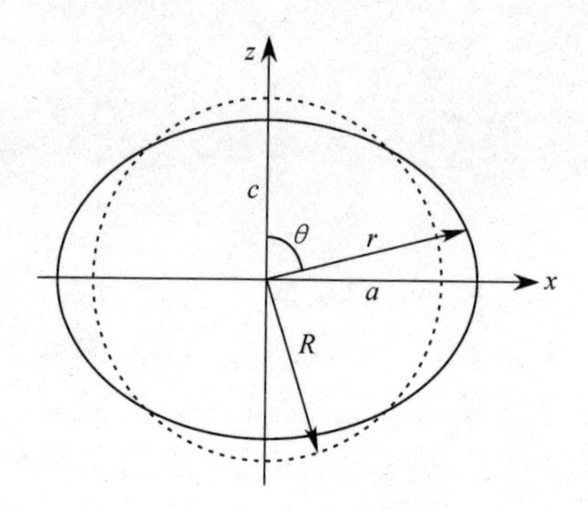

图 3.1　过极点且主轴分别为 a 和 c（$c<a$）的球状体截面和半径为 R 的球体截面（虚线）对比图，其中它们的体积相同

分母可以展开为

$$\begin{aligned}\cos^2\theta + (1-f)^2\sin^2\theta &= (1-2f+f^2)\sin^2\theta + \cos^2\theta \\ &= \sin^2\theta + \cos^2\theta - 2f\sin^2\theta + f^2\sin^2\theta\end{aligned} \tag{3.5}$$

考虑到 $\sin^2\theta+\cos^2\theta=1$，所以

$$\begin{aligned}\cos^2\theta + (1-f)^2\sin^2\theta &= 1-2f\sin^2\theta + f^2\sin^2\theta(\sin^2\theta+\cos^2\theta) \\ &= 1-2f\sin^2\theta + f^2\sin^4\theta + f^2\sin^2\theta\cos^2\theta \\ &= (1-f\sin^2\theta)^2 + f^2\sin^2\theta\cos^2\theta\end{aligned} \tag{3.6}$$

代入式（3.4）并取平方根，可得

$$\begin{aligned}\frac{r}{a} &= \frac{1-f}{[(1-f\sin^2\theta)^2 + f^2\sin^2\theta\cos^2\theta]^{1/2}} \\ &= \frac{1-f}{1-f\sin^2\theta}\left[1+\frac{f^2\sin^2\theta\cos^2\theta}{(1-f\sin^2\theta)^2}\right]^{-1/2}\end{aligned} \tag{3.7}$$

对最后一行两次利用二项式定理，并展开保留到二阶f^2，就得到球状体的表面方程

$$\frac{r}{a} \approx \frac{1-f}{1-f\sin^2\theta}\left(1-\frac{1}{2}f^2\sin^2\theta\cos^2\theta\right) \approx \frac{1-f}{1-f\sin^2\theta} \tag{3.8}$$

参考椭球体上重力势和重力的展开式中需要用到 a/r。对式（3.8）的倒数进行二项式展开，保留到f^2可得

$$\frac{a}{r} \approx \frac{1-f\sin^2\theta}{1-f}\left(1+\frac{1}{2}f^2\sin^2\theta\cos^2\theta\right)$$
$$\approx (1-f\sin^2\theta)\left(1+\frac{1}{2}f^2\sin^2\theta\cos^2\theta\right)(1+f+f^2+\cdots)$$
$$\approx 1+f+f^2-f\sin^2\theta-f^2\sin^2\theta+\frac{1}{2}f^2\sin^2\theta\cos^2\theta \quad (3.9)$$

$$\frac{a}{r} \approx 1+f\cos^2\theta+f^2\cos^2\theta+\frac{1}{2}f^2\cos^2\theta-\frac{1}{2}f^2\cos^4\theta$$
$$\approx 1+f\left(1+\frac{3}{2}f\right)\cos^2\theta-\frac{1}{2}f^2\cos^4\theta \quad (3.10)$$

有些情况下椭圆率的精度达到一阶近似 f 即可，详见 Box3.1。

Box 3.1 略偏扁平球状体的一阶方程

根据式（3.8）可知，长半轴为 a、椭圆率为 f 的椭圆在极坐标系中的方程为

$$\frac{r}{a}=\frac{1-f}{1-f\sin^2\theta} \quad (1)$$

该方程可以用二项式定理展开：

$$\frac{r}{a}=(1-f)(1-f\sin^2\theta)^{-1}\approx(1-f)(1+f\sin^2\theta+\cdots) \quad (2)$$

由于 $f=1/298.252$（见表2.1），所以 f^2 的数量级为 10^{-5}，在一般情况下可以忽略不计。二项式展开中 f 可以精确到一阶近似，则

$$\frac{r}{a}=1-f+f\sin^2\theta=1-f(1-\sin^2\theta) \quad (3)$$

$$\frac{r}{a}\approx 1-f\cos^2\theta \quad (4)$$

椭圆的极坐标部分用勒让德多项式 $P_2(\cos\theta)$ 表示更为方便。由表1.1中 $P_2(\cos\theta)$ 的表达式可得

$$\cos^2\theta=\frac{1}{3}(1+2P_2(\cos\theta)) \quad (5)$$

代入式（4）可得

$$\frac{r}{a} \approx 1 - \frac{f}{3} - \frac{2}{3} f P_2(\cos\theta) \tag{6}$$

再进行二项式展开并忽略 f 的二阶或更高阶项时，式（6）可以简化为

$$\frac{r}{a} \approx \left(1 - \frac{f}{3}\right)\left[1 - \frac{2}{3} f P_2(\cos\theta)\right] \tag{7}$$

设 R 是与球状体体积相同的等效球体半径（见图3.1）。然后，省略体积前的系数 $4\pi/3$，则有

$$R^3 = a^2 c = a^3(1 - f) \tag{8}$$

求立方根并将二项式展开到一阶近似可得

$$R = a(1 - f)^{1/3} \approx a\left(1 - \frac{f}{3}\right) \tag{9}$$

因此，地球的极半径可以用扁率（极截面的椭圆率）为 f、等效球体平均半径为 R 和勒让德多项式 $P_2(\cos\theta)$ 表示为

$$r = R\left[1 - \frac{2}{3} f P_2(\cos\theta)\right] \tag{10}$$

这是关于地球形状的非常有用的一阶近似。

3.2 重力势

重力的主要组成部分是指向地心的引力加速度 $\boldsymbol{a}_{\mathrm{G}}$。由于地球半径的变化，引力加速度会随着纬度变化。由于地球自转的变形效应导致地球不是一个正球形，进而它会产生垂直并远离自转轴方向的离心加速度 $\boldsymbol{a}_{\mathrm{c}}$（见图3.2）。该分量与到转轴的距离成正比，因此它也随纬度的变化而变化。

重力是离心力和引力的合力，每个分量都是保守力，是标量势的梯度。重力在地球表面上任一点的势，即重力势 U_{g} 是引力势和离心势的代数和，即

$$U_{\mathrm{g}} = U_{\mathrm{G}} + U_{\mathrm{c}} \tag{3.11}$$

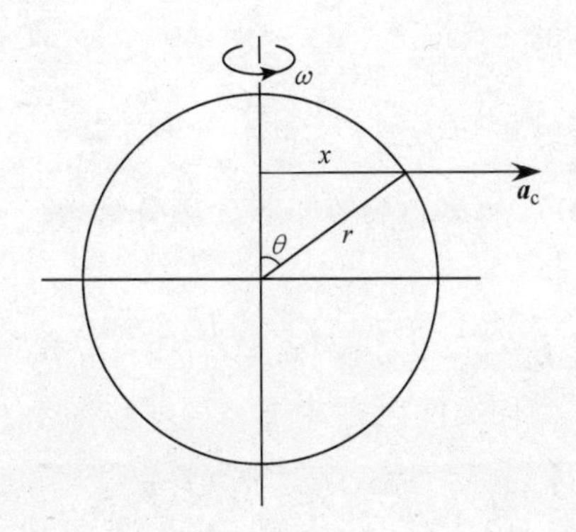

图3.2　余纬度为 θ 处的离心加速度 $\boldsymbol{a}_c$，方向垂直并远离自转轴

3.2.1 引力势

为了计算参考球状体上的重力，有必要将定义重力势的小参量精确到二阶近似。每个参量 f，m 和 J_2 大约等于 10^{-3}（见表2.1），所以它们的平方约是 10^{-6}。式（2.144）中引力势的定义必须相同，即仅近似到 J_2 项是不够的。如果假设地球的质量分布关于赤道对称，则可以省略 J_3 项，但是需要保留 J_4 项以精确描述引力势。精确到 J_4 项，引力势变为

$$U_G = -\frac{GE}{a}\left[\left(\frac{a}{r}\right) - J_2\left(\frac{a}{r}\right)^3 P_2(\cos\theta) - J_4\left(\frac{a}{r}\right)^5 P_4(\cos\theta)\right] \tag{3.12}$$

3.2.2 离心势

离心加速度是离心势 U_c 的梯度

$$\boldsymbol{a}_c = -\nabla U_c \tag{3.13}$$

设 x 是球面上纬度为 θ 的点到自转轴的垂直距离，ω 是地球自转的角速度（见图3.2）。离心加速度等于 $\omega^2 x$，所以对于恒定转速来说，U_c 只随 x 的变化而变化。因此

$$\omega^2 x = -\frac{\partial U_c}{\partial x} \tag{3.14}$$

两边关于 x 求积分得

$$U_c = -\frac{1}{2}\omega^2 x^2 + U_0 \tag{3.15}$$

自转轴上（即 $x=0$）的离心势等于零，积分常数$U_c=0$。离心势的极角方程为

$$U_c = -\frac{1}{2}\omega^2 x^2 = -\frac{1}{2}\omega^2 r^2 \sin^2\theta \tag{3.16}$$

3.3 重力等势面

为了在参考椭球上精确计算重力，有必要将重力势中小参量f，m和J_2精确到二阶近似，所以我们必须使用引力势系数J_4，其大小约为10^{-6}。重力势是引力势和离心势的代数和：

$$U_g = -\frac{GE}{a}\left[\left(\frac{a}{r}\right) - J_2\left(\frac{a}{r}\right)^3 P_2(\cos\theta) - J_4\left(\frac{a}{r}\right)^5 P_4(\cos\theta)\right] - \frac{1}{2}\omega^2 a^2 \left(\frac{r}{a}\right)^2 \sin^2\theta \tag{3.17}$$

将表达式中的离心项移至括号内得

$$U_g = -\frac{GE}{a}\left[\left(\frac{a}{r}\right) - J_2\left(\frac{a}{r}\right)^3 P_2(\cos\theta) - J_4\left(\frac{a}{r}\right)^5 P_4(\cos\theta) + \frac{1}{2}\left(\frac{\omega^2 a^3}{GE}\right)\left(\frac{r}{a}\right)^2 \sin^2\theta\right] \tag{3.18}$$

重力势包括比值项 a/r，$(a/r)^3$ 和 $(a/r)^5$，由式（3.10）表示。注意，第二项是 $(a/r)^3$乘以J_2，所以f只能做一阶近似；系数J_4本身的数量级是10^{-6}，所以在重力的等势面上的比值 $(a/r)^5$可以设置为 1。那么

$$\left(\frac{a}{r}\right)^3 \approx 1 + 3\left(f\left(1 + \frac{3}{2}f\right)\cos^2\theta - \frac{1}{2}f^2\cos^4\theta\right) \approx 1 + 3f\cos^2\theta \tag{3.19}$$

为了简单起见，设式（3.18）中括号里最后一项为 Ψ。r/a 的表达式可从式（3.8）中获得，因此

$$\Psi = \frac{1}{2}\left(\frac{\omega^2 a^3}{GE}\right)\left(\frac{r}{a}\right)^2 \sin^2\theta$$
$$= \frac{1}{2}\left(\frac{\omega^2 a^3(1-f)}{GE}\right)\frac{(1-f)\sin^2\theta}{(1-f\sin^2\theta)^2} \tag{3.20}$$

$$\Psi = \frac{1}{2}m\frac{(1-f)\sin^2\theta}{(1-f\sin^2\theta)^2} \tag{3.21}$$

此处 m 是 Box3.2 中式（3）定义的离心加速度比

$$m = \frac{\omega^2 a^3(1-f)}{GE} \tag{3.22}$$

式（3.21）中的分母可以用二项式定理展开，由于因子 m 的大小与 f 比较接近，我们只需要将其展开到一阶近似即可。则离心项 Ψ 变为

$$\Psi \approx \frac{1}{2}m(1-f)(1+2f\sin^2\theta)\sin^2\theta \tag{3.23}$$

展开并将 f 保留到一阶近似得

$$\Psi = \frac{1}{2}m\sin^2\theta(1-f+2f\sin^2\theta) \tag{3.24}$$

在重力势方程中，离心项需与 $J_2P_2(\cos\theta)$（含有 $\cos^2\theta$）和 $J_4P_4(\cos\theta)$（同时含有 $\cos^2\theta$ 和 $\cos^4\theta$）项结合（参照表 1.2）。因此，可将式（3.24）表示为

$$\Psi = \frac{1}{2}m(1-\cos^2\theta)(1-f+2f(1-\cos^2\theta))$$
$$= \frac{1}{2}m(1+f-2f\cos^2\theta-\cos^2\theta-f\cos^2\theta+2f\cos^4\theta) \tag{3.25}$$

$$\Psi = \frac{1}{2}m(1+f-(1+3f)\cos^2\theta+2f\cos^4\theta) \tag{3.26}$$

现在再代回到式（3.18）。根据表 1.1 中 $P_2(\cos\theta)$ 和 $P_4(\cos\theta)$ 的表达式、式（3.10）中 a/r 和式（3.9）中 $(a/r)^3$ 的表达式，以及式（3.26）中离心项的表达式，可知重力势是关于 $\cos^2\theta$ 和 $\cos^4\theta$ 的函数：

$$U_g = -\frac{GE}{a}\left[\begin{array}{l} 1+f\left(1+\frac{3}{2}f\right)\cos^2\theta-\frac{1}{2}f^2\cos^4\theta- \\ J_2(-1+3(1-f)\cos^2\theta+9f\cos^4\theta)/2- \\ J_4(3-30\cos^2\theta+35\cos^4\theta)/8+ \\ \frac{1}{2}m(1+f-(1+3f)\cos^2\theta+2f\cos^4\theta) \end{array}\right] \tag{3.27}$$

整理各项得$\cos^2\theta$和$\cos^4\theta$的系数，进而得重力势为

$$U_g = -\frac{GE}{a}\begin{bmatrix} 1+f+\frac{1}{2}m+\frac{1}{2}J_2-\frac{3}{8}J_4+ \\ \left(f+\frac{3}{2}f^2-\frac{1}{2}m-\frac{3}{2}fm-\frac{3}{2}(1-f)J_2+\frac{15}{4}J_4\right)\cos^2\theta- \\ \left(\frac{1}{2}f^2-mf+\frac{9}{2}fJ_2+\frac{35}{8}J_4\right)\cos^4\theta \end{bmatrix} \tag{3.28}$$

Box 3.2　加速度比 m

重力的引力的分量和离心力分量可以直接在赤道处进行比较，此处两个分量方向相反。参数 m 定义为赤道处离心加速度与引力加速度的比：

$$m = \frac{\omega^2 a}{GE/a^2} = \frac{\omega^2 a^3}{GE} \tag{1}$$

在这种定义下，m 的值为 $3.461391\times10^{-3}=1/288.901$。

m 的另一种常用定义是赤道离心加速度与地球等效球体的引力加速度之比。赤道半径为 a、极半径为 c 的球状体的体积为（$4\pi/3$）a^2c。扁率 f 与 a 和 c 有关，因此 $c=a(1-f)$。设同体积的球体半径为 R，其体积为（$4\pi/3$）R^3。省略系数比较两者体积可得

$$R^3 = a^2c = a^3(1-f) \tag{2}$$

那么 m 的另一种定义为

$$m = \frac{\omega^2 R^3}{GE} = \frac{\omega^2 a^3(1-f)}{GE} \tag{3}$$

这种情况下 m 的值为 $3.449786\times10^{-3}=1/289.873$。

3.3.1　J_2，J_4，f，m 之间的关系

根据定义，等势面上的重力势必须相等。然而，式（3.28）中的势可以通过$\cos^2\theta$和$\cos^4\theta$随极角的变化而变化。这种明显的矛盾暗含着这些项的系数必须为零，即

$$f-\frac{1}{2}m+\frac{3}{2}f^2-\frac{3}{2}fm-\frac{3}{2}(1-f)J_2+\frac{15}{4}J_4=0 \tag{3.29}$$

$$\frac{1}{2}f^2-mf+\frac{9}{2}fJ_2+\frac{35}{8}J_4=0 \tag{3.30}$$

由于J_4比J_2小，因此可以忽略J_4，从而将式（3.29）写成一阶近似：

$$f-\frac{1}{2}m-\frac{3}{2}J_2=0 \tag{3.31}$$

$$J_2=\frac{1}{3}(2f-m) \tag{3.32}$$

将此处J_2代入式（3.30）可以得到J_4的二阶近似：

$$\begin{aligned}J_4&=\frac{8}{35}\left[-\frac{1}{2}f^2+mf-\frac{9}{2}f\left(\frac{2}{3}f-\frac{1}{3}m\right)\right]\\&=\frac{4}{7}fm-\frac{4}{5}f^2\end{aligned} \tag{3.33}$$

将此表达式重新代入式（3.29）中并消去J_4，可得J_2的表达式：

$$(1-f)J_2=\frac{2}{3}f-\frac{1}{3}m+f^2-fm+\frac{5}{2}\left(\frac{4}{7}fm-\frac{4}{5}f^2\right) \tag{3.34}$$

$$(1-f)J_2=\frac{2}{3}f-\frac{1}{3}m-f^2+\frac{3}{7}fm \tag{3.35}$$

根据二项式定理将f进行一阶近似展开，则

$$J_2=\left(\frac{2}{3}f-\frac{1}{3}m-f^2+\frac{3}{7}fm\right)(1+f+\cdots) \tag{3.36}$$

将上式展开并整理之后，得到J_2的二阶近似方程

$$J_2=\frac{1}{3}\left(2f-m-f^2+\frac{2}{7}fm\right) \tag{3.37}$$

3.3.2 地球密度的径向变化

在2.5.2小节中，动力形状因子J_2用主转动惯量表示。我们可以用平均半径R代替赤道半径a，因此一阶近似

$$J_2=\frac{C-A}{Ea^2}\approx\frac{C-A}{ER^2} \tag{3.38}$$

将此结果与式（3.32）结合，可以得到主转动惯量的差异、造成该差

异的扁率及离心加速度之间的关系：

$$\frac{C-A}{ER^2}=\frac{1}{3}(2f-m) \tag{3.39}$$

由式（3.39）可以推断地球内部质量的分布。太阳和月亮作用在球状地球上的力矩，使地球自转轴相对于黄道轴产生进动，这在春分点岁差中很明显（参阅5.3节）。进动速度由动态椭圆率H决定，定义为

$$H=\frac{C-(A+B)/2}{C}\approx\frac{C-A}{C} \tag{3.40}$$

根据天文学测量可以很准确地得到H的值。H的大小与f和m在同一个数量级上，都非常小，式（3.39）可表示为

$$\left(\frac{C-A}{C}\right)\frac{C}{ER^2}=\frac{1}{3}(2f-m) \tag{3.41}$$

$$\frac{C}{ER^2}=\frac{1}{3}\left(\frac{2f-m}{H}\right)\approx\frac{1}{3} \tag{3.42}$$

$$C\approx\frac{1}{3}ER^2 \tag{3.43}$$

图3.3列出了一些标准物体绕对称轴的转动惯量。随着物体的质量分布越来越靠近中心，MR^2前面的系数从中空圆柱体的1降为空心球壳的0.67，而均匀实心的球体则降为0.4。地球的系数为0.33，表明地球的密度不是均匀的而是朝着中心增加的，即地球的密度随深度的增加而增加。

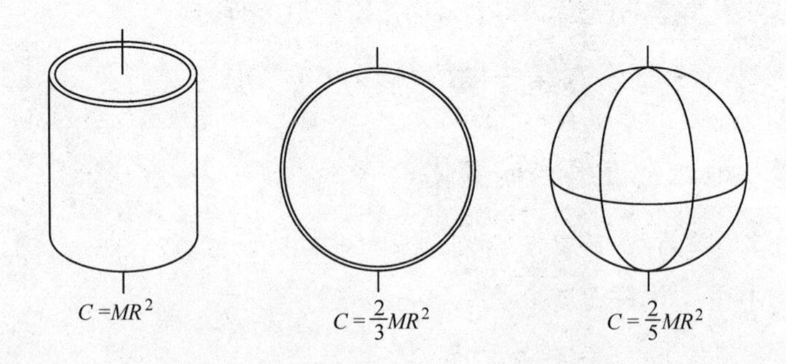

图3.3　中空的圆柱体、中空的球体和实心均匀球体绕对称轴的转动惯量

3.4 参考球状体上的重力

特定纬度上进行重力标准计算的参考图是旋转的球状体或椭球体。由于参考球状体上的重力加速度既有径向分量g_r又有极向分量g_θ，则

$$\boldsymbol{g} = g_r\boldsymbol{e}_r + g_\theta\boldsymbol{e}_\theta \tag{3.44}$$

极向分量g_θ远小于径向分量g_r，但却有重要的影响。它使地球上每一点的垂线都偏离径向方向，极点和赤道除外。这种偏离导致地心和地理纬度之间的差异，最大差异小于0.2°，但是这对重力的测量影响很大。极向分量不能忽略，因为这类似于假设重力在所有点上都沿径向作用。为了确定参考球状体的理论重力，我们必须结合径向和极向分量的表达式：

$$g = [(g_r)^2 + (g_\theta)^2]^{1/2} \approx g_r\left(1 + \frac{1}{2}\left(\frac{g_\theta}{g_r}\right)^2\right) \tag{3.45}$$

正如我们将看到的，极向分量g_θ的阶数与f一样，因此其对重力的影响与f^2成正比。要确定参考球状体上重力的变化，我们还需将径向分量精确到二阶。这要求球状体的形状和重力势的表达式中的小量f，m和J_2精确到二阶近似。引力势表达式中的系数需要取到J_4，该表达式的大小与参数的平方及它们的乘积大致相同。

3.4.1 重力的极向分量

参考椭球体上重力的极向分量是重力势沿极角θ增大方向的梯度

$$g_\theta = -\frac{1}{r}\frac{\partial}{\partial\theta}\left\{-\frac{GE}{a}\left[\left(\frac{a}{r}\right) - J_2\left(\frac{a}{r}\right)^3 P_2(\cos\theta) - J_4\left(\frac{a}{r}\right)^5 P_4(\cos\theta)\right] - \frac{1}{2}\omega^2 r^2 \sin^2\theta\right\} \tag{3.46}$$

第一项与θ无关，且不包含微分。将离心项放在方括号内，并利用离心加速度比m的定义式（3.22）得

$$g_\theta = -\frac{GE}{a^2}\left[J_2\left(\frac{a}{r}\right)^4 \frac{\partial}{\partial\theta}P_2(\cos\theta) + J_4\left(\frac{a}{r}\right)^6 \frac{\partial}{\partial\theta}P_4(\cos\theta) -\right.$$

$$\frac{1}{2}\left(\frac{m}{1-f}\right)\left(\frac{r}{a}\right)\frac{\partial}{\partial\theta}\sin^2\theta\Big] \tag{3.47}$$

表1.1给出了勒让德多项式$P_2(\cos\theta)$ 和$P_4(\cos\theta)$，将它们对 θ 求导可得

$$\frac{\partial}{\partial\theta}P_2(\cos\theta) = \frac{\partial}{\partial\theta}\left(\frac{3\cos^2\theta-1}{2}\right) = -3\cos\theta\sin\theta \tag{3.48}$$

$$\begin{aligned}\frac{\partial}{\partial\theta}P_4(\cos\theta) &= \frac{\partial}{\partial\theta}\left(\frac{35\cos^4\theta-30\cos^2\theta+3}{8}\right)\\ &= -\frac{5}{2}\cos\theta\sin\theta(7\cos^2\theta-3)\end{aligned} \tag{3.49}$$

将这些代入式（3.47）并简化可得

$$g_\theta = \frac{GE}{a^2}\sin\theta\cos\theta\left[3J_2\left(\frac{a}{r}\right)^4 + \frac{5}{2}J_4\left(\frac{a}{r}\right)^6(7\cos^2\theta-3) + \frac{m}{1-f}\left(\frac{r}{a}\right)\right] \tag{3.50}$$

如上所述，我们仅需要将g_θ取f的一阶近似，因此J_4项和乘积项fJ_2可以忽略。设比值$(a/r)^4$，$(a/r)^6$和r/a有效值为1。定义

$$g_0 = \frac{GE}{a^2} \tag{3.51}$$

因此，参考椭球体上重力的极向分量精确到一阶近似有

$$g_\theta \approx g_0(3J_2+m)\sin\theta\cos\theta \tag{3.52}$$

由式（3.32）中确立的J_2，f和m之间的关系，并将J_2代入上式，从而给出一阶表达式

$$g_\theta \approx g_0 f\sin(2\theta) \tag{3.53}$$

注意，当$\theta \leqslant 90°$时g_θ为正，当$90° \leqslant \theta \leqslant 180°$时$g_\theta$为负，即每个半球上$g_\theta$的作用方向都是从极点指向赤道。

3.4.2 重力的径向分量

参考椭球体上重力的径向分量可以由重力势能相对于半径r的梯度可得

$$g_r = -\frac{\partial}{\partial r}\left\{-\frac{GE}{a}\left[\left(\frac{a}{r}\right)-J_2\left(\frac{a}{r}\right)^3P_2(\cos\theta)-J_4\left(\frac{a}{r}\right)^5P_4(\cos\theta)+\right.\right.$$

$$\frac{1}{2}\left(\frac{\omega^2 a^3}{GE}\right)\left(\frac{r}{a}\right)^2 \sin^2\theta\Big]\Big\} \tag{3.54}$$

$$g_r = -\frac{GE}{a^2}\left[\left(\frac{a}{r}\right)^2 - 3J_2\left(\frac{a}{r}\right)^4 P_2(\cos\theta) - 5J_4\left(\frac{a}{r}\right)^6 P_4(\cos\theta) - \left(\frac{m}{1-f}\right)\left(\frac{r}{a}\right)\sin^2\theta\right] \tag{3.55}$$

为了稍微简化这个式子，逐个检查对比方括号里面的四项。将式（3.51）中g_0代入上式可得

$$g_r = -g_0[T_1 + T_2 + T_3 + T_4] \tag{3.56}$$

对于T_1项，用式（3.10）中定义的比值a/r，并忽略高于f^2的项，方括号里的第一项为

$$\left(\frac{a}{r}\right)^2 = 1 + 2f\left(\left(1+\frac{3}{2}f\right)\cos^2\theta - \frac{1}{2}f\cos^4\theta\right) + f^2\cos^4\theta\left(\left(1+\frac{3}{2}f\right) - \frac{1}{2}f\cos^2\theta\right)^2 \tag{3.57}$$

因此

$$T_1 \approx 1 + (2f + 3f^2)\cos^2\theta \tag{3.58}$$

对于T_2项，$(a/r)^4$乘以J_2，因此只需要将它展开到f即可：

$$\left(\frac{a}{r}\right)^4 \approx 1 + 4f\left(\left(1+\frac{3}{2}f\right)\cos^2\theta - \frac{1}{2}f\cos^4\theta\right) \tag{3.59}$$

$$\left(\frac{a}{r}\right)^4 \approx 1 + 4f\cos^2\theta \tag{3.60}$$

根据表1.1中勒让德多项式$P_2(\cos\theta)$的展开式

$$T_2 = -3J_2(1 + 4f\cos^2\theta)P_2(\cos\theta) = -\frac{3}{2}J_2(1 + 4f\cos^2\theta)(3\cos^2\theta - 1) \tag{3.61}$$

$$T_2 \approx \frac{3}{2}J_2 - 3\left(\frac{3}{2} - 2f\right)J_2\cos^2\theta - 18fJ_2\cos^4\theta \tag{3.62}$$

对于T_3项，$(a/r)^6$乘以J_4约为$(10)^{-6}$，因此可以忽略J_4和f的乘积。设$(a/r)^6$的有效值为1，利用勒让德多项式$P_4(\cos\theta)$的展开式

$$T_3 \approx -5J_4P_4(\cos\theta) \approx -\frac{5}{8}J_4(3 - 30\cos^2\theta + 35\cos^4\theta) \tag{3.63}$$

对于T_4项，r/a 由式（3.8）给出，精确到二阶，该项为

$$T_4 \approx -\left(\frac{m}{1-f}\right)\sin^2\theta\frac{1-f}{1-f\sin^2\theta} \approx -m\sin^2\theta(1+f\sin^2\theta) \quad (3.64)$$

为了与其他项表示一致，将表达式中正弦函数用余弦函数表示可得

$$T_4 \approx -m(1+f)+m(1+2f)\cos^2\theta - mf\cos^4\theta \quad (3.65)$$

现在将这四项代入式（3.56）得

$$g_r = -g_0\left[\begin{aligned}&1+f(2+3f)\cos^2\theta + \\ &\frac{3}{2}J_2 - 3\left(\frac{3}{2}-2f\right)J_2\cos^2\theta - 18fJ_2\cos^4\theta - \\ &\frac{5}{8}J_4(3-30\cos^2\theta+35\cos^4\theta) - \\ &m(1+f)+m(1+2f)\cos^2\theta - mf\cos^4\theta\end{aligned}\right] \quad (3.66)$$

通过合并同类项得到 $\cos^2\theta$ 和 $\cos^4\theta$ 的系数，即

$$g_r = -g_0\left[\begin{aligned}&1+\frac{3}{2}J_2-\frac{15}{8}J_4-m(1+f)+ \\ &\left(f(2+3f)-3\left(\frac{3}{2}-2f\right)J_2+\frac{75}{4}J_4+m(1+2f)\right)\cos^2\theta - \\ &\left(mf+18fJ_2+\frac{175}{8}J_4\right)\cos^4\theta\end{aligned}\right] \quad (3.67)$$

J_2和J_4分别由式（3.37）和式（3.33）表示。展开并整理之后，重力的径向分量变为

$$g_r = -g_0\left[\begin{aligned}&1+f-\frac{3}{2}m+f^2-\frac{27}{14}fm+ \\ &\left(\frac{5}{2}m-f-\frac{13}{2}f^2+\frac{72}{7}fm\right)\cos^2\theta - \\ &\left(\frac{15}{2}fm-\frac{11}{2}f^2\right)\cos^4\theta\end{aligned}\right] \quad (3.68)$$

3.4.3 标准重力与地心纬度的变化

习惯上经常用纬度而不是极角 θ 来描述参考椭球体上的位置。地心纬度λ_c是极角的余角，所以 $\cos\theta=\sin\lambda_c$，$\cos^2\theta=\sin^2\lambda_c$，则有

$$\cos^4\theta = \sin^4\lambda_c = \sin^2\lambda_c(1-\cos^2\lambda_c) = \sin^2\lambda_c - \frac{1}{4}\sin^2(2\lambda_c) \tag{3.69}$$

在替代这种变化时，作为地心纬度函数的球状体上重力的径向分量为

$$g_r = -g_0\begin{bmatrix} 1+f-\frac{3}{2}m+f^2-\frac{27}{14}fm+ \\ \left(\frac{5}{2}m-f-f^2+\frac{39}{14}fm\right)\sin^2\lambda_c+ \\ \frac{1}{8}f(15m-11f)\sin^2(2\lambda_c) \end{bmatrix} \tag{3.70}$$

注意，指向地心纬度的极向分量g_θ［参阅式（3.53）］不变：

$$g_\theta \approx g_0 f\sin(2\theta) = g_0 f\sin(2\lambda_c) \tag{3.71}$$

地球的参考椭球面上各点的重力方向垂直于等势面，可以通过式（3.45）中径向和极向分量的线性组合来计算，即

$$g = g_r\left(1+\frac{1}{2}\left(\frac{g_\theta}{g_r}\right)^2\right) = g_r\left(1+\frac{1}{2}f^2\sin^2(2\lambda_c)\left(1+f-\frac{3}{2}m+\cdots\right)^{-2}\right) \tag{3.72}$$

$$g \approx g_r\left(1+\frac{1}{2}f^2\sin^2(2\lambda_c)\right) \tag{3.73}$$

因此极向分量仅影响式（3.70）中的$\sin^2(2\lambda_c)$项，则参考椭球体上的重力由下式给出：

$$g = -g_0\begin{bmatrix} 1+f-\frac{3}{2}m+f^2-\frac{27}{14}fm+ \\ \left(\frac{5}{2}m-f-f^2+\frac{39}{14}fm\right)\sin^2\lambda_c+ \\ \frac{1}{8}f(15m-7f)\sin^2(2\lambda_c) \end{bmatrix} \tag{3.74}$$

设重力在赤道（$\sin\lambda_c\sin(2\lambda_c)=0$）上的值为

$$g_e = -g_0\left(1+f-\frac{3}{2}m+f^2-\frac{27}{14}fm\right) \tag{3.75}$$

将其从括号里提出，并用二项式展开，取f的一阶级数，得

$$g \approx g_e\left[1+A\sin^2\lambda_c+\frac{1}{8}f(15m-7f)\sin^2(2\lambda_c)\right]$$

$$\left[1-\left(f-\frac{3}{2}m+f^2-\frac{27}{14}fm\right)\right] \tag{3.76}$$

为了简单起见，其中$A=\frac{5}{2}m-f-f^2+\frac{39}{14}fm$。$\sin^2(2\lambda_c)$ 的系数已经是二阶，所以当乘以这些项时，只有$\sin^2\lambda_c$项受影响。它展开为

$$\begin{aligned}&\left(\frac{5}{2}m-f-f^2+\frac{39}{14}fm\right)\left(1-f+\frac{3}{2}m-f^2+\frac{27}{14}fm\right)\\&=\frac{5}{2}m-f-f^2+\frac{39}{14}fm-\frac{5}{2}fm+f^2+\frac{15}{4}m^2-\frac{3}{2}fm\\&=\frac{5}{2}m-f+\frac{15}{4}m^2-\frac{17}{14}fm\end{aligned} \tag{3.77}$$

重力随地心纬度的最终表达式为

$$g=g_e\left\{1+\left(\frac{5}{2}m-f+\frac{15}{4}m^2-\frac{17}{14}fm\right)\sin^2\lambda_c+\frac{1}{8}f(15m-7f)\sin^2(2\lambda_c)\right\} \tag{3.78}$$

3.4.4 克莱洛公式

极点处重力g_p通过设置$\lambda_c=\pi/2=90°$获得。一阶近似

$$g_p=g_e\left\{1+\left(\frac{5}{2}m-f\right)\right\} \tag{3.79}$$

整理可得

$$\frac{g_p-g_e}{g_e}=\frac{5}{2}m-f \tag{3.80}$$

这就是克莱洛公式，表示极点处和赤道上的重力之差，以法国数学家和天文学家克莱洛（1713—1765）的名字命名。

3.5 地心纬度和地理纬度

上面公式中λ_c是地心纬度，由地心指向椭球上某一点的半径定义。然而，常用的纬度是地理（或大地）纬度 λ，该纬度由垂直于参考椭球体表面的方向定义，并不通过地心（见图 3.4）。地心纬度和

地理纬度之间存在简单的关系。

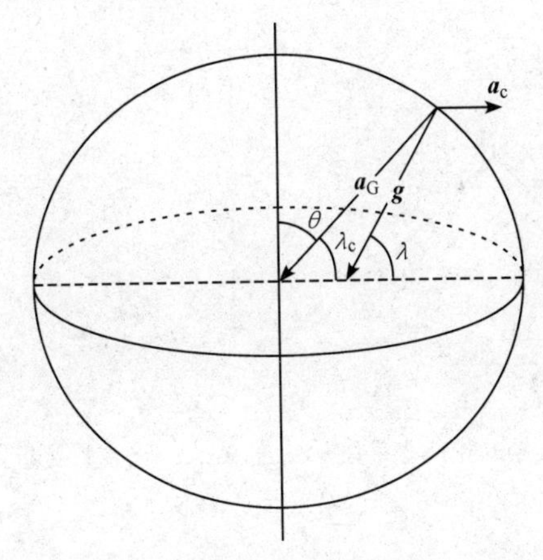

图 3.4 由椭球半径定义的地心纬度λ_c和由椭球面法线方向定义的地理纬度 λ（大纬度）的比较。出自 Lowrie)（2007）

设 P 是地心纬度为λ_c、地理纬度为 λ 的椭球面上一点（见图 3.5a)。过 P 点的径向和垂直方向的夹角为 $\lambda-\lambda_c$，则过 P 点的水平方向 PH 和与径向垂直的方向 PN 的夹角也为 $\lambda-\lambda_c$。对于 P 点来说，极角增加 $\mathrm{d}\theta$，到表面的半径也增加小量 $\mathrm{d}r$，并且有一个垂直于半径的位移 $r\mathrm{d}\theta$。这两个增量决定了半径与椭球体表面的交点沿表面方向的位移。这三个位移形成一个小△PNH（见图 3.5b)，其中 PN 和 PH 之间的夹角为 $\lambda-\lambda_c$。在△PNH 中

$$\tan(\lambda-\lambda_c)=\frac{\mathrm{d}r}{r\mathrm{d}\theta} \tag{3.81}$$

将椭球面方程（3.8）两边求导得到一阶近似

$$\begin{aligned}\frac{1}{r}\frac{\mathrm{d}r}{\mathrm{d}\theta}&=\frac{a}{r}\frac{\mathrm{d}}{\mathrm{d}\theta}\frac{1-f}{1-f\sin^2\theta}\\&=\frac{a}{r}\frac{f(2\sin\theta\cos\theta)}{(1-f\sin^2\theta)^2}\\&\approx f\sin(2\theta)\end{aligned} \tag{3.82}$$

因为 θ 是λ_c的余角，因此用 $2\lambda_c$代替 2θ 可得

$$\tan(\lambda-\lambda_c)=f\sin(2\lambda_c) \tag{3.83}$$

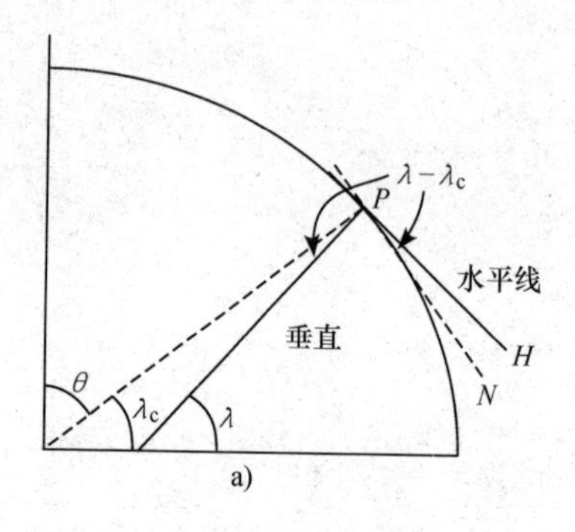

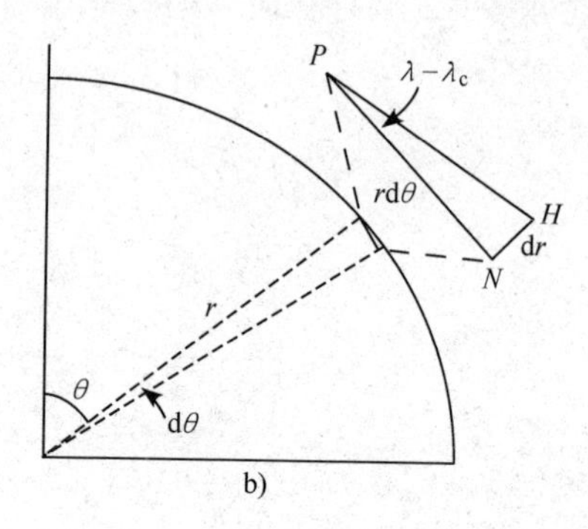

图 3.5　a）地理纬度 λ 和地心纬度λ_c之差 $\lambda-\lambda_c$ 与水平线和与半径垂直的平面之间的夹角相同；b）小三角形的放大图，其边 PN 和边 PH 的夹角为 $\lambda-\lambda_c$

纬度差 $\delta\lambda=\lambda-\lambda_c$很小，所以其正切值比 f 小，即

$$\delta\lambda = \lambda - \lambda_c \leqslant \arctan(f) \leqslant 0.19° \tag{3.84}$$

因为纬度差很小，所以式（3.83）中的正切可以用角度（单位为 rad）表示

$$\lambda = \lambda_c + f\sin(2\lambda_c) \tag{3.85}$$

$$\delta\lambda = \lambda - \lambda_c = f\sin(2\lambda_c) \tag{3.86}$$

参考椭球体上的垂直重力

测量重力时必须进行各种因素的校正，例如测地点的纬度、相对于参考椭球体的高度及周围地形等。然后必须将校正值与观测地理纬度的理论值进行比较。式（3.78）中的重力公式是以地心纬度为变量的函数。现在必须把它转化为地理纬度的函数，这就要求找出表示 $\sin^2\lambda_c$和 $\sin^2(2\lambda_c)$ 的 λ 的表达式。

式（3.78）中的重力公式可以写为

$$g_n = g_e(1 + b_1\sin^2\lambda_c + b_2\sin^2(2\lambda_c)) \tag{3.87}$$

比较式（3.87）和式（3.78）可知，常数b_1既包含 f 和 m 的一阶近似又包含二阶近似，而常数b_2只包含二阶近似，这可以简化变换。

根据式（3.86）可以得到$\lambda_c=\lambda-\delta\lambda$，因为 $\delta\lambda$ 是非常小的角度，可以做如下近似，$\sin(\delta\lambda)\approx\delta\lambda$，$\cos(\delta\lambda)\approx1$。则$\sin\lambda_c$和$\cos\lambda_c$可以

表示为

$$\sin\lambda_c = \sin(\lambda - \delta\lambda) = \sin\lambda\cos(\delta\lambda) - \cos\lambda\sin(\delta\lambda) \approx \sin\lambda - \delta\lambda\cos\lambda \tag{3.88}$$

$$\cos\lambda_c = \cos(\lambda - \delta\lambda) = \cos\lambda\cos(\delta\lambda) + \sin\lambda\sin(\delta\lambda) \approx \cos\lambda + \delta\lambda\sin\lambda \tag{3.89}$$

重力公式包含$\sin^2\lambda_c$项，现在可以写为

$$\sin^2\lambda_c \approx \sin^2\lambda - 2\delta\lambda\sin\lambda\cos\lambda \approx \sin^2\lambda - \delta\lambda\sin(2\lambda) \tag{3.90}$$

接下来将式（3.88）和式（3.89）结合起来得到$\sin^2\lambda_c$关于$\delta\lambda$的一阶近似的表达式

$$\begin{aligned}\sin(2\lambda_c) &= 2(\sin\lambda - \delta\lambda\cos\lambda)(\cos\lambda + \delta\lambda\sin\lambda)\\ &= 2\sin\lambda\cos\lambda - 2\delta\lambda(\cos^2\lambda - \sin^2\lambda) - 2(\delta\lambda)^2\sin\lambda\cos\lambda\\ &\approx \sin(2\lambda) - 2\delta\lambda\cos(2\lambda)\end{aligned} \tag{3.91}$$

方程两边平方，再一次忽略$(\delta\lambda)^2$项，有

$$\sin^2(2\lambda_c) \approx \sin^2(2\lambda) - 4\delta\lambda\sin(2\lambda)\cos(2\lambda) \approx \sin^2(2\lambda) - 2\delta\lambda\sin(4\lambda) \tag{3.92}$$

在重力公式（3.87）中，这一项所乘的系数b_2是关于f和m的二阶近似。因此，忽略乘积$b_2\delta\lambda$得

$$b_2\sin^2(2\lambda_c) \approx b_2\sin^2(2\lambda) - 2b_2\delta\lambda\sin(4\lambda) \approx b_2\sin^2(2\lambda) \tag{3.93}$$

由式（3.91）可将式（3.86）中的$\delta\lambda$写作

$$\delta\lambda = f\sin(2\lambda_c) = f\sin(2\lambda) - (f\delta\lambda)\cos(2\lambda) \approx f\sin(2\lambda) \tag{3.94}$$

代入式（3.90）可得

$$\sin^2\lambda_c \approx \sin^2\lambda - f\sin^2(2\lambda) \tag{3.95}$$

将式（3.93）和式（3.95）代入式（3.87）得到关于地理纬度λ的重力公式

$$g_n = g_e(1 + b_1(\sin^2\lambda - f\sin^2(2\lambda)) + b_2\sin^2(2\lambda)) \tag{3.96}$$

$$g_n = g_e(1 + b_1\sin^2\lambda + (b_2 - fb_1)\sin^2(2\lambda)) \tag{3.97}$$

在关于地理纬度λ的重力公式（3.87）中$\sin^2\lambda$和$\sin^2\lambda_c$的系数一样，但是$\sin^2(2\lambda)$的系数修改为

$$b_2 - fb_1 = \frac{1}{8}f(15m - 7f) - f\left(\frac{5}{2}m - f + \frac{15}{4}m^2 - \frac{17}{14}fm\right)$$

$$= \frac{1}{8}f(f - 5m) \tag{3.98}$$

用式（3.78）中相应的表达式代替b_1和b_2，可得到垂直重力公式

$$g_n = g_e(1 + \beta_1 \sin^2\lambda + \beta_2 \sin^2(2\lambda)) \tag{3.99}$$

其中g_n是地球的国际参考椭球面上地理纬度为λ处的垂直重力值，g_e是其在赤道处的值，常数β_1和β_2是小量，由下式给出：

$$\begin{cases} \beta_1 = \dfrac{5}{2}m - f + \dfrac{15}{4}m^2 - \dfrac{17}{14}fm \\ \beta_2 = \dfrac{1}{8}(f^2 - 5fm) \end{cases} \tag{3.100}$$

由式（3.51）和式（3.75）可得赤道处的重力值为

$$g_e = -\frac{GE}{a^2}\left(1 + f - \frac{3}{2}m + f^2 - \frac{27}{14}fm\right)$$

3.6 大地水准面

地球真实的表面是不规则的，无法用简单的几何形状来描述。取而代之的是光滑的重力等势面，它与平均海平面重合并延伸到大陆内部，该面称为大地水准面。地壳中的密度分布很复杂，局部质量异常会影响大地水准面并使其平均形状有起伏。地球的数学模型是一个与大地水准面有相同体积和相同势的球状体。

局部质量过剩会导致局部重力方向偏向它，并使重力值变大。为了保持恒定的势，等势面的形状在质量过剩处必须向上凸起。决定凸起形状的条件是：等势面必须垂直于重力方向，即垂直于铅垂线。质量过剩使大地水准面高于球状体表面（见图 3.6）；相反，质量不足会使大地水准面低于参考球状体表面。大地水准面相对于球状体表面的起伏与重力异常（地球密度不均匀引起）有关。通过对重力异常的分析来可以计算出大地水准面相对于球状体表面的高度。

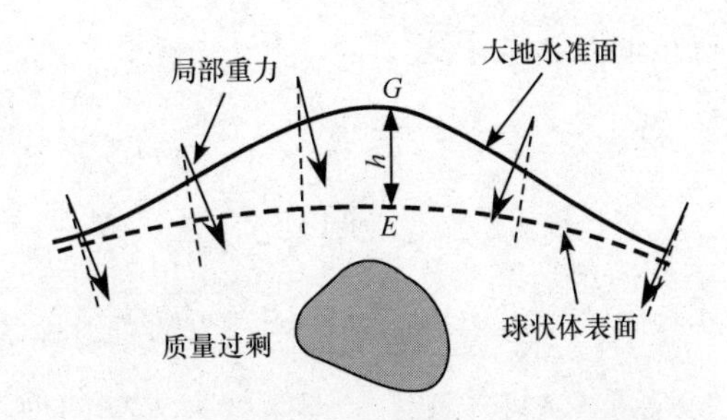

图 3.6 由于局部质量过剩而产生大地水准面高度以及局部重力方向的偏差，出自 Lowrie（2007）

3.6.1 大地水准面波动的可能性

设 E 点的下方存在质量异常，使大地水准面（真正的重力等势面）高于参考球状体表面（理想的重力等势面），与 E 点相对应的 G 点相对于椭球面的高度为 h（见图 3.6）。克服重力 g 做功可以改变重力势。如果位移 h 是小量，则由于质量过剩导致的重力势的增量 $W=gh$。因此，在球状体表面上方大地水准面的高度为

$$h=\frac{W}{g} \tag{3.101}$$

测量重力值首先要根据局部地貌和瞬变潮汐效应进行校正。然后通过补偿测量点的高度，将修正值归算到基准面，再减去测量点纬度的理论值就可以得到重力异常值。但是高度是相对于平均海平面而言的，所以高度调整将重力值归算到了大地水准面而不是参考椭球面。修正后的重力异常是针对大地水准面上的 G 点规定的，但是参考值是针对椭球体上的 E 点计算的（见图 3.6）。高度差对应着大地水准面的偏移，在精确的重力测量中必须考虑这一点。

G 点处的重力异常 Δg 由两个效应叠加产生。起主要作用的是附加质量的引力效应，会产生垂直重力异常 Δg_1。假设垂直方向和径向同向，并将重力势对 r 求一阶导数得

$$\Delta g_1=-\frac{\partial W}{\partial r} \tag{3.102}$$

大地水准面和参考椭球面之间的高度 h 产生重力异常 Δg_2，可以用类

似于自由空间校正的方法来计算

$$\Delta g_2 = h\frac{\partial g}{\partial r} \tag{3.103}$$

$$\frac{\partial g}{\partial r} = \frac{\partial}{\partial r}\left(-\frac{GE}{r^2}\right) = -2\frac{g}{r} \tag{3.104}$$

把上面两项结合起来，可以得到质量过剩产生的重力异常

$$\Delta g = \Delta g_1 + \Delta g_2 = -\left(\frac{\partial W}{\partial r} + 2\frac{W}{r}\right) \tag{3.105}$$

由于大地水准面的偏移量 h 远小于地球半径 r，所以该表达式在参考球状体上计算还是在实际的球体上计算并没有明显差别。方便起见可以在半径 $r=R$ 的球面上进行求解，这种情况下，

$$\Delta g = -\left(\frac{1}{r^2}\frac{\partial}{\partial r}(r^2 W)\right)_{r=R} \tag{3.106}$$

3.6.2 大地水准面高度的斯托克斯公式

假设大地水准面的高度是相对于半径 $r=R$ 的地球面上的 P 点而言的。以过 P 点的径向轴定义球坐标系。重力测量点 Q 相对于 P 点的极角为 θ，方位角为 ϕ。那么球面上的重力异常可以表示为球谐函数 Y_n^m（θ，ϕ）的求和（参考 1.16 节）：

$$\Delta g(\theta,\phi) = \sum_{n=0}^{\infty}\sum_{m=0}^{n} g_n^m Y_n^m(\theta,\phi) \tag{3.107}$$

另外，质量过剩的势 W 必须是拉普拉斯方程的解，所以

$$W = \sum_{n=0}^{\infty}\sum_{m=0}^{n}\frac{B_n^m Y_n^m(\theta,\phi)}{r^{n+1}} \tag{3.108}$$

两边乘以r^2得

$$r^2 W = \sum_{n=0}^{\infty}\sum_{m=0}^{n}\frac{B_n^m Y_n^m(\theta,\phi)}{r^{n-1}} \tag{3.109}$$

两边分别对 r 求导数得

$$-\frac{\partial}{\partial r}(r^2 W) = \sum_{n=0}^{\infty}\sum_{m=0}^{n}(n-1)\frac{B_n^m Y_n^m(\theta,\phi)}{r^n} \tag{3.110}$$

把这个表达式代入式（3.106），并在 $r=R$ 的球面上求值，得

$$\Delta g(\theta,\phi) = \sum_{n=0}^{\infty}\sum_{m=0}^{n}(n-1)\frac{B_n^m Y_n^m(\theta,\phi)}{R^{n+2}} \tag{3.111}$$

注意，求和里不包括 $n=1$ 的项；$n=0$ 的项是一个常数，对重力异常没有贡献，因此求和从 $n=2$ 开始。对比式（3.107）和式（3.111）中Y_n^m（θ，ϕ）的系数，可得

$$\Delta g_n^m = (n-1)\frac{B_n^m}{R^{n+2}} \tag{3.112}$$

$$B_n^m = \frac{R^{n+2}}{n-1}g_n^m \tag{3.113}$$

该表达式代入式（3.108）中得

$$W = R\sum_{n=2}^{\infty}\sum_{m=0}^{n}\frac{1}{n-1}\left(\frac{R}{r}\right)^{n+1}\Delta g_n^m Y_n^m(\theta,\phi) \tag{3.114}$$

通过引入带谐近似，可以简化大地水准面高度的计算。重力异常Y_n^m（θ，ϕ）的被替换为带谐函数（零阶勒让德多项式$P_n(\cos\theta)$）。同理，余纬度 θ 上的重力异常对经度 ϕ 求和。与式（3.107）对比并替换后得

$$\Delta\bar{g}_n P_n(\cos\theta) = \sum_{m=0}^{n} g_n^m Y_n^m(\theta,\phi) \tag{3.115}$$

结果球面上重力异常可表示为

$$\Delta g(\theta,\phi) = \sum_{n=2}^{\infty}\Delta\bar{g}_n P_n(\cos\theta) \tag{3.116}$$

为了利用勒让德多项式的正交性（见 1.15 节），方程两边都乘以P_n（$\cos\theta$）并在单位球面上积分。单位球面（半径 $r=1$）上的面元 $\mathrm{d}\Omega=\sin\theta\mathrm{d}\theta\mathrm{d}\phi$（见 Box1.3），积分范围为$0\leqslant\theta\leqslant\pi$、$0\leqslant\phi\leqslant2\pi$。积分为

$$\iint_S \Delta g(\theta,\phi)P_n(\cos\theta)\,\mathrm{d}\Omega = \sum_{n=2}^{\infty}\Delta\bar{g}_n\int_0^{2\pi}\int_0^{\pi}[P_n(\cos\theta)]^2\sin\theta\mathrm{d}\theta\mathrm{d}\phi \tag{3.117}$$

设 $\cos\theta=x$，那么 $-\sin\theta\mathrm{d}\theta=\mathrm{d}x$，对 ϕ 求积分得

$$\iint_S \Delta g(\theta,\phi)P_n(\cos\theta)\,\mathrm{d}\Omega = 2\pi\sum_{n=2}^{\infty}\Delta\bar{g}_n\int_{-1}^{1}[P_n(x)]^2\mathrm{d}x = 4\pi\frac{\Delta\bar{g}_n}{2n+1} \tag{3.118}$$

最后一步用到了勒让德多项式的正交性（参阅 1.13.2 小节）。

从式（3.118）得 $\Delta\bar{g}_{\mathrm{n}}$，将其代入式（3.114）得到关于大地水准面高度的势 W，利用式（3.101）可得大地水准面波动的高度

$$h = \frac{R}{4\pi g}\sum_{n=2}^{\infty}\iint_{S}\frac{2n+1}{n-1}\left(\frac{R}{r}\right)^{n+1}P_n(\cos\theta)\Delta g(\theta,\phi)\,\mathrm{d}\Omega \quad (3.119)$$

被积函数求和后化为只含角度 θ 的函数，用 $F(\theta)$ 表示。利用该函数大地水准面的高度可以表示为

$$h = \frac{R}{4\pi g}\iint_{S}F(\theta)\Delta g(\theta,\phi)\,\mathrm{d}S \quad (3.120)$$

这就是所谓的大地水准面高度的斯托克斯公式。

3.6.3 函数 $F(\theta)$ 的计算

大地水准面高度的斯托克斯公式中，函数 $F(\theta)$ 是式（3.119）中被积函数 $F(r,\theta)$ 在地球表面的值，$F(r,\theta)$ 由下式给出：

$$F(r,\theta) = \sum_{n=2}^{\infty}\frac{2n+1}{n-1}\left(\frac{R}{r}\right)^{n+1}P_n(\cos\theta) \quad (3.121)$$

为了简化表达式，我们使用 Box1.4 中勒让德多项式的距离倒数定义的另一种形式：

$$\frac{1}{u} = \frac{1}{r}\sum_{n=0}^{\infty}\left(\frac{R}{r}\right)^{n}P_n(\cos\theta) = \frac{1}{r}+\frac{R\cos\theta}{r^2}+\sum_{n=2}^{\infty}\frac{R^n}{r^{n+1}}P_n(\cos\theta) \quad (3.122)$$

整理可得

$$\sum_{n=2}^{\infty}\frac{R^n}{r^{n+1}}P_n(\cos\theta) = \frac{1}{u}-\frac{1}{r}-\frac{R\cos\theta}{r^2} \quad (3.123)$$

将式（3.121）中的求和展开可得

$$F(r,\theta) = 2\sum_{n=2}^{\infty}\left(\frac{R}{r}\right)^{n+1}P_n(\cos\theta)+3\sum_{n=2}^{\infty}\frac{1}{n-1}\left(\frac{R}{r}\right)^{n+1}P_n(\cos\theta) \quad (3.124)$$

该式右边第一项是式（3.123）左边的 $2R$ 倍。

为了计算等式右边第二项，将关系式

$$\frac{1}{r^2}\int_r^{\infty}\frac{\mathrm{d}r}{r^n}=\frac{1}{n-1}\left(\frac{1}{r^{n+1}}\right) \tag{3.125}$$

代入式（3.124），其右边第二项可以写为

$$\begin{aligned}3\sum_{n=2}^{\infty}\frac{1}{n-1}\left(\frac{R}{r}\right)^{n+1}P_n(\cos\theta) &= \frac{3}{r^2}\int_r^{\infty}\sum_{n=2}^{\infty}\frac{R^{n+1}}{r^n}P_n(\cos\theta)\,\mathrm{d}r\\ &= \frac{3R}{r^2}\int_r^{\infty}r\sum_{n=2}^{\infty}\frac{R^n}{r^{n+1}}P_n(\cos\theta)\,\mathrm{d}r\end{aligned}$$

现在将式（3.123）代入上式可得

$$\begin{aligned}3\sum_{n=2}^{\infty}\frac{1}{n-1}\left(\frac{R}{r}\right)^{n+1}P_n(\cos\theta) &= \frac{3R}{r^2}\int_r^{\infty}\left(\frac{r}{u}-1-\frac{R\cos\theta}{r}\right)\mathrm{d}r\\ &= \frac{3R}{r^2}\left\{\int_r^{\infty}\frac{r\mathrm{d}r}{u}-\left[r+R\cos\theta\log r\right]_r^{\infty}\right\}\end{aligned} \tag{3.126}$$

方程右边的积分必须采取分部积分，因为分母 u 是 r 的函数。我们首先把方程写成更容易处理的形式：

$$\int_r^{\infty}\frac{r\mathrm{d}r}{u}=\int_r^{\infty}\frac{r\mathrm{d}r}{\sqrt{r^2-2rR\cos\theta+R^2}}=\int_r^{\infty}\frac{(r-R\cos\theta)+R\cos\theta}{\sqrt{(r-R\cos\theta)^2+R^2\sin^2\theta}}\mathrm{d}r \tag{3.127}$$

$$\int_r^{\infty}\frac{r\mathrm{d}r}{u}=\int_r^{\infty}\frac{(r-R\cos\theta)\,\mathrm{d}r}{\sqrt{(r-R\cos\theta)^2+R^2\sin^2\theta}}+\int_r^{\infty}\frac{R\cos\theta\mathrm{d}r}{\sqrt{(r-R\cos\theta)^2+R^2\sin^2\theta}} \tag{3.128}$$

接下来，我们分别计算这些积分。其中，第一部分是

$$\int\frac{(r-R\cos\theta)\,\mathrm{d}r}{\sqrt{(r-R\cos\theta)^2+R^2\sin^2\theta}}=\sqrt{(r-R\cos\theta)^2+R^2\sin^2\theta}=u \tag{3.129}$$

利用标准积分

$$\int\frac{a}{\sqrt{y^2+b^2}}\mathrm{d}y=a\log\left(y+\sqrt{y^2+b^2}\right) \tag{3.130}$$

并设 $y=r-R\cos\theta$，$a=R\cos\theta$，$b=R\sin\theta$，则第二部分为

$$\int \frac{R\cos\theta \mathrm{d}r}{\sqrt{(r-R\cos\theta)^2+R^2\sin^2\theta}} = R\cos\theta\cdot\log(r-R\cos\theta+\sqrt{r^2-2rR\cos\theta+R^2}) = R\cos\theta\cdot\log(r-R\cos\theta+u) \tag{3.131}$$

结合式（3.128）、式（3.129）和式（3.131）得

$$\int_r^\infty \frac{r\mathrm{d}r}{u} = [u+R\cos\theta\cdot\log(r-R\cos\theta+u)]_r^\infty \tag{3.132}$$

将该结果代入式（3.126）可得

$$3\sum_{n=2}^{\infty}\frac{1}{n-1}\left(\frac{R}{r}\right)^{n+1}P_n(\cos\theta) = \frac{3R}{r^2}[u+R\cos\theta\cdot\log(r-R\cos\theta+u) - r - R\cos\theta\cdot\log r]_r^\infty \tag{3.133}$$

在积分极限处，我们不能直接将 $r=\infty$ 代入，但是对于很大的 r 有

$$u = r\left(1-\frac{2R\cos\theta}{r}+\frac{R^2}{r^2}\right)^{1/2} \approx r\left(1-\frac{1}{2}\left(\frac{2R\cos\theta}{r}\right)\right)\approx r-R\cos\theta \tag{3.134}$$

现在将结果代入式（3.133）可以得

$$\begin{aligned}
&[u+R\cos\theta\cdot\log(r-R\cos\theta+u)-r-R\cos\theta\cdot\log r]^\infty \\
&\approx -R\cos\theta+R\cos\theta\cdot\log(2(r-R\cos\theta))-R\cos\theta\cdot\log r \\
&\approx R\cos\theta\cdot\left[\log\left(2\frac{r-R\cos\theta}{r}\right)-1\right] \\
&\approx R\cos\theta\cdot(\log 2-1)
\end{aligned} \tag{3.135}$$

计算式（3.133）中的两个极限

$$\begin{aligned}
&3\sum_{n=2}^{\infty}\frac{1}{n-1}\left(\frac{R}{r}\right)^{n+1}P_n(\cos\theta) \\
&= \frac{3R}{r^2}\left[R\cos\theta\cdot(\log 2-1)-u+r-R\cos\theta\cdot\log\left(\frac{r-R\cos\theta+u}{r}\right)\right]
\end{aligned} \tag{3.136}$$

将该结果加上式（3.123）乘以2*R*得到式（3.124）的解：

$$F(r,\theta) = 2R\left(\frac{1}{u} - \frac{1}{r} - \frac{R\cos\theta}{r^2}\right) + \frac{3R}{r^2}\left[- R\cos\theta - u + r - R\cos\theta \cdot \log\left(\frac{r - R\cos\theta + u}{2r}\right)\right] \tag{3.137}$$

如图3.7所示，要计算*P*点的大地水准面高度，*G*点是半径$r=R$的地球表面上已知重力的点。这两点和地心*O*构成一个等腰三角形，因此$u = 2R\sin(\theta/2)$，并且

$$\frac{r - R\cos\theta + u}{2r} = \frac{1}{2}\left[1 - \cos\theta + 2\sin\left(\frac{\theta}{2}\right)\right] = \sin\left(\frac{\theta}{2}\right) + \sin^2\left(\frac{\theta}{2}\right) \tag{3.138}$$

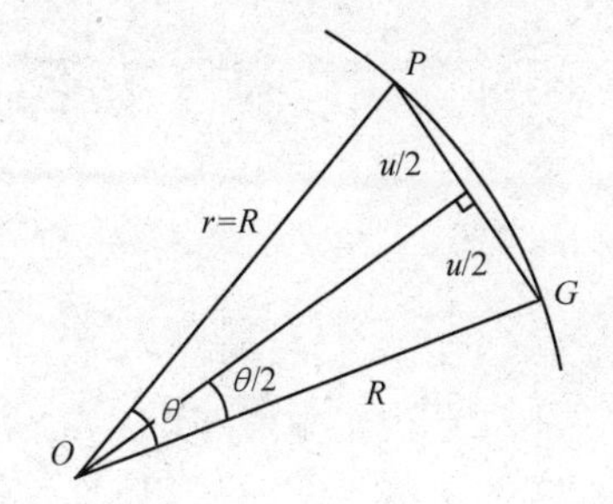

图3.7 通过重力测量计算*P*点大地水准面高度的几何关系图，*G*点是地球表面上测量重力的点

代入式（3.137），并且在球面上，函数$F(r, \theta)$变为$F(\theta)$，则有

$$F(\theta) = 2\left(\frac{1}{2\sin(\theta/2)} - 1 - \cos\theta\right) + 3\left[- \cos\theta - 2\sin\left(\frac{\theta}{2}\right) + 1 - \cos\theta \cdot \log\left(\sin\left(\frac{\theta}{2}\right) + \sin^2\left(\frac{\theta}{2}\right)\right)\right] \tag{3.139}$$

$$F(\theta) = \frac{1}{\sin(\theta/2)} + 1 - 6\sin\left(\frac{\theta}{2}\right) - 5\cos\theta - 3\cos\theta \cdot \log\left(\sin\left(\frac{\theta}{2}\right) + \sin^2\left(\frac{\theta}{2}\right)\right) \tag{3.140}$$

函数 $F(\theta)$ 的曲线如图 3.8 所示。$\theta=0$ 处是奇点位置，计算时不考虑该点。当 $\theta<30°$ 时，$F(\theta)$ 随 θ 迅速减小，但是在大角度下它仍然具有可观的值，这意味着远距测量会对算出的大地水准面高度产生影响。

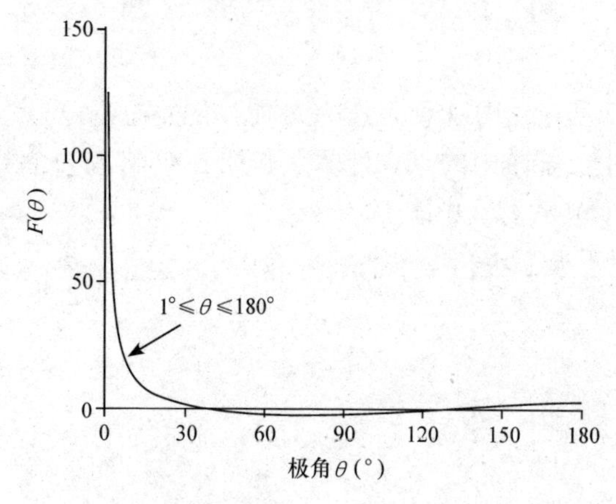

图 3.8　大地水准面高度的斯托克斯公式中函数 $F(\theta)$ 随角距 θ 的变化

进一步阅读

Bullen, K. E. (1975). *The Earth's Density*. London: Chapman and Hall, 420 pp.

Groten, E. (1979). *Geodesy and the Earth's Gravity Field*. Bonn: Dümmler, 409 pp.

Hofmann-Wellenhof, B. and Moritz, H. (2006). *Physical Geodesy*, 2nd edn. Vienna: Springer, 403 pp.

Torge, W. (1989). *Gravimetry*. Berlin: de Gruyter, 465 pp.

第 4 章 潮汐

月球和太阳的引力使地球发生变形，从而引起称为海洋潮汐的海面周期性波动。同理，引力也会在地球上产生固体潮汐，月球的质量比太阳的质量小得多，但是月球的潮汐作用比太阳的大，这是因为月球离地球更近。我们首先分析月球潮汐，然后再考虑太阳潮汐的影响。

4.1 月球潮汐力的起源

月球潮汐力有两个来源：月球对地球的引力，以及地球和月球绕它们共同的质量中心（称为质心）的联合旋转。质心沿地球轨道绕太阳转动。

要找到地 - 月系的质心位置，设地 - 月距离为 r_L，地球质量为 E，月球质量为 M。如果质心 B 到地球中心的距离为 d，那么对 B 的力矩

$$Ed = M(r_L - d) \tag{4.1}$$

因此

$$d = \frac{M}{E + M} r_L \tag{4.2}$$

月球与地球的质量比 M/E 等于 0.0123，地 - 月距离为 384400km，即质心位于地球内部。地球中心绕这个点转动的角速度 ω_L 与月球的一样（见图 4.1），并且旋转半径为 d。

设地 - 月质心位于 B 点，地球中心位于 O 点，地球半径为 R，月球质量为 M，地 - 月中心的距离为 r_L，如图 4.1 所示。地心指向月球的引力加速度 a_O 与其绕半径为 d 的圆周运动的离心加速度 $a_c = \omega_L^2 d$ 严格相等，因此

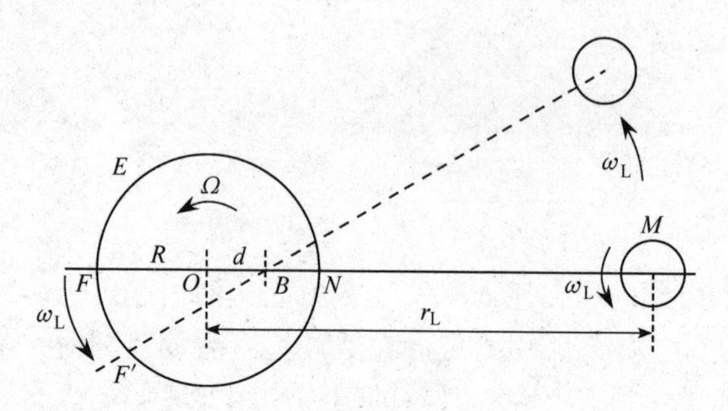

图 4.1　月球轨道平面中地 - 月的几何结构。旋转的质心在 B 点，ω_L 是月球相对于其自转轴和地球的角速度；Ω 是地球自转的角速度，假设与月球轨道垂直

$$\frac{GM}{r_L^2} = \omega_L^2 d \tag{4.3}$$

地球上远月点 F 到月球的距离为 $r_L + R$，到地 - 月质心距离为 $R + d$。F 点的引力加速度（月球引力产生）与其绕 B 点的离心加速度方向相反，所以指向月球的净加速度为

$$a_F = \frac{GM}{(r_L + R)^2} - \omega_L^2(R + d) \tag{4.4}$$

利用二项式展开近似到四阶，则有

$$a_F = \left(\frac{GM}{r_L^2} - 2\frac{GMR}{r_L^3} + 3\frac{GMR^2}{r_L^4}\right) - \omega_L^2 d - \omega_L^2 R \tag{4.5}$$

$\omega_L^2 d$ 项还是指地心绕 B 点圆周运动的离心加速度，指向背离月球的方向。离心加速度 $\omega_L^2 R$ 对应于 F 点做半径为 R 的圆周运动，也是指向背离月球的方向，是地球自转的一部分，对于月球的引潮加速度没有影响（见图 4.1）。省略此项并结合式（4.3）的结果，可以得到 F 点的引潮加速度为

$$a_F = -\left(2\frac{GMR}{r_L^3} - 3\frac{GMR^2}{r_L^4}\right) \tag{4.6}$$

负号表示 F 点的加速度方向指向背离月球的方向。这会导致地球上背对月球一侧产生潮汐。

同理，地球上近月点 N，它到月球的距离为 $r_L - R$，到地 - 月质

心的距离为 $R-d$。N 点的离心加速度与月球的引力加速度方向一致，所以指向月球的净加速度 a_N 为

$$a_N = \frac{GM}{(r_L - R)^2} + \omega_L^2(R - d) \tag{4.7}$$

利用二项式展开可以得到 N 点指向月球的加速度表达式

$$a_N = \left(\frac{GM}{r_L^2} + 2\frac{GMR}{r_L^3} + 3\frac{GMR^2}{r_L^4}\right) - \omega_L^2 d + \omega_L^2 R \tag{4.8}$$

如前所述，括号里面的项是月球的引力，离心加速度$\omega_L^2 d$ 指向远离质心的方向。离心加速度$\omega_L^2 R$ 指向月球，由绕地球自转轴旋转产生。N 点的引潮加速度为

$$a_N = \left(2\frac{GMR}{r_L^3} + 3\frac{GMR^2}{r_L^4}\right) \tag{4.9}$$

这个加速度指向月球，并导致地球上近月点产生潮汐。

图4.2 描述了潮汐力的平衡。地球上任意点都存在指向远离月球方向的离心加速度$\omega_L^2 d$。它由地球绕地 - 月质心的刚体转动产生（有关图解说明请参阅 Lowrie（2007））。

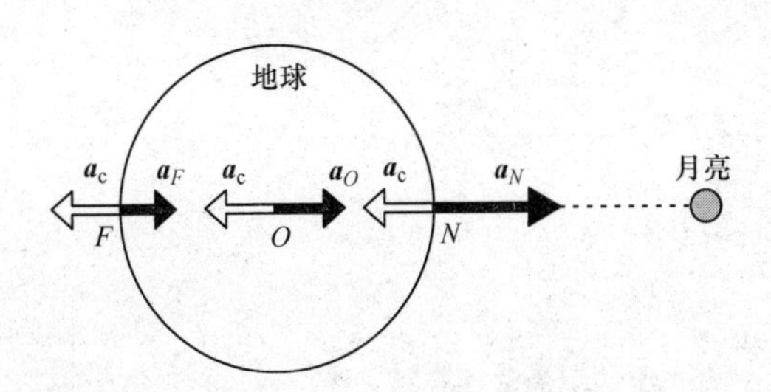

图4.2　引起地球潮汐的加速度：$\boldsymbol{a}_F$、$\boldsymbol{a}_O$和$\boldsymbol{a}_N$分别是月球在地球背侧远月点 F、地球中心 O 和地球近月点 N 产生的引力加速度；$\boldsymbol{a}_c$是由于地球绕地 - 月质心而产生的恒定加速度，不包括绕地球自转轴的分量

比较式（4.6）和式（4.9）表明，F 点和 N 点的潮汐加速度是不相等的。结果表明，地球近月点的潮汐比远月点的潮汐高。通过检查潮汐势，可以更详细地分析潮汐分量和潮汐力在地球上的方向。

4.2 月球的潮汐势

月球在地球上某一点的引力势的计算（见图 4.3）与马古拉公式的推导相似。球坐标系的原点位于地心，计算月球在地球内部到地心距离为 r 的 P 点产生的引力势。过 P 点的半径与地心指向月球的方向所成角度为 ψ，并且几何形状绕此轴具有旋转对称性。P 点的月球引力势 W 与其到月球中心的距离 u 成反比。用距离倒数公式引入勒让德多项式来描述势：

$$W = -G\frac{M}{u} = -G\frac{M}{r_{\mathrm{L}}}\left[1 + \sum_{n=1}^{M}\left(\frac{r}{r_{\mathrm{L}}}\right)^{n}P_{n}(\cos\psi)\right] \tag{4.10}$$

展开求和中的前几项，可得

$$W = -G\frac{M}{r_{\mathrm{L}}} - G\frac{Mr\cos\psi}{r_{\mathrm{L}}^{2}} - G\frac{Mr^{2}P_{2}(\cos\psi)}{r_{\mathrm{L}}^{3}} - G\frac{Mr^{3}P_{3}(\cos\psi)}{r_{\mathrm{L}}^{4}} - \cdots \tag{4.11}$$

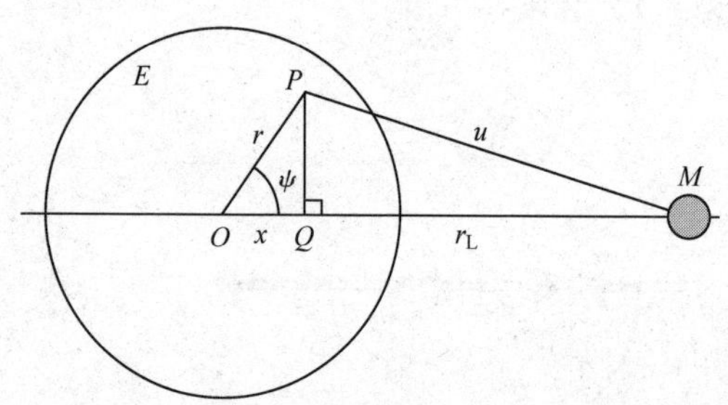

图 4.3　月球在 P 点产生的引力势的计算，P 点到地心距离为 r、到月心的距离 u

该式等于各个势的总和，取前几项则有

$$W = W_0 + W_1 + W_2 + W_3 + \cdots \tag{4.12}$$

4.2.1　月球引力势中各项的意义

1. 势 W_0

$$W_0 = -G\frac{M}{r_{\mathrm{L}}} \tag{4.13}$$

求和中的这一项是一个常量，因此其梯度为零：

$$a_0 = -\nabla W_0 = 0 \tag{4.14}$$

该势在地球的潮汐变形中不起作用。

2. 势 W_1

$$W_1 = -G\frac{M(r\cos\psi)}{r_L^2} = -G\frac{M}{r_L^2}x \tag{4.15}$$

在这里，我们将图 4.3 中 OQ 定义为 $x = r\cos\psi$，x 轴方向指向月球。势W_1梯度的负值

$$a_1 = -\nabla W_1 = -\frac{\partial W_1}{\partial x} = \left(\frac{GM}{r_L^2},0,0\right) \tag{4.16}$$

由式（4.16）可看出该加速度与坐标（r，ψ）无关，大小恒定，方向沿 x 轴正方向，即指向月球。它对引潮加速度没有贡献，但与绕地 - 月质心转动的离心加速度正好相互抵消，从而使月球保持在围绕地球运动的轨道上。

3. 势W_2

$$W_2 = -G\frac{Mr^2P_2(\cos\psi)}{r_L^3} \tag{4.17}$$

这是引起潮汐变形的主要势，它比后面所有项都大得多，被视为潮汐势（详细分析除外）。它与二阶勒让德多项式P_2（$\cos\psi$）成正比，具有绕地 - 月轴旋转对称性，并且在地球两侧产生相等的潮汐（见图4.4a）。为了在以后的讨论中使用，设

$$A = -G\frac{M}{r_L^3} \tag{4.18}$$

这样可以将潮汐势简写为

$$W_2 = Ar^2P_2(\cos\psi) = Ar^2P_2 \tag{4.19}$$

4. 势W_3

$$W_3 = -G\frac{Mr^3P_3(\cos\psi)}{r_L^4} \tag{4.20}$$

该势描述了具有三阶勒让德多项式P_3（$\cos\psi$）对称性的变形。它关于地 - 月轴对称，但会导致地球上近月点潮汐升高，而远月点潮汐下降

（见图 4. 4b）。它与W_2一起描述了 4. 1 节（见图 4. 4c）中对昼夜潮汐不相等的解释。W_3是潮汐变形中第二个影响最大的项，但是比W_2小得多，这可以通过两者的比值来说明：

$$\frac{W_2}{W_3}=\frac{r^2P_2(\cos\psi)}{r_L^3}\ \frac{r_L^4}{r^3P_3(\cos\psi)}=\left(\frac{r_L}{r}\right)\left(\frac{P_2}{P_3}\right)\geqslant 80 \tag{4.21}$$

除了详细评估潮汐高度外，通常不考虑潮汐势中这一项和更高阶的项。

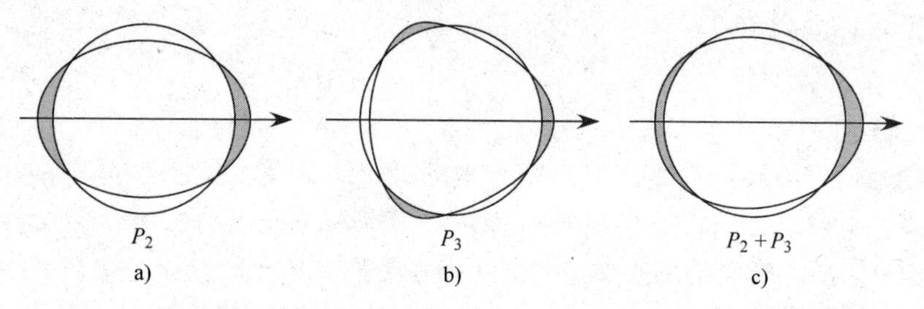

图 4. 4　月球势分量（未按比例绘制）：a）与二阶勒让德多项式成正比的主要对称变形；b）第二大变形分量，与三阶勒让德多项式成正比；c）这些分量叠加会引起昼夜潮汐不相等

4. 2. 2　月球的引潮加速度

引潮加速度等于潮汐势的梯度，为此我们将使用主要势W_2。在极坐标系（r，ψ）中，加速度径向分量a_r由下式给出：

$$a_r=-\frac{\partial W_2}{\partial r}=G\frac{M}{r_L^3}r(3\cos^2\psi-1)$$
$$=G\frac{Mr}{2r_L^3}\cdot(1+3\cos(2\psi)) \tag{4.22}$$

横向分量a_ψ为

$$a_\psi=-\frac{1}{r}\ \frac{\partial W_2}{\partial\psi}=G\frac{M}{r_L^3}r\frac{\partial}{\partial\psi}\ \frac{1}{2}(3\cos^2\psi-1)$$
$$=-G\frac{Mr}{2r_L^3}\cdot 3\sin(2\psi) \tag{4.23}$$

这些加速度导致在地 - 月轴上 $\psi=0$ 和 $\psi=\pi$ 处及距地 - 月轴角距离

为$\psi=\pm\frac{\pi}{2}$处都会产生垂直的潮汐位移（即径向）。在中间位置，引潮力既有水平分量又有径向分量（见图4.5）。

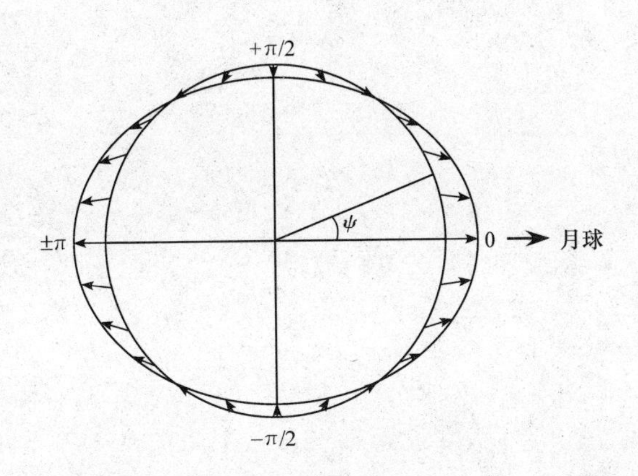

图4.5 月球引潮力的方向及其与地－月轴角距离的函数关系

4.2.3 太阳的引潮加速度

太阳的引潮加速度可以用与月球相似的方法来描述。月球潮汐振幅对月球质量及地－月距离的依赖关系包含在式（4.18）中定义的因子A中，我们将其称为A_L。太阳的潮汐效应取决于一个类似的因子A_S，即太阳的质量S代替了月球的质量M，地－日距离r_S代替地－月距离r_L即可。在地球上任意给定点（r，ψ），比率A_L/A_S表示月球和太阳对引潮加速度的相对影响：

$$\frac{a_L}{a_S}=\frac{A_L}{A_S}=\frac{-GM/r_L^3}{-GS/r_S^3}=\frac{M}{S}\left(\frac{r_S}{r_L}\right)^3=2.2 \tag{4.24}$$

太阳和月球的质量及它们与地球的距离列在表4.1中。太阳与月球的质量之比（S/M）约为2700万。太阳与月球的距离之比（r_S/r_L）是389。然而，在比较月球和太阳的潮汐效应时，距离之比是三次方，它对太阳潮汐效应的减弱程度比对月球潮汐效应的减弱程度大。因此，在观测到的潮汐中，只有大约三分之一是由太阳引起的，三分之二是由月球引起的。

表 4.1 地 – 月的旋转和轨道参数（来源：Groten，2004；McCarthy 和 Petit，2004）

参数	符号	单位	数值
太阳的质量	S	10^{30} kg	1.98892
日心引力常数	GS	$10^{14}\,m^3 \cdot s^{-2}$	3.986004418
地球的质量	E	10^{24} kg	5.9737
地心引力常数	GE	$10^{20}\,m^3 \cdot s^{-2}$	1.3271244
太阳质量比 S/E	μ_S	10^5	3.32946
月球的质量	M	10^{22} kg	7.3477
月心引力常数	GM	$10^{12}\,m^3 \cdot s^{-2}$	4.902799
月球质量比 M/E	μ_L		0.012300034
月球轨道的平均地心半径	r_L	10^8 m	3.844
地球轨道的平均日心半径	r_S	10^{11} m	1.4958744
地球目前的自转速度	Ω_0	$10^{-5}\,rad \cdot s^{-1}$	7.2921
地球相对于自转轴的转动惯量	C	$10^{37}\,kg \cdot m^2$	8.019
地月系统的角动量	h	$10^{34}\,kg \cdot m^2 \cdot s^{-1}$	3.435
地球的平均半径	R	10^6 m	6.3710004
月球的平均半径	R_L	10^6 m	1.738

月球和太阳的潮汐加速度取决于太阳和月球的相对相位。当它们排成一线，在地球的同一侧（同相）或分别在地球的两侧（反相）时，它们的潮汐加速度相互加强，从而产生超高大潮。当太阳和月球的方向互相垂直时，潮汐加速度是正交的，并倾向于互相抵消掉一部分，造成超低小潮。

4.3 勒夫数和潮汐变形

通常我们认为的潮汐是指观测到海水面一天两次的涨和落。海洋潮汐是地球整体对月球引潮势的弹性响应。然而，潮汐是相对于固体地球而言的，固体地球受到月球引力也会发生变形，所以实际观测到的潮汐是有差别的。海洋和固体潮汐可用一组称为“勒夫数”的弹性常数来表述。

4.3.1 潮高

设在地面上任一点，由W_2引起的等势面的高度为H_0。隆起需要对抗重力加速度做功，所做功（gH_0）等于重力势的变化。因此高度H_0由下式给出：

$$H_0 = \frac{W_2}{g} \tag{4.25}$$

潮汐变形是地球对月球变形力的弹性响应。质量的重新分布会产生附加势，这在分析潮汐势时必须予以考虑。1911 年，英国数学家勒夫认为，变形产生的附加势U_2应该与变形势W_2成正比，即

$$U_2 = kW_2 \tag{4.26}$$

比例常数k表示地球整体对W_2的弹性响应。附加势将总潮汐势提高到$(1+k)W_2$，并将垂直潮汐位移提高到H_1（见图4.6）：

$$H_1 = \frac{W_2 + U_2}{g} = (1+k)\frac{W_2}{g} \tag{4.27}$$

地球的固体部分对潮汐也有响应。固体表面的位移势也与W_2成正比，比例常数为h，因此固体潮汐的潮高H_2可以表示为

$$H_2 = h\frac{W_2}{g} \tag{4.28}$$

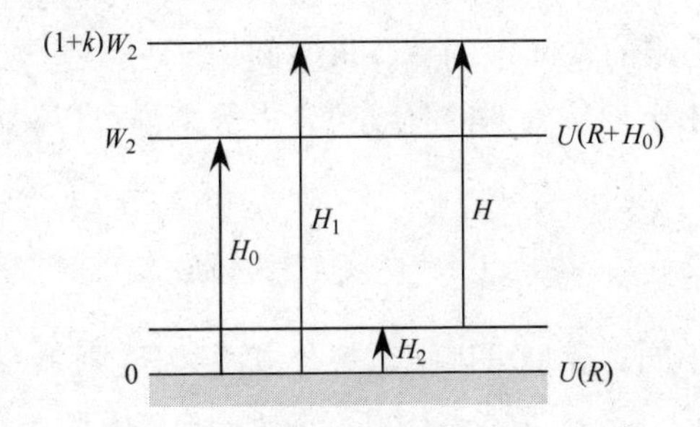

图4.6 计算弹性地球平衡潮高所涉及的因素。W_2是月球潮汐势，k是第一个勒夫数

结合计算结果，参考图4.6，可以看出平衡潮的高度H为

$$H = H_1 - H_2 = (1 + k - h)\frac{W_2}{g} = \alpha H_0 \tag{4.29}$$

其中

$$\alpha = 1 + k - h \tag{4.30}$$

这里α表示观测到的垂直潮高与刚性地球（$k = h = 0$）的理论潮高的比值。经验值可通过直接测量潮高获得。但是必须严格遵守直接观测潮汐的限制条件。水的体积必须足够小，对扰动势的响应时间要短，并且没有相位滞后。水的形状和测深不能放大潮汐影响。由于这些原因，自然周期小于1天的封闭水在直接测量中受到青睐。根据这些得到的测量值$\alpha = 0.7$。

4.3.2 潮汐重力异常

月球的潮汐引力会影响地球上重力的测量，因此必须进行潮汐校正。潮汐重力异常源于三种可能影响设置在地球表面的重力仪的势：①重力势，②月球的潮汐势，③潮汐形变势。对于第一种情况，它足以代替地球的引力势，而第二种情况是月球的形变势W_2。如前一节所述，月球潮汐对应于地球内部的质量重新分布，产生的附加势为kW_2。我们需要在测量表面上确定地球外部的这种形变势。

式（4.19）说明形变势kW_2等于kAr^2P_2（$\cos\psi$）。这是拉普拉斯方程在r可以为零的空间中的解，该空间中r可以是零，即在地球内部的解。我们求解地球外部的有效解。一般来说可以写出满足拉普拉斯方程的势

$$\Phi = \left(Ar^2 + \frac{B}{r^3}\right)P_2(\cos\psi) \tag{4.31}$$

根据空间范围不同，我们可以把该势分成两部分：

$$\begin{aligned} \Phi_\mathrm{i} &= Ar^2 P_2(\cos\psi),\ r < R \\ \Phi_\mathrm{e} &= \frac{B}{r^3}P_2(\cos\psi),\ r \geqslant R \end{aligned} \tag{4.32}$$

第一部分Φ_i适用于地球内部，其中r可以为零；第二部分Φ_e适用于地

球外部，其中 r 可以是无穷大。这两种解都是关于径向距离 r 的函数，但它们与 r 的关系非常不同。在相同的方位角 ψ 下，它们的比值为

$$\frac{\Phi_e}{\Phi_i}=\frac{B/r^3}{Ar^2}=\left(\frac{B}{A}\right)\frac{1}{r^5} \tag{4.33}$$

势在地球表面处必须连续，即在 $r=R$ 处 $\Phi_i=\Phi_e$，因此

$$\frac{B}{A}=R^5 \tag{4.34}$$

且

$$\Phi_e=\left(\frac{R}{r}\right)^5\Phi_i \tag{4.35}$$

将这个结果应用于月球的潮汐形变，会发现它在地球内部的势为 kW_2，所以在地球外部的势为 $kW_2(R/r)^5$。因此在地球外部，潮汐重力异常势 U_T 的测量值为

$$U_T=-G\frac{E}{r}+W_2+kW_2\left(\frac{R}{r}\right)^5 \tag{4.36}$$

等式右边第一项表示地球没有形变时的引力势，第二项表示没有形变时月球的潮汐势。第三项表示与潮汐形变相联系的重力势。由于重力产生的加速度是 U_T 对径向距离 r 的梯度：

$$g(r)=-\frac{\partial U_T}{\partial r}=-G\frac{E}{r^2}-\frac{\partial}{\partial r}W_2-k\frac{\partial}{\partial r}W_2\left(\frac{R}{r}\right)^5 \tag{4.37}$$

每一项必须在固体地球表面测量。地球表面的潮汐位移［参阅式（4.28）］将地面高度提升到

$$r=R+H_2=R\left(1+h\frac{H_0}{R}\right) \tag{4.38}$$

潮高 H_0 与地球的半径比起来非常小，因此可以用二项式展开并取一阶近似，则有

$$\left(1+h\frac{H_0}{R}\right)^n\approx 1+nh\frac{H_0}{R} \tag{4.39}$$

对式（4.36）第一项求导并利用此式简化，可得

$$-G\frac{E}{r^2}\bigg|_{r=R(1+hH_0/R)}=-G\frac{E}{R^2}\left(1+h\frac{H_0}{R}\right)^{-2}$$

$$\approx g(R)\left(1-2h\frac{H_0}{R}\right) \tag{4.40}$$

对式（4.36）第二项求导并忽略二阶项（H_0/R）^{2}及高阶项有

$$-\frac{\partial}{\partial r}W_2=-\frac{\partial}{\partial r}Ar^2P_2(\cos\psi)=-2\frac{W_2}{r}\bigg|_{r=R(1+hH_0/R)}$$

$$=-2g\frac{H_0}{R}\left(1-h\frac{H_0}{R}\right)$$

$$\approx-2g(R)\frac{H_0}{R} \tag{4.41}$$

同理，可得式（4.37）中的第三项为

$$-k\frac{\partial}{\partial r}W_2\left(\frac{R}{r}\right)^5=-kAP_2(\cos\psi)\frac{\partial}{\partial r}\frac{R^5}{r^3}$$

$$=3kAP_2(\cos\psi)\frac{R^5}{r^4} \tag{4.42}$$

$$3kAP_2(\cos\psi)\frac{R^5}{r^4}\bigg|_{r=R(1+hH_0/R)}=3kAP_2(\cos\psi)\frac{R^5}{R^4}\left(1-4h\frac{H_0}{R}\right)$$

$$\approx3k\frac{W_2}{R}\left(1-4h\frac{H_0}{R}\right) \tag{4.43}$$

$$-k\frac{\partial}{\partial r}W_2\left(\frac{R}{r}\right)^5\approx3kg(R)\frac{H_0}{R} \tag{4.44}$$

联立式（4.40）、式（4.41）和式（4.44）可得

$$g(r)=g(R)\left(1-2h\frac{H_0}{R}\right)-2g(R)\frac{H_0}{R}+3kg(R)\frac{H_0}{R} \tag{4.45}$$

$$g(r)=g(R)\left(1-2\frac{H_0}{R}-2h\frac{H_0}{R}+3k\frac{H_0}{R}\right) \tag{4.46}$$

$g(r)$和$g(R)$之差就是月球潮汐导致地球变形而产生的重力异常Δg：

$$\Delta g=g(r)-g(R)=-2g(R)\frac{H_0}{R}\left(1+h-\frac{3}{2}k\right) \tag{4.47}$$

即使地球是刚性的（即 $k=h=0$），不能响应月球的潮汐力而发生变

形，也仍然会因为月球的引力作用而存在重力异常

$$\Delta g_0 = -2g(R)\frac{H_0}{R} \tag{4.48}$$

因此

$$\Delta g = \Delta g_0\left(1 + h - \frac{3}{2}k\right) = \beta\Delta g_0 \tag{4.49}$$

其中

$$\beta = 1 + h - \frac{3}{2}k \tag{4.50}$$

是地球变形后重力异常的观测值和刚性地球的重力异常的理论值之比。直接测量值为$\beta = 1.15$。

由式（4.30）和式（4.50）并利用α和β的测量值可以得到勒夫数$k \approx 0.3$和$h \approx 0.6$。

4.3.3 潮汐的垂直偏移

引潮加速度的水平分量（见图4.5）会产生一个水平潮汐位移。如前所述，潮汐势W_2通过潮汐隆起增加到$(1+k)W_2$。1912年，T. 志田用数字l（类似于勒夫数h）来表示水平潮汐势与形变势W_2的比值，那么最终的水平潮汐势为

$$W_{\mathrm{h}} = (1 + k - l)W_2 \tag{4.51}$$

水平潮汐的作用是使垂直潮汐方向发生偏转。潮汐形变势W_2产生水平重力分量g_ψ和g_ϕ，分别沿极角ψ和经度ϕ的增加方向。在地球表面$r = R$处，其表达式为

$$g_\psi = -\frac{1}{R}\frac{\partial W_{\mathrm{h}}}{\partial \psi},\ g_\phi = -\frac{1}{R\sin\psi}\frac{\partial W_{\mathrm{h}}}{\partial \phi} \tag{4.52}$$

垂直方向偏转的角度为φ_ψ和φ_ϕ，分别对应于重力的水平分量与重力的夹角、重力的径向分量与重力的夹角：

$$\varphi_\psi \approx \tan\varphi_\psi = \frac{g_\psi}{g},\ \varphi_\phi \approx \tan\varphi_\phi = \frac{g_\phi}{g} \tag{4.53}$$

潮汐在垂直方向上的偏移可以通过联立式（4.51）~式（4.53）得

$$
\begin{cases}
\varphi_{\psi} = -(1 + k - l)\dfrac{1}{gR}\dfrac{\partial W_2}{\partial \psi} \\
\varphi_{\phi} = -(1 + k - l)\dfrac{1}{gR\sin\psi}\dfrac{\partial W_2}{\partial \phi}
\end{cases}
\tag{4.54}
$$

对于刚性地球 $k=l=0$，则垂直偏移为

$$
\begin{cases}
(\varphi_{\psi})_0 = -\dfrac{1}{gR}\dfrac{\partial W_2}{\partial \psi} \\
(\varphi_{\phi})_0 = -\dfrac{1}{gR\sin\psi}\dfrac{\partial W_2}{\partial \phi}
\end{cases}
\tag{4.55}
$$

令

$$
\chi = 1 + k - l \tag{4.56}
$$

表示由月球潮汐引起的弹性地球的垂直偏移观测值与刚性地球的理论垂直偏移值之比。分析潮汐的垂直偏移说明志田数很小（$l \approx 0.08$）。

4.3.4 *k*、*h* 和 *l* 的卫星测量值

卫星测量已取代直接测量作为确定勒夫数和志田数的一种手段。重力势的潮汐变形引起卫星轨道的轻微扰动，观测到的卫星轨道是与理想地球模型的预期值相比的。模型必须结合一些假设，即地球是球形的、不旋转的、弹性的和各向同性的。弹性系数仅随深度变化，可以根据地震传播时间的观测结果进行解释。使用最广泛的是初始参考地球模型（PREM）（Dziewonski 和 Anderson，1981）。卫星测量出的椭球体潮汐形变的勒夫数和志田数的值分别为 $k = 0.2980$，$h = 0.6032$，$l = 0.0839$。

4.4 地球的潮汐摩擦和减速以及月球的自转

地球潮汐隆起的一阶近似是一个扁椭球，其对称轴与地 - 月轴在一条直线上。这种结构将在地球上的近月点（月球的正下方）和远月点（地球的背面）产生高潮汐。但是由于几方面原因，地球对潮汐力的响应是滞后的。部分原因是在潮汐的时间尺度上，固体地球对潮汐力的非完全弹性响应。此外，海水的黏性、岛屿、海湾及不平坦的海

底地形都妨碍了海水在海洋中的再分配。这些相互作用就像一种摩擦阻力，延迟潮汐的形变。在延迟时间内，地球自转使潮汐隆起向前推进。当隆起达到高峰时，潮汐隆起的轴线已经相对地－月轴转过约2.9°（见图4.7）。

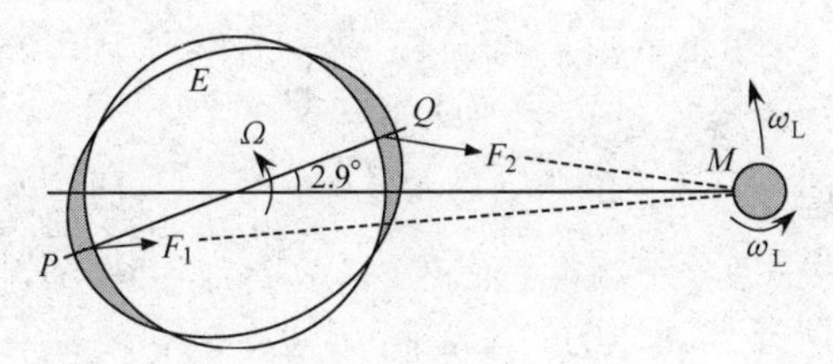

图4.7 由于非弹性响应和摩擦效应，使地球自转减速的力矩与月球潮汐隆起延迟的关系

假设 Q 处潮汐隆起的多余质量集中在一个点上。月球引力对隆起的这一部分施加力 F_2。同样，力 F_1 施加在 P 点的隆起部分，因为 Q 比 P 更靠近月球，所以力 F_2 比 F_1 大；过 Q 点的锐角也大于过 P 点的锐角，所以 F_2 垂直于潮汐隆起轴线的分量大于 F_1 的分量。这些力给旋转的地球施加了一个与其自转方向相反的力矩。摩擦力矩减慢了地球的自转速度，使日长每经过一个世纪增加约2.4ms。为了保持地－月系统角动量守恒，月球的自转速率和其相对于地球的公转速率也得降低，而地－月分离度也会增加。现在月球自转速度已经下降到与其绕地球的公转速度相同的程度。因此，地球上的观测者似乎总是看到月球的同一面。

事实上在地球上任何时间，所能看到的月亮的最大面积约是其总面积的40%，因为月球表面的弯曲，从地球上是看不到其外围的。然而，月球的轨道略偏椭圆，它的自转轴向绕地球运动的轨道轴略有倾斜，并且由于地球的自转，观察者一天中在不同时间观察月球的角度略有不同。这导致从地球上看月球的运动是不规则性的（称为天平动），随着时间的推移，我们可以看到月球表面积的59%。

4.4.1 地－月系统的角动量

从月球公转的轨道面上方看，地球和月球大小、转动角速率、距离和它们共同的质心位置如图 4. 1 所示；表 4. 1 给出了这些参数的值。轨道的焦点在地 - 月系质心处，即距离地球中心 d 处，距离月球中心 $r_L - d$ 处。设地球相对于其自转轴的转动惯量为 C，月球绕其自转轴的转动惯量为 C_L。假设转轴垂直于轨道平面。

地 - 月系的角动量由四部分组成：①地球自转的角动量 $C\Omega$；②月球自转的角动量$C_L\omega_L$；③地球相对于地 - 月质心的角动量$Ed^2\omega_L$；④月球相对于地 - 月质心的角动量 $M(r_L-d)^2\omega_L$。这些项求和

$$h = C\Omega + C_L\omega_L + Ed^2\omega_L + M(r_L - d)^2\omega_L \tag{4.57}$$

如 3. 3. 2 小节所述，球体的转动惯量与其质量和半径的平方成正比，大多数类地行星的比例常数约为 0. 3，因此可以估计地球和月球的角动量比：

$$\frac{C_L\omega_L}{C\Omega} \approx \frac{M}{E}\left(\frac{R_L}{R}\right)^2\frac{\omega_L}{\Omega} \approx \frac{1}{81}\cdot\frac{1}{13}\cdot\frac{1}{27} \approx 3.3\times10^{-5} \tag{4.58}$$

式（4. 58）中，月地质量比 $M/E = 0.0123 = 1/81$，月球的赤道半径为 $R_L \approx 1738\text{km}$，地球的赤道半径为 $R = 6378\text{km}$，月球公转周期为 27. 3 个恒星日。该比值很小，所以月球的自转角动量可以忽略不计。

由式（4. 2）可知月球中心到地 - 月质心的距离为

$$r_L - d = \frac{E}{E+M}r_L \tag{4.59}$$

将该式和式（4. 2）代入式（4. 57）中可以得到地 - 月系的角动量：

$$h = C\Omega + E\omega_L r_L^2\left(\frac{M}{E+M}\right)^2 + M\omega_L r_L^2\left(\frac{E}{E+M}\right)^2 \tag{4.60}$$

$$h - C\Omega = \omega_L r_L^2\left(\frac{EM}{E+M}\right) \tag{4.61}$$

4. 4. 2　地球和月球自转的减慢

式（4. 61）对地球和月球的自转速率有影响。地球对月球的引力恰好平衡了月球绕地 - 月质心轨道的离心加速度。所以

$$\frac{GE}{r_L^2} = \omega_L^2(r_L - d) \tag{4.62}$$

将式（4. 59）中的$r_L - d$ 代入式（4. 62），变为

$$\frac{GE}{r_L^2} = \omega_L^2 r_L\left(\frac{E}{E+M}\right) \tag{4.63}$$

因此

$$G(E+M) = \omega_L^2 r_L^3 \tag{4.64}$$

实际上，这就是地-月系的开普勒第三定律。将两边平方可得

$$G^2(E+M)^2 = \omega_L^4 r_L^6 \tag{4.65}$$

下面将式（4.61）两边取立方

$$(h - C\Omega)^3 = \omega_L^3 r_L^6\left(\frac{EM}{E+M}\right)^3 \tag{4.66}$$

对比式（4.65）和式（4.66）可得

$$(h - C\Omega)^3 = \frac{G^2(E+M)^2}{\omega_L}\frac{E^3M^3}{(E+M)^3} \tag{4.67}$$

化简使方程右边只有常数项 G，E 和 M，则有

$$\omega_L(h - C\Omega)^3 = \frac{G^2E^3M^3}{E+M} \tag{4.68}$$

月球的潮汐摩擦对地球的自转起到了刹车的作用，减缓了地球的自转速度，使地球日长每世纪增加约2.4ms。系统的总角动量 h 是恒定的，所以方程的右边是常量。因此，如果方程左边 Ω 减小，月球自转ω_L也必须减小。同时，为了使式（4.64）成立，地-月距离r_L必须增加。目前每年增加约3.7cm。

4.4.3 地-月的分离

地球对月球施加的潮汐摩擦使月球的自转变慢，直到现在它与绕地球的轨道转动同步为止。最终，月球对地球的潮汐摩擦将使地球的自转变慢，最后也与月球自转同步。到那时，一个地球日、一个月球日和一个月都将具有相同的时间。同时，月球将继续远离地球。当地-月旋转同步时，月球离地球将有多远？我们可以通过设式（4.68）中$\omega_L = \Omega$来回答这个问题。为了方便起见，我们还将地球目前的自转速率用Ω_0归一化：

$$\frac{\Omega}{\Omega_0}\left(\frac{h}{C\Omega_0} - \frac{\Omega}{\Omega_0}\right)^3 = \frac{G^2E^3M^3}{C^3\Omega_0^4(E+M)} \tag{4.69}$$

设归一化转速 $n = \Omega/\Omega_0$，归一化角动量 $a = h/(C\Omega_0)$，并设方程右边的表达式为 b，其中 a 和 b 都是常数，所以只需求解关于 n 的四阶方程

$$n(a-n)^3 = b \tag{4.70}$$

该方程有四个解，两个虚数解（没有意义）和两个实数解。两个实数解（用 Box 4.1 中给出的数值求解法或图形求法获得）分别是 $n = 0.213$ 和 $n = 4.92$。第一个解对应的自转周期为 47 天，地 - 月分离的距离为地球半径的 87 倍（$r_L = 87R$）。目前地 - 月中心之间距离是地球半径的 60 倍，因此，该解给出了未来自转同步的条件。第二个解的自转周期为 4.9h，地 - 月距离为地球半径的 2.3 倍（$r_L = 2.3R$），与月球形成初期较早的时间相对应。但是，这个解是不切实际的，因为这个距离表示月亮处于地球的洛希极限范围内，该位置的月亮将会被地球的引力撕裂。

Box 4.1　地球和月球自转的同步

表示地球自转、月球绕地球公转和月球自转的同步方程（4.67）可以写成

$$n(a-n)^3 = b \tag{1}$$

其中归一化转速 $n = \Omega/\Omega_0$，常数 a 和 b 分别为

$$a = \frac{h}{C\Omega_0} \tag{2}$$

$$b = \frac{G^2 E^3 M^3}{C^3 \Omega_0^4 (E+M)} \tag{3}$$

将表 4.1 中的相关参数代入上面定义的方程中，可得到 a 和 b 的数值，$a = 5.8742$，$b = 4.272$。则方程变为

$$n(5.8742-n)^3 = 4.272 \tag{4}$$

这个四阶方程的实数解可以通过对函数的数值计算来求解

$$F_1(n) = (5.8742-n)^3 \tag{5}$$

$$F_2(n) = \frac{4.272}{n} \tag{6}$$

令$F_1(n)=F_2(n)$求出n的值。或者通过绘制函数曲线（见图 B4.1）并确定其交点来求解。

方程只有两个实数解，分别是$n=0.213$和$n=4.92$。

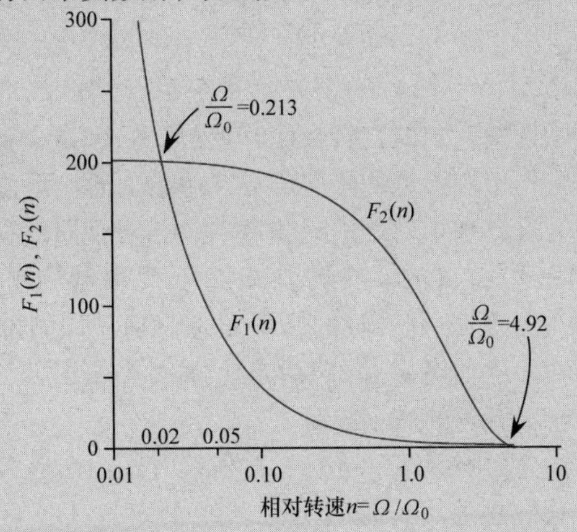

图 B4.1　Ω的图解法，地球和月球的同步自转速率；Ω_0是地球当前的旋转速率

进一步阅读

Lambeck, K. (1988). *Geophysical Geodesy: The Slow Deformations of the Earth*. Oxford: Clarendon Press, 718 pp.

Lowrie, W. (2007). *Fundamentals of Geophysics*, 2nd edn. Cambridge: Cambridge University Press, 381 pp.

Melchior, P. (1966). *The Earth Tides*. Oxford: Pergamon Press, 458 pp.

第5章 地球的自转

地球不是刚性的，它的自转会使其变形，两极扁平赤道隆起。太阳和月球的引力作用在赤道的隆起部分产生的力矩，会引起自转轴的附加运动，称为进动和章动。进动和章动是相对于固定在太空中的坐标系（如太阳系）而言的。自转轴相对于黄道轴的平均倾斜角为23.425°，这个角也称为自转轴的倾斜角。进动是倾斜的自转轴绕黄道轴的缓慢运动，运动周期为25720年。章动叠加在进动之上，包括进动速率和自转轴倾角的微小波动。

其他行星也会影响地球的自转，在很长时间内引起微小但是很重要的周期性变化。这些可以通过甚长基线干涉测量（VLBI）精确测量地轴的位置而直接观测到。这种波动会影响地球上太阳的辐射强度，并产生周期性的气候效应，这种效应在沉积过程中很明显，这种现象称为米兰科维奇循环。它们与自转轴的逆进动（周期为26000年）、倾斜角的变化（周期为41000年）、地球椭圆轨道的进阶旋进（周期为10万年）及轨道椭圆率的变化（周期为10万年）都有关。

除此之外，行星的质量分布还会在更短的时间范围内影响地球的自转。当瞬时转轴偏离因长时间旋转而决定的几何轴时，转轴的平均位置出现周期性运动，即所谓的钱德勒摆动。与外力引起的进动和章动相反，摆动是由质量分布相对于瞬时转轴不平衡引起的。它发生在地球坐标系中，明显表现为纬度的微小变化，周期是435天。

5.1 旋转坐标系中的运动

物体在旋转的地球上的位移由两部分组成。一部分是相对于地球坐标系的简单位移，另一部分是地球相对于固定轴的转动，这可以定义，例如可以在太阳系中定义。

5.1.1　速度

正交球坐标系中单位矢量为（$\boldsymbol{e}_r$，$\boldsymbol{e}_\theta$，$\boldsymbol{e}_\phi$），设 $\boldsymbol{r}$ 是与固定转轴成 θ 角的位移矢量（见图 5.1a）。如果地球以角速度 $\boldsymbol{\omega}$ 相对于该轴旋转，那么在无限小的时间间隔 Δt 内，矢量 $\boldsymbol{r}$ 转过的角度为 $\Delta\phi$，产生的转动位移为 $\Delta\boldsymbol{r}=(r\sin\theta\Delta\phi)\boldsymbol{e}_\phi$（见图 5.1b）。同时，矢量 $\boldsymbol{r}$ 也有局部增量 $\delta\boldsymbol{r}$，则相对于固定坐标系的总位移为

$$\Delta\boldsymbol{r} = \delta\boldsymbol{r} + \Delta\boldsymbol{r} = \delta\boldsymbol{r} + (r\sin\theta\cdot\Delta\phi)\boldsymbol{e}_\phi \tag{5.1}$$

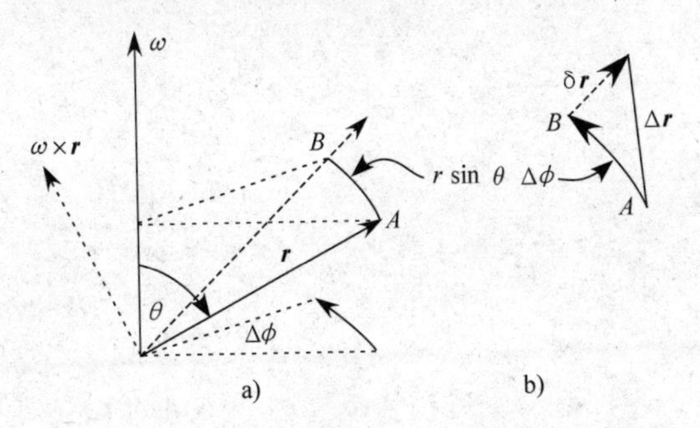

图 5.1　相对于固定轴倾角为 θ 的位移矢量的转动

方程两边同除以时间间隔 Δt 可以得到相对于固定轴的速度和相对于旋转坐标系的速度之间的关系：

$$\frac{\Delta\boldsymbol{r}}{\Delta t} = \frac{\delta\boldsymbol{r}}{\Delta t} + \left(r\sin\theta\cdot\frac{\Delta\phi}{\Delta t}\right)\boldsymbol{e}_\phi \tag{5.2}$$

$$\frac{\mathrm{d}\boldsymbol{r}}{\mathrm{d}t} = \lim_{\Delta t\to 0}\left(\frac{\Delta\boldsymbol{r}}{\Delta t}\right) = \frac{\partial\boldsymbol{r}}{\partial t} + (r\sin\theta\cdot\omega)\boldsymbol{e}_\phi \tag{5.3}$$

式（5.3）中最后一项等于 $\boldsymbol{\omega}\times\boldsymbol{r}$，因此

$$\frac{\mathrm{d}\boldsymbol{r}}{\mathrm{d}t} = \frac{\partial\boldsymbol{r}}{\partial t} + (\boldsymbol{\omega}\times\boldsymbol{r}) \tag{5.4}$$

因此可得

$$\boldsymbol{v}_\mathrm{f} = \boldsymbol{v} + (\boldsymbol{\omega}\times\boldsymbol{r}) \tag{5.5}$$

其中$\boldsymbol{v}_\mathrm{f}$是相对于固定轴的速度，$\boldsymbol{v}$是相对于旋转系的速度，$\boldsymbol{\omega}\times\boldsymbol{r}$ 是由相对于固定轴旋转引起的附加速度。

5.1.2 加速度

式（5.4）可以改写为

$$\frac{\mathrm{d}}{\mathrm{d}t}\boldsymbol{r} = \left(\frac{\partial}{\partial t} + \boldsymbol{\omega}\times\right)\boldsymbol{r} \tag{5.6}$$

括号里面的项可以看成作用在 $\boldsymbol{r}$ 上的算符，这样可以把加速度表示成

$$\frac{\mathrm{d}^2}{\mathrm{d}t^2}\boldsymbol{r} = \frac{\mathrm{d}}{\mathrm{d}t}\left(\frac{\mathrm{d}\boldsymbol{r}}{\mathrm{d}t}\right) = \left(\frac{\partial}{\partial t} + \boldsymbol{\omega}\times\right)\left(\frac{\partial \boldsymbol{r}}{\partial t} + \boldsymbol{\omega}\times\boldsymbol{r}\right) \tag{5.7}$$

逐步计算可得

$$\frac{\mathrm{d}^2\boldsymbol{r}}{\mathrm{d}t^2} = \frac{\partial^2\boldsymbol{r}}{\partial t^2} + \frac{\partial}{\partial t}(\boldsymbol{\omega}\times\boldsymbol{r}) + \left(\boldsymbol{\omega}\times\frac{\partial\boldsymbol{r}}{\partial t}\right) + (\boldsymbol{\omega}\times\boldsymbol{\omega}\times\boldsymbol{r}) \tag{5.8}$$

假设系统转动的角速度 $\boldsymbol{\omega}$ 恒定，那么

$$\frac{\mathrm{d}^2\boldsymbol{r}}{\mathrm{d}t^2} = \frac{\partial^2\boldsymbol{r}}{\partial t^2} + 2\left(\boldsymbol{\omega}\times\frac{\partial\boldsymbol{r}}{\partial t}\right) = (\boldsymbol{\omega}\times\boldsymbol{\omega}\times\boldsymbol{r}) \tag{5.9}$$

重新整理后得

$$\frac{\partial^2\boldsymbol{r}}{\partial t^2} = \frac{\mathrm{d}^2\boldsymbol{r}}{\mathrm{d}t^2} - (\boldsymbol{\omega}\times\boldsymbol{\omega}\times\boldsymbol{r}) - 2(\boldsymbol{\omega}\times\boldsymbol{v}) \tag{5.10}$$

或

$$\boldsymbol{a}_{\mathrm{r}} = \boldsymbol{a}_{\mathrm{f}} + \boldsymbol{a}_{\mathrm{R}} + \boldsymbol{a}_{\mathrm{C}} \tag{5.11}$$

其中 $\boldsymbol{a}_{\mathrm{r}} = \partial^2\boldsymbol{r}/\partial t^2$ 是在旋转系中物体移动的加速度，$\boldsymbol{a}_{\mathrm{f}} = \mathrm{d}^2\boldsymbol{r}/\mathrm{d}t^2$ 是固定坐标系中的加速度。等式右边第二项加速度是 $\boldsymbol{a}_{\mathrm{R}} = -(\boldsymbol{\omega}\times\boldsymbol{r}\times r)$，其方向和大小表明它是我们所熟悉的离心加速度。最后一项加速度是

$$\boldsymbol{a}_{\mathrm{C}} = -2(\boldsymbol{\omega}\times\boldsymbol{v}) = 2(\boldsymbol{v}\times\boldsymbol{\omega}) \tag{5.12}$$

$\boldsymbol{a}_{\mathrm{C}}$ 称为科里奥利加速度；它对转动参考系中运动物体会产生重要的影响。

5.2 科里奥利和埃特维斯效应

假设一物体在地球表面上以水平速度 $\boldsymbol{v}$ 运动，该表面以角速度 $\boldsymbol{\omega}$ 绕转轴转动（见图 5.2a）。物体位置所在处，正交坐标轴方向分别是北、东和竖直向下，其单位矢量分别用（$\boldsymbol{e}_{\mathrm{N}}$，$\boldsymbol{e}_{\mathrm{E}}$，$\boldsymbol{e}_{\mathrm{D}}$）表示，这就定

义了一个局部坐标系。水平运动物体的速度在坐标轴上的分量为(v_N，v_E，0)。物体运动过程中，角速度方向恒定且与东垂直，在所有纬度上北（$\boldsymbol{e}_N$）分量都为正。然而，因为$\boldsymbol{e}_D$竖直向下，所以物体的垂直分量在北半球为负（向上），在南半球为正（向下）。因此在北半球角速度分量为（ω_N，0，$-\omega_D$）。速度和加速度分别为

$$\boldsymbol{v} = v_N\boldsymbol{e}_N + v_E\boldsymbol{e}_E \tag{5.13}$$

$$\boldsymbol{\omega} = \omega_N\boldsymbol{e}_N - \omega_D\boldsymbol{e}_D \tag{5.14}$$

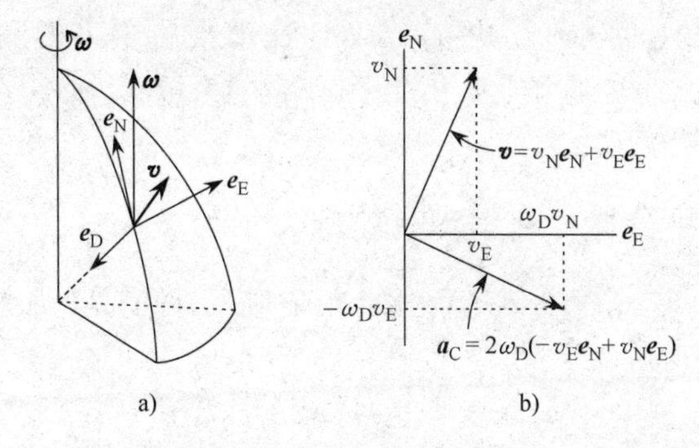

图5.2　a）正交坐标轴的单位矢量北（$\boldsymbol{e}_N$）、东（$\boldsymbol{e}_E$）和竖直向下（$\boldsymbol{e}_D$），水平速度$\boldsymbol{v}$，旋转的角速度$\boldsymbol{\omega}$，b）水平面内的矢量，显示科里奥利加速度$\boldsymbol{a}_C$在北半球的方向垂直于运动速度$\boldsymbol{v}$的方向向右

式（5.12）可以通过矢量叉乘写为行列式来计算：

$$\boldsymbol{a}_C = 2(\boldsymbol{v}\times\boldsymbol{\omega}) = 2\begin{vmatrix} \boldsymbol{e}_N & \boldsymbol{e}_E & \boldsymbol{e}_D \\ v_N & v_E & 0 \\ \omega_N & 0 & -\omega_D \end{vmatrix} \tag{5.15}$$

通过计算行列式，可得

$$\boldsymbol{a}_C = 2(-v_E\omega_D\boldsymbol{e}_N + v_N\omega_D\boldsymbol{e}_E - v_E\omega_N\boldsymbol{e}_D) \tag{5.16}$$

在地理参考系中，科里奥利加速度有平行于竖直轴$\boldsymbol{e}_D$方向分量，以及水平面内$\boldsymbol{e}_N$和$\boldsymbol{e}_E$分量。

5.2.1　垂直分量：埃特维斯效应

式（5.16）中最后一项为科里奥利加速度的垂直分量：

$$\boldsymbol{a}_{\text{Eö}} = -2v_{\text{E}}\omega_{\text{N}}\boldsymbol{e}_{\text{D}} \tag{5.17}$$

由水平东西方向的速度与地球自转相互作用形成垂直方向加速度的过程称为埃特维斯效应。它会改变从移动平台上（如车辆、轮船或飞机）测量的重力值。如果物体具有东向速度分量（即v_{E}为正），$\boldsymbol{a}_{\text{Eö}}$沿$\boldsymbol{e}_{\text{D}}$负方向，即向上。相反，如果具有西向速度分量，埃特维斯加速度向下。它的大小取决于速度和整个纬度上的转动角速度分量ω_{N}，该分量在赤道处最大，在极点处为零。例如，轮船在北纬30°、以7节（13km/h）的速度航行，埃特维斯加速度会将重力的测量值提高45mg。这大大超过了海洋重力测量中的测量灵敏度，必须对重力测量进行埃特维斯校正。

5.2.2 水平分量：科里奥利效应

式（5.16）等号右侧括号中的前两项表示科里奥利加速度的水平分量：

$$\boldsymbol{a}_{\text{H}} = 2\omega_{\text{D}}(-v_{\text{E}}\boldsymbol{e}_{\text{N}} + v_{\text{N}}\boldsymbol{e}_{\text{E}}) \tag{5.18}$$

其方向垂直于物体运动速度的方向，可以通过$\boldsymbol{a}_{\text{H}}$和$\boldsymbol{v}$的标量积为零来验证：

$$(\boldsymbol{a}_{\text{H}} \cdot \boldsymbol{v}) = 2\omega_{\text{D}}(-v_{\text{E}}\boldsymbol{e}_{\text{N}} + v_{\text{N}}\boldsymbol{e}_{\text{E}}) \cdot (v_{\text{N}}\boldsymbol{e}_{\text{N}} + v_{\text{E}}\boldsymbol{e}_{\text{E}}) = 0 \tag{5.19}$$

角速度保持不变，其垂直分量ω_{D}在北半球为负（向上）、南半球为正（向下）。结果为，北半球科里奥利加速度方向偏向物体运动方向右侧，如图5.2b所示；南半球偏左。科里奥利效应会导致物体（如气团）在地球表面上移动的偏转。在气象学中，它可以产生气旋和反气旋系统。

5.3 地球自转轴的进动和受迫章动

进动和章动产生的主要原因是太阳和月球作用在地球上的引力矩。另外，太阳的吸引力导致月球绕赤道以18.6年的周期进动。这种运动导致地球自转轴的章动，后面将会考虑。我们首先来分析下太阳引力矩引起的进动和章动，然后再拓展到月球的引力矩。

5.3.1 太阳的引力矩作用

当地球绕其轨道运动时，太阳的引力矩是不断变化的（见图5.3a）。为了方便起见，假定太阳是椭圆轨道的中心。地球自转轴的倾斜使其在夏至时北半球朝向太阳倾斜，而冬至时远离太阳（见图5.3b）。在地球赤道上，最靠近太阳的凸起部分所受太阳的引力 $\boldsymbol{F}_1$ 要大于背面远离太阳的凸起部分所受的引力 $\boldsymbol{F}_2$。这些力不共线：力 $\boldsymbol{F}_1$ 的作用点在黄道面之上，而力 $\boldsymbol{F}_2$ 的作用点在黄道面之下。产生的力矩 $\boldsymbol{T}$ 试图减小自转轴的倾斜度，从而导致角动量矢量的进动（见图5.4a）。

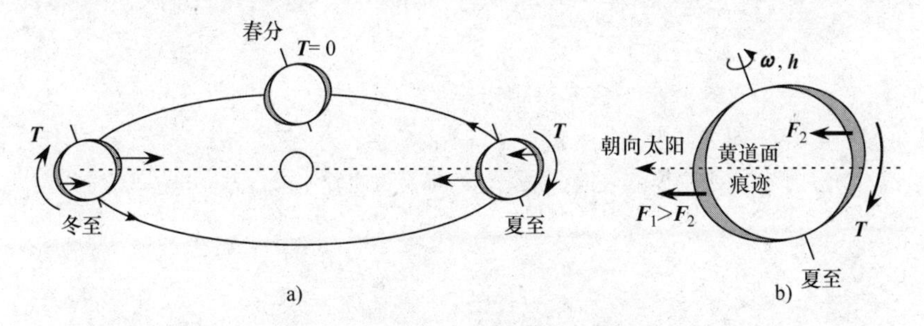

图5.3 a）当自转的地球在其轨道上运行时，太阳施加在地球上大小不等但方向恒定的力矩；b）倾斜的地球截面（与黄道面垂直）图，图示了赤道上凸起部分因所受太阳引力不等而产生的力矩

力矩可以使角动量的增量 $\Delta\boldsymbol{h}$ 发生变化，因此角动量发生了位移（见图5.4b）。角动量的连续位置位于圆锥体的表面上，该锥体的轴线是黄道轴。引力矩的作用方向与二分线平行，依次与自转轴方向垂直。随着角动量在圆锥体表面上扫过，与其垂直的二分线围绕黄道面运动。其运动方向是逆行的，与地球的自转方向相反。

设 x、y 和 z 轴是定义在地球上的三个正交坐标轴，z 轴的方向平行于地球的自转轴，$x-y$ 平面与赤道面重合（见图5.5a）。则地球的自旋矢量为

$$\boldsymbol{s} = s\boldsymbol{e}_z \tag{5.20}$$

假设坐标轴能够绕一固定坐标系以角速度 $\boldsymbol{\omega}$ 旋转，则它在地球坐标系各参考轴上都有分量（ω_x，ω_y，ω_z）。即

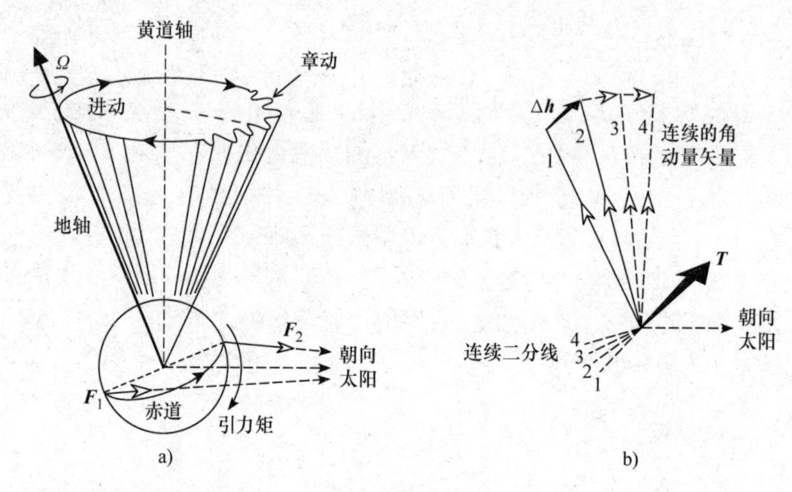

图 5.4　a）地轴绕黄道轴的进动和章动的叠加；b）角动量矢量的增量位移定义了一个圆锥体的表面，该锥体的轴是黄道轴。来自 Lowrie（2007）

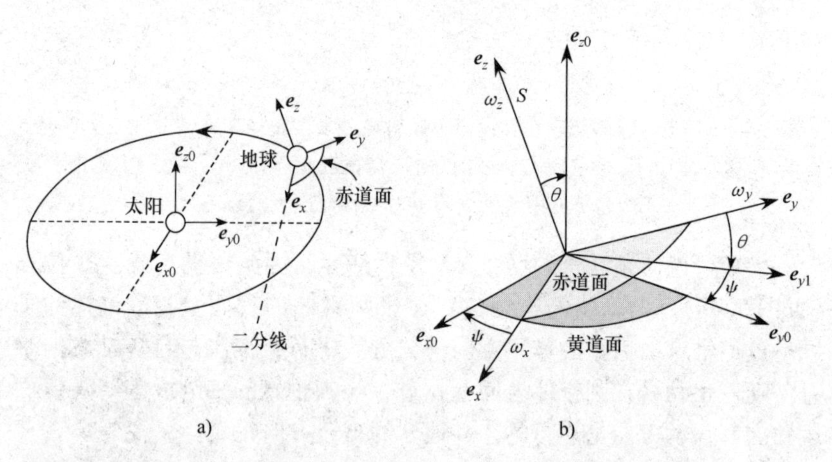

图 5.5　a）相对于地球的正交坐标轴（$\boldsymbol{e}_x$，$\boldsymbol{e}_y$，$\boldsymbol{e}_z$）和黄道面的正交坐标轴（$\boldsymbol{e}_{x0}$，$\boldsymbol{e}_{y0}$，$\boldsymbol{e}_{z0}$）的定义　b）将矢量分量从地球坐标系变换到太阳坐标系的旋转

$$\boldsymbol{\omega} = \omega_x \boldsymbol{e}_x + \omega_y \boldsymbol{e}_y + \omega_z \boldsymbol{e}_z \tag{5.21}$$

设地球绕坐标轴的主转动惯量分别是 A，B 和 C。地球的角动量为

$$\boldsymbol{h} = h_x \boldsymbol{e}_x + h_y \boldsymbol{e}_y + h_z \boldsymbol{e}_z \tag{5.22}$$

分量（h_x，h_y，h_z）由下式给出：

$$
\begin{aligned}
h_x &= A\omega_x \\
h_y &= B\omega_y \\
h_z &= C(s + \omega_z)
\end{aligned}
\tag{5.23}
$$

其中h_z既包括地球的自旋又包括旋转坐标系的 z 分量。角动量为

$$\boldsymbol{h} = A\omega_x \boldsymbol{e}_x + B\omega_y \boldsymbol{e}_y + C(\omega_z + s)\boldsymbol{e}_z \tag{5.24}$$

沿各坐标轴的分量为（L，M，N）的力矩 $\boldsymbol{T}$ 导致角动量的变化

$$\boldsymbol{T} = \frac{\mathrm{d}}{\mathrm{d}t}\boldsymbol{h} = \frac{\partial}{\partial t}\boldsymbol{h} + (\boldsymbol{\omega} \times \boldsymbol{h}) \tag{5.25}$$

将式（5.6）中定义的算符用在此处，并考虑地球的自转效应。

利用行列式分量

$$\boldsymbol{\omega} \times \boldsymbol{h} = \begin{vmatrix} \boldsymbol{e}_x & \boldsymbol{e}_y & \boldsymbol{e}_z \\ \omega_x & \omega_y & \omega_z \\ h_x & h_y & h_z \end{vmatrix} \tag{5.26}$$

可以得到叉积

$$\boldsymbol{\omega} \times \boldsymbol{h} = (\omega_y h_z - \omega_z h_y)\boldsymbol{e}_x + (\omega_z h_x - \omega_x h_z)\boldsymbol{e}_y + (\omega_x h_y - \omega_y h_x)\boldsymbol{e}_z \tag{5.27}$$

可以对式（5.23）中描述运动的 x、y 和 z 分量依次进行分析。如 x 分量为

$$L = \frac{\partial h_x}{\partial t} + (\omega_y h_z - \omega_z h_y) \tag{5.28}$$

为了简单起见，下面的时间导数写成简写形式 $\dot{\omega}_x = \partial\omega_x/\partial t$。假设主转动惯量（$A$，$B$，$C$）为常数，角动量的变化仅由角位移引起。利用式（5.23）中角动量（h_x，h_y，h_z）的分量式，可得

$$L = A\dot{\omega}_x + C\omega_y(\omega_z + s) - B\omega_y\omega_z \tag{5.29}$$

同理，力矩 y 分量 M 和 z 分量 N 满足

$$M = B\dot{\omega}_y - C\omega_x(\omega_z + s) + A\omega_z\omega_x \tag{5.30}$$

$$N = C(\dot{\omega}_z + \dot{s}) + (B - A)\omega_x\omega_y \tag{5.31}$$

球状地球相对于赤道面内所有轴的转动惯量都相等，因此 $A = B$，则式（5.31）变为

$$N = C(\dot{\omega}_z + \dot{s}) \tag{5.32}$$

如前所述，太阳引力矩的方向平行于二分线，垂直于自转轴。它沿自转轴没有分量，即 $N=0$。因此

$$\dot{\omega}_z + \dot{s} = 0 \tag{5.33}$$

$$\omega_z + s = \Omega \tag{5.34}$$

其中转动速率 Ω 恒定。另外两个运动方程可以写成

$$L = A\dot{\omega}_x + C\omega_y\Omega - A\omega_y\omega_z \tag{5.35}$$

$$M = A\dot{\omega}_y - C\omega_x\Omega + A\omega_z\omega_x \tag{5.36}$$

力矩分量 L 和 M 是由太阳作用在球状地球上的引力产生的（见图5.3），并且随着地球在轨道上相对于固定轴的位置不同而变化。角速度分量是相对于地球参考轴定义的，可以自由转动。为了求解运动方程，必须确立固定坐标系和旋转坐标系之间的关系，推导出太阳作用在地球上的力矩，并沿转轴分解求出其 L 和 M 分量。

5.3.2 地球和太阳坐标系中矢量的对比

设（$\boldsymbol{e}_{x0}$，$\boldsymbol{e}_{y0}$，$\boldsymbol{e}_{z0}$）是太阳坐标系中的正交单位矢量，$\boldsymbol{e}_{z0}$沿黄道轴方向，$\boldsymbol{e}_{x0}$平行于椭圆轨道的短轴方向，$\boldsymbol{e}_{y0}$平行于其长轴方向。设（$\boldsymbol{e}_x$，$\boldsymbol{e}_y$，$\boldsymbol{e}_z$）是旋转的地球坐标系中的正交单位矢量，$\boldsymbol{e}_z$沿自转轴的方向，$\boldsymbol{e}_x$沿赤道面与黄道面的交线，即二分线（见图5.5a）。$\boldsymbol{e}_z$和$\boldsymbol{e}_{z0}$之间的夹角 θ 是自转轴的倾斜角，$\boldsymbol{e}_x$和$\boldsymbol{e}_{x0}$之间的夹角 ψ 定义了二分线在黄道面上的位置。

矢量分量从地球坐标系到太阳坐标系的变换可以通过两次旋转来实现（见图5.5b）。第一次旋转是绕 x 轴转 θ 角，使自转轴与黄道轴重合，并使$\boldsymbol{e}_y$转到中间位置$\boldsymbol{e}_{y1}$（在黄道面内），矢量的 x 分量在这一旋转变换下保持不变。通过比较矢量的分量，可知

$$\begin{cases} \boldsymbol{e}_{y1} = \boldsymbol{e}_y\cos\theta - \boldsymbol{e}_z\sin\theta \\ \boldsymbol{e}_{z0} = \boldsymbol{e}_y\sin\theta + \boldsymbol{e}_z\cos\theta \end{cases} \tag{5.37}$$

第二次旋转是绕黄道轴转 ψ 角，使$\boldsymbol{e}_x$和$\boldsymbol{e}_{x0}$重合，$\boldsymbol{e}_y$和$\boldsymbol{e}_{y0}$重合。在这一旋转变换下矢量的 z 分量保持不变，所以有

$$\begin{cases} \boldsymbol{e}_{x0} = \boldsymbol{e}_x\cos\psi - \boldsymbol{e}_{y1}\sin\psi \\ \boldsymbol{e}_{y0} = \boldsymbol{e}_x\sin\psi + \boldsymbol{e}_{y1}\cos\psi \end{cases} \tag{5.38}$$

将式（5.37）代入式（5.38）得

$$\boldsymbol{e}_{x0} = \boldsymbol{e}_x\cos\psi - (\boldsymbol{e}_y\cos\theta - \boldsymbol{e}_z\sin\theta)\sin\psi \tag{5.39}$$

$$\boldsymbol{e}_{y0} = \boldsymbol{e}_x\sin\psi + (\boldsymbol{e}_y\cos\theta - \boldsymbol{e}_z\sin\theta)\cos\psi \tag{5.40}$$

整理方程可得到一组表示固定坐标系单位矢量（$\boldsymbol{e}_{x0}$，$\boldsymbol{e}_{y0}$，$\boldsymbol{e}_{z0}$）和旋转坐标系单位矢量（$\boldsymbol{e}_x$，$\boldsymbol{e}_y$，$\boldsymbol{e}_z$）之间变换关系的方程组

$$\begin{cases} \boldsymbol{e}_{x0} = \boldsymbol{e}_x\cos\psi - \boldsymbol{e}_y\cos\theta\sin\psi + \boldsymbol{e}_z\sin\theta\sin\psi \\ \boldsymbol{e}_{y0} = \boldsymbol{e}_x\sin\psi + \boldsymbol{e}_y\cos\theta\cos\psi - \boldsymbol{e}_z\sin\theta\cos\psi \\ \boldsymbol{e}_{z0} = \boldsymbol{e}_y\sin\theta + \boldsymbol{e}_z\cos\theta \end{cases} \tag{5.41}$$

5.3.3　太阳对地球的力矩计算

太阳的力矩可以通过地－日间的势能来计算。设地－日距离为 d 时，地轴与地球指向太阳的径向夹角为 α（见图 5.6a）。地球在太阳处产生的引力势 U_G 可以通过马古拉公式得出（见 2.5 节）

$$U_G = -G\frac{M}{d} + G\frac{C-A}{d^3}P_2(\cos\alpha) \tag{5.42}$$

乘以太阳的质量 S 得到地球和太阳之间的引力势能

$$U_{PE} = -G\frac{ES}{d} + G\frac{(C-A)S}{d^3}P_2(\cos\alpha) \tag{5.43}$$

将引力势能对角 α 求导可以得到太阳对地球的引力矩

$$T = -\frac{\partial}{\partial\alpha}U_{PE} \tag{5.44}$$

式（5.43）中等号右边第一项与 α 无关，因此

$$T = -G\frac{(C-A)S}{d^3}\frac{\partial}{\partial\alpha}P_2(\cos\alpha) = -G\frac{(C-A)S}{d^3}\frac{\partial}{\partial\alpha}\left(\frac{3\cos^2\alpha-1}{2}\right) \tag{5.45}$$

$$T = 3G\frac{(C-A)S}{d^3}\cos\alpha\sin\alpha \tag{5.46}$$

太阳对地球赤道凸起的力矩与主转动惯量（$C-A$）的差异有关，

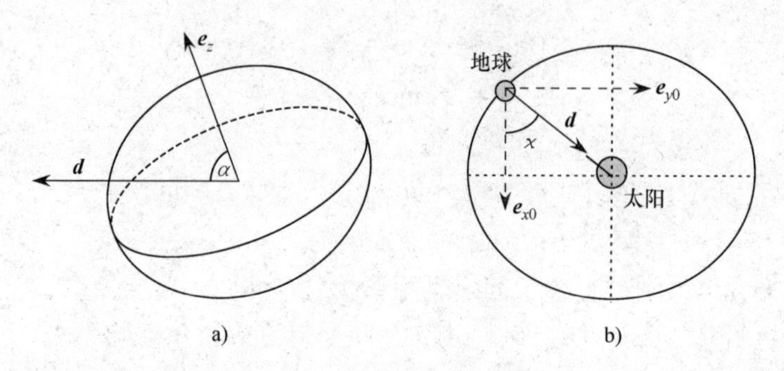

图 5.6　a）地轴 e_z 和径向 d 之间的夹角 α 的定义；b）黄道面中地球的轨道角 χ 及参考轴 e_{x0} 和 e_{y0} 的定义

这对球状地球而言是不存在的。该力矩依赖于地轴 e_z 和从地球指向太阳的径向矢量 d 之间的夹角 α，该角随地球在轨道上的运动而变化。根据图 5.6a 可得

$$(\boldsymbol{d}\cdot\boldsymbol{e}_z) = d\cos\alpha \tag{5.47}$$

$$(\boldsymbol{d}\times\boldsymbol{e}_z) = d\sin\alpha \tag{5.48}$$

叉积（$\boldsymbol{d}\times\boldsymbol{e}_z$）给出了太阳对地球转动力矩的正确方向。用它们代替式（5.46）中的 sinα 和 cosα 可得

$$\boldsymbol{T} = 3G\frac{(C-A)S}{d^5}(\boldsymbol{d}\cdot\boldsymbol{e}_z)(\boldsymbol{d}\times\boldsymbol{e}_z) \tag{5.49}$$

5.3.4　太阳引起的进动和章动方程

根据图 5.6b，径向矢量 d 可以写成

$$\boldsymbol{d} = (d\cos\chi)\boldsymbol{e}_{x0} + (d\sin\chi)\boldsymbol{e}_{x0} \tag{5.50}$$

如果地球相对于太阳的角速度 p 为常量，那么经过时间 t，径向矢量转过的角度 $\chi = pt$。因此

$$\boldsymbol{d} = d(\boldsymbol{e}_{x0}\cos(pt) + \boldsymbol{e}_{y0}\sin(pt)) \tag{5.51}$$

$\boldsymbol{d}$ 和 $\boldsymbol{e}_z$ 的点积为

$$(\boldsymbol{d}\cdot\boldsymbol{e}_z) = d\cos(pt)(\boldsymbol{e}_{x0}\cdot\boldsymbol{e}_z) + d\sin(pt)(\boldsymbol{e}_{y0}\cdot\boldsymbol{e}_z) \tag{5.52}$$

根据式（5.39）中 e_{x0} 和式（5.40）中 e_{y0} 的表达式以及单位矢量之间的正交关系：

$$(\boldsymbol{e}_x \cdot \boldsymbol{e}_z) = (\boldsymbol{e}_y \cdot \boldsymbol{e}_z) = 0,\quad (\boldsymbol{e}_z \cdot \boldsymbol{e}_z) = 1 \tag{5.53}$$

可以得到

$$\begin{aligned}(\boldsymbol{e}_{x0} \cdot \boldsymbol{e}_z) &= (\boldsymbol{e}_x \cos\psi - \boldsymbol{e}_y \cos\theta \sin\psi + \boldsymbol{e}_z \sin\theta \sin\psi) \cdot \boldsymbol{e}_z \\ &= \sin\theta \sin\psi\end{aligned} \tag{5.54}$$

$$\begin{aligned}(\boldsymbol{e}_{y0} \cdot \boldsymbol{e}_z) &= (\boldsymbol{e}_x \sin\psi + \boldsymbol{e}_y \cos\theta \cos\psi - \boldsymbol{e}_z \sin\theta \cos\psi) \cdot \boldsymbol{e}_z \\ &= -\sin\theta \cos\psi\end{aligned} \tag{5.55}$$

将式（5.54）和式（5.55）代入式（5.52）可得

$$\begin{aligned}(\boldsymbol{d} \cdot \boldsymbol{e}_z) &= d\cos(pt)\sin\theta\sin\psi - d\sin(pt)\sin\theta\cos\psi \\ &= -d\sin\theta\sin(pt - \psi)\end{aligned} \tag{5.56}$$

为了计算叉积

$$(\boldsymbol{d} \times \boldsymbol{e}_z) = d\cos(pt)(\boldsymbol{e}_{x0} \times \boldsymbol{e}_z) + d\sin(pt)(\boldsymbol{e}_{y0} \times \boldsymbol{e}_z) \tag{5.57}$$

再一次利用单位矢量的正交性：

$$(\boldsymbol{e}_x \times \boldsymbol{e}_z) = -\boldsymbol{e}_y, (\boldsymbol{e}_y \times \boldsymbol{e}_z) = \boldsymbol{e}_x, (\boldsymbol{e}_z \times \boldsymbol{e}_z) = \boldsymbol{0} \tag{5.58}$$

再一次将式（5.39）中 $\boldsymbol{e}_{x0}$ 和式（5.40）中 $\boldsymbol{e}_{y0}$ 代入可得

$$\begin{aligned}(\boldsymbol{e}_{x0} \times \boldsymbol{e}_z) &= (\boldsymbol{e}_x \cos\psi - \boldsymbol{e}_y \cos\theta \sin\psi + \boldsymbol{e}_z \sin\theta \sin\psi) \times \boldsymbol{e}_z \\ &= (\boldsymbol{e}_x \times \boldsymbol{e}_z)\cos\psi - (\boldsymbol{e}_y \times \boldsymbol{e}_z)\cos\theta\sin\psi \\ &= -\boldsymbol{e}_y \cos\psi - \boldsymbol{e}_x \cos\theta \sin\psi\end{aligned} \tag{5.59}$$

$$\begin{aligned}(\boldsymbol{e}_{y0} \times \boldsymbol{e}_z) &= (\boldsymbol{e}_x \sin\psi + \boldsymbol{e}_y \cos\theta \cos\psi - \boldsymbol{e}_z \sin\theta \cos\psi) \times \boldsymbol{e}_z \\ &= (\boldsymbol{e}_x \times \boldsymbol{e}_z)\sin\psi + (\boldsymbol{e}_y \times \boldsymbol{e}_z)\cos\theta\cos\psi \\ &= -\boldsymbol{e}_y \sin\psi + \boldsymbol{e}_x \cos\theta \cos\psi\end{aligned} \tag{5.60}$$

将这些表达式代入式（5.57），则有

$$\begin{aligned}(\boldsymbol{d} \times \boldsymbol{e}_z) = &-d\cos(pt)(\boldsymbol{e}_y \cos\psi + \boldsymbol{e}_x \cos\theta\sin\psi) + \\ &d\sin(pt)(-\boldsymbol{e}_y \sin\psi + \boldsymbol{e}_x \cos\theta\cos\psi)\end{aligned} \tag{5.61}$$

利用三角函数的和差化积公式，可以进一步简化得

$$\begin{aligned}(\boldsymbol{d} \times \boldsymbol{e}_z) = &d\cos\theta(\sin(pt)\cos\psi - \cos(pt)\sin\psi)\boldsymbol{e}_x - \\ &d(\cos(pt)\cos\psi + \sin(pt)\sin\psi)\boldsymbol{e}_y\end{aligned} \tag{5.62}$$

$$(\boldsymbol{d} \times \boldsymbol{e}_z) = d(\cos\theta\sin(pt - \psi)\boldsymbol{e}_x + \cos(pt - \psi)\boldsymbol{e}_y) \tag{5.63}$$

将式（5.56）中点积结果和式（5.63）中叉积结果结合起来，可以分别得到力矩在 x 轴上的分量 L 和 y 轴上的分量 M：

$$L = -3G\frac{(C - A)S}{d^5}d^2\sin\theta\cos\theta\sin^2(pt - \psi)$$

$$= -3G\frac{(C-A)S}{2d^3}\sin\theta\cos\theta(1-\cos(2(pt-\psi)))$$

(5.64)

$$M = 3G\frac{(C-A)S}{d^5}d^2\sin\theta\sin(pt-\psi)\cos(pt-\psi)$$

$$= 3G\frac{(C-A)S}{2d^3}\sin\theta\sin(2(pt-\psi)) \quad (5.65)$$

将上面 L 和 M 的表达式分别代入式（5.35）和式（5.36）可得

$$A\dot{\omega}_x + C\omega_y\Omega - A\omega_y\omega_z = -3G\frac{(C-A)S}{2d^3}\sin\theta\cos\theta(1-\cos(2(pt-\psi)))$$

(5.66)

$$A\dot{\omega}_y - C\omega_x\Omega + A\omega_x\omega_z = 3G\frac{(C-A)S}{2d^3}\sin\theta\sin(2(pt-\psi))$$

(5.67)

5.3.5 运动方程的简化

这些方程描述的运动是受迫谐振，其驱动力取决于 $2(pt-\psi)$ 的正弦和余弦函数。比较每个方程左侧项的大小可以简化方程，更容易对方程进行求解。这样可以忽略一阶近似中不重要的项。设正弦和余弦函数分别表示相位为 $2(pt-\psi)$ 的复数实部和虚部，我们可以将其写成 e 指数 $\exp[2i(pt-\psi)]$。那么每个方程可以表示成

$$a\dot{\omega} + b\omega + c\omega^2 \sim \exp[2i(pt-\psi)] \quad (5.68)$$

其中 ω 既可以表示 ω_x 也可以表示 ω_y。方程右边的驱动力具有周期性，角频率为 $2p$。方程的解也必须具有周期性，因此，我们可以期望 $|\dot{\omega}_x| \approx 2p\,\omega_x$，$|\dot{\omega}_y| \approx 2p\,\omega_y$。

地球自转的角速度为 Ω，其周期 $2\pi/\Omega=1$ 天；地球绕太阳公转的角速度为 p，公转周期为 365 天，所以 $\Omega=365p$。旋转坐标系中角速度的分量远小于地球每天自转的角速度：$\omega_x \sim \omega_y << \Omega$。比较式（5.67）和式（5.68）左边的第一项、第二项可以看出第一项可以忽略，因为

$$|\dot{\omega}| \sim 2p\omega << \Omega\omega \quad (5.69)$$

类似地，第三项的大小跟第二项比较也可以忽略不计，因为

$$|\omega_y\omega_z| \sim \omega^2 << \Omega\omega \tag{5.70}$$

通过比较可以看出方程左边$C\omega_x\Omega$和$C\omega_y\Omega$是主要项，其他项可以忽略。这使运动方程更加简单，例如

$$C\omega_x\Omega = -3G\frac{(C-A)S}{2d^3}\sin\theta\sin(2(pt-\psi)) \tag{5.71}$$

由此可得

$$\omega_x = -\frac{3GS}{2\Omega d^3}\left(\frac{C-A}{C}\right)\sin\theta\sin(2(pt-\psi)) \tag{5.72}$$

类似地，

$$\omega_y = -\frac{3GS}{2\Omega d^3}\left(\frac{C-A}{C}\right)\sin\theta\cos\theta(1-\cos(2(pt-\psi))) \tag{5.73}$$

旋转坐标轴的角速度与角度 θ 和 ψ 随时间的变化率有关。由图 5.5b 可以明显看出

$$\omega_x = \frac{\partial\theta}{\partial t}, \omega_y = \sin\theta\frac{\partial\psi}{\partial t}, \omega_z = \cos\theta\frac{\partial\psi}{\partial t} \tag{5.74}$$

因为每个运动方程的右边都有相同的参数$\frac{3GS}{2d^3}$，令

$$F_S = -\frac{3GS}{2\Omega d^3}\left(\frac{C-A}{C}\right) \tag{5.75}$$

则运动方程变为

$$\frac{\partial\theta}{\partial t} = F_S\sin\theta\sin(2(pt-\psi)) \tag{5.76}$$

$$\frac{\partial\psi}{\partial t} = F_S\cos\theta - F_S\cos\theta\cos(2(pt-\psi)) \tag{5.77}$$

5.3.6　太阳引起的进动和章动

角度 ψ 定义了二分线在黄道面中的位置。式（5.77）中 ψ 的变化率由两部分组成，第一项$F_S\cos\theta$描述了 x 轴（二分线）在黄道面内以恒定的速率运动。因此，旋转轴在一个圆锥体的表面上运动，圆锥体的轴是黄道轴（见图 5.4a），这就是自转轴的进动。平均进动的速

度为50.385″/年[⊖]，对应的进动周期为25720年。式（5.75）中F_S为负，因此进动是逆行的，即进动的方向与地球自转的方向相反。定义F_S的参数都具有恒定值，除了主转动惯量A和C，其他值都是已知的。比率H的定义式

$$H = \frac{C - A}{C} \tag{5.78}$$

表示地球的动态椭圆率，可以通过对进动率的观测值计算得到，其值为$3.273\,787\,5 \times 10^{-3}$（1/305.457）。

式（5.76）右边描述的是倾角为θ的周期性波动，这种“点头”运动称为旋转轴倾斜的章动。角度ψ的类似波动由式（5.77）右边第二项表示。这种波动发生在黄道面上，称为经度章动。这些受迫章动都具有相同的频率$2p$，其周期是半年（183天），称为半年度章动。它们的振幅都很小且各不相等，仅为几秒钟。为了方便起见，用时间导数的简写表示可得

$$\frac{\dot{\theta}}{F_S \sin\theta} = \sin(2(pt - \psi)) \tag{5.79}$$

$$\frac{\dot{\psi} - F_S \cos\theta}{F_S \cos\theta} = -\cos(2(pt - \psi)) \tag{5.80}$$

将方程两边平方并相加可得

$$\frac{(\dot{\psi} - F_S \cos\theta)^2}{(F_S \cos\theta)^2} + \frac{(\dot{\theta})^2}{(F_S \sin\theta)^2} = 1 \tag{5.81}$$

具有长半轴a和b的椭圆方程为

$$\frac{x^2}{a^2} + \frac{y^2}{b^2} = 1 \tag{5.82}$$

比较式（5.79）和式（5.80）可以看出两个受迫章动的合运动是旋转轴绕其平均位置的椭圆运动，叠加在围绕稳定的进动锥上的运动（见图5.4a）。

5.3.7 月球引起的进动和章动

地球最近的邻居月球比远处的太阳小得多，但是它的引力作用也

⊖ 弧秒，也称角秒，是角度的单位，即角分的六十分之一，符号为″。——编辑注

会导致地球自转轴的进动和章动。太阳和月球引力的共同效应称为日-月进动和章动。与太阳一样，质量为 M 的月球引力对地球也会产生力矩，并且动力学方程也与式（5.76）和式（5.77）形式相同。使用下标 L 表示月球的相关参数，可得

$$\dot{\theta}_L = F_L \sin\theta_L \sin(2(p_L t - \psi_L)) \tag{5.83}$$

$$\dot{\psi}_L = F_L \cos\theta_L - F_L \cos\theta_L \cos(2(p_L t - \psi_L)) \tag{5.84}$$

这里角度θ_L和ψ_L定义了月球自转轴在其轨道面上的相对位置，p_L是月球绕地球转动的角速度，这给出了周期为半个月的章动分量。因为月球的轨道面相对于黄道面略有倾斜，所以太阳和月球的引力效应可以像标量一样相加。

常数F_L依赖于月球的质量和地-月距离：

$$F_L = -\frac{3GM}{2\Omega d_L^3}\left(\frac{C-A}{C}\right) \tag{5.85}$$

将月球效应的这一项和太阳效应（用下标 S 表示太阳的相关参数）的这一项对进动的影响进行比较是很有趣的：

$$\frac{F_L}{F_S} = \frac{-\dfrac{3GM}{2\Omega d_L^3}\left(\dfrac{C-A}{C}\right)}{-\dfrac{3GS}{2\Omega d_S^3}\left(\dfrac{C-A}{C}\right)} = \left(\frac{M}{S}\right)\left(\frac{d_S}{d_L}\right)^3 \tag{5.86}$$

表4.1 中列出了太阳和月球的质量以及它们各自到地球的距离，代入上式可得

$$\frac{F_L}{F_S} = \left(\frac{M}{S}\right)\left(\frac{d_S}{d_L}\right)^3 = 2.2 \tag{5.87}$$

该比值与太阳和月亮的引潮加速度的比值是一样的（见4.2.3 小节），对其结果的解释也相同。月球的质量比太阳小得多，但是该比值与距离比值的三次方成正比，因此月球对地球进动和章动的贡献占三分之二，而太阳的贡献占三分之一。

5.3.8　月球轨道进动引起的章动

潮汐摩擦使月球的自转角速度和其绕地球的公转角速度p_L相等。

如果月球相对于其自转轴的转动惯量为I_L、质量为M、半径为R_L（1738km），则自转角动量为

$$h_L = I_L p_L = k_L M R_L^2 p_L \tag{5.88}$$

对于月球$k_L = 0.394$。对于均匀球体$k_L = 0.4$。这个较小的k_L值表示月球密度随深度增加，例如，对于地球$k_E = 0.3308$。

轨道角动量为

$$h_O = M r_L^2 p_L \tag{5.89}$$

其中r_L是月球的轨道半径（384400km）。

通过比较自转和公转角动量可得

$$\frac{h_L}{h_O} = \frac{k_L M R_L^2 p_L}{M r_L^2 p_L} = k_L \left(\frac{R_L}{r_L}\right)^2 \tag{5.90}$$

代入适当的参数后，很容易看出月球的自转角动量远小于其轨道角动量。

月球的轨道和轨道角动量矢量相对于黄道面有一个小倾角（大约5.145°）。太阳的引力矩试图将月球的轨道角动量拽向与黄道面垂直的方向。与太阳对地球自转角动量的影响类似（见图5.4b），太阳力矩使月球的轨道相对于黄道轴产生进动。月球轨道和地球自转轴的有效倾角在18.28°和28.58°（即23.43° ± 5.15°）之间变化，周期为18.6年，从而在地球自转轴的章动中产生相应的分量。月球轨道的进动产生的章动最大，其倾斜度振幅为9.2″，经度振幅为17.3″。半年章动的经度振幅仅为1.3″，而倾斜度振幅仅为0.6″。

5.4 刚性地球的自由欧拉章动

作用在地球上的外力使地轴做受迫进动和章动，这可以通过地球参考轴相对于地轴的转动来描述。地球的长期平均转动使它相对于几何轴呈椭球形。如果一个对称的物体绕其对称轴转动，则它的转动方向在空间保持不变。然而，如果有外在因素使自转轴偏离其平衡位置，那么地球的瞬时旋转将不再绕其对称轴进行，这种运动称为自由章动。它是瑞士数学家欧拉在18世纪预测的，所以称为欧拉章动。

注意章动在这里用词不太恰当，因为它不涉及自转轴的“点头”运动。在欧拉章动中，瞬时轴绕以对称轴为轴的锥体表面运动。

相对于地球定义参考系，z 轴沿地球对称轴方向，x、y 轴在赤道面内（见图5.7）。参考轴与地球一起旋转，因此绕 z 轴的角速度ω_z与地球的自转角速度Ω一样。瞬时转轴的位移可由相对于赤道轴的角速度ω_x和ω_y表示。那么瞬时转轴的角速度为

$$\boldsymbol{\omega} = \omega_x \boldsymbol{e}_x + \omega_y \boldsymbol{e}_y + \omega_z \boldsymbol{e}_z \quad (5.91)$$

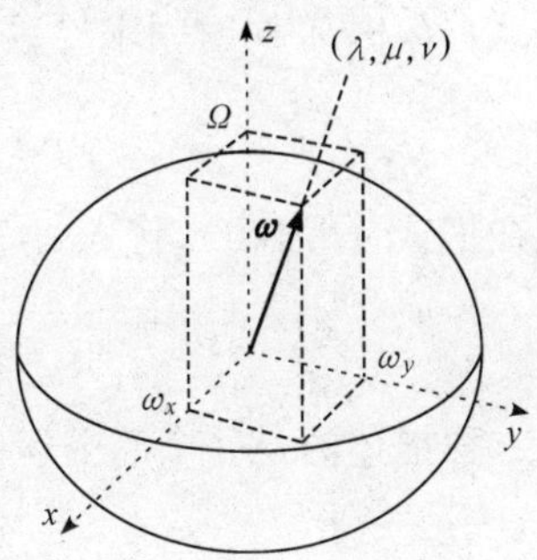

图5.7　移动着的瞬时转轴角速度分量（ω_x，ω_y，Ω）和方向余弦（λ，μ，ν）

和以前一样，分别用 A，B 和 C 表示相对于 x，y 和 z 轴的主转动惯量，则角动量为

$$\boldsymbol{h} = A\omega_x \boldsymbol{e}_x + B\omega_y \boldsymbol{e}_y + C\omega_z \boldsymbol{e}_z \quad (5.92)$$

与地轴的受迫章动不同，这里地轴的运动不受外力矩的作用，因此

$$\boldsymbol{T} = \frac{\mathrm{d}\boldsymbol{h}}{\mathrm{d}t} = \frac{\partial \boldsymbol{h}}{\partial t} + (\boldsymbol{\omega} \times \boldsymbol{h}) = \boldsymbol{0} \quad (5.93)$$

假设地球为刚体，与受迫章动情况一样，可以建立每个参考轴上的运动方程（见5.3.1小节）

$$\begin{cases} A\dot{\omega}_x + (C - B)\omega_y\omega_z = 0 \\ B\dot{\omega}_y + (A - C)\omega_x\omega_z = 0 \\ C\dot{\omega}_z + (B - A)\omega_x\omega_y = 0 \end{cases} \quad (5.94)$$

由于地球呈现出对称性，则赤道转动惯量相等，即 $A = B$：

$$A\dot{\omega}_x + (C - A)\omega_y\omega_z = 0 \quad (5.95)$$

$$A\dot{\omega}_y - (C - A)\omega_x\omega_z = 0 \quad (5.96)$$

$$C\dot{\omega}_z = 0 \quad (5.97)$$

由式（5.97）可知相对于 z 轴的角速度是常量：

$$\omega_z = \Omega \quad (5.98)$$

则式（5.95）和式（5.96）分别为

$$\dot{\omega}_x + \left(\frac{C - A}{A}\right)\Omega\omega_y = 0 \quad (5.99)$$

$$\dot{\omega}_y - \left(\frac{C-A}{A}\right)\Omega\omega_x = 0 \tag{5.100}$$

将式（5.99）对时间求导数，得

$$\ddot{\omega}_x + \left(\frac{C-A}{A}\right)\Omega\dot{\omega}_y = 0 \tag{5.101}$$

现在把式（5.100）代入式（5.101），可以得到关于ω_x的方程

$$\ddot{\omega}_x + \left(\frac{C-A}{A}\right)^2\Omega^2\omega_x = 0 \tag{5.102}$$

该方程描述的是一个简谐运动，其解为

$$\omega_x = \omega_0\cos\left(\frac{C-A}{A}\Omega t + \delta\right) \tag{5.103}$$

其中ω_0是振幅，δ是相位。将该结果代入式（5.100）可得

$$\omega_y = \omega_0\sin\left(\frac{C-A}{A}\Omega t + \delta\right) \tag{5.104}$$

式（5.103）和式（5.104）描述了瞬时转轴绕几何轴的周期性运动，称为自由章动（或欧拉章动），其周期为

$$\tau_0 = \frac{2\pi}{\Omega}\left(\frac{A}{C-A}\right) \tag{5.105}$$

因子$2\pi/\Omega$表示地球自转周期为1天，则自由章动的周期是$\frac{A}{C-A}$天。根据进动获得的动态椭圆率表明这个周期约为305天（约10个月）。但是天文学家在18世纪和19世纪初无法检测到这个周期的运动。原因在于地球刚性转动的假设。实际上，由于瞬时转轴相对于几何轴的位移，地球的弹性会使其略微变形，从而将时间周期延长为435天（约14个月）。观察到的运动称为钱德勒摆动。

5.5 钱德勒摆动

钱德勒摆动是瞬时旋转轴的某种不规则周期性运动，其周期约为435天，振幅为十分之几弧秒，近似为10～15m（见图5.8）。旋转轴相对于其平衡位置的位移视为海洋环流和气压波动引起的。瞬时旋转轴偏离几何轴的位移导致地球形状呈现出不对称性。相对于参考轴的

主转动惯量 A、B 和 C 不足以描述惯性张量。需要用惯性积 H，J 和 K 来表述质量分布的不对称性（见 Box2.2）。设瞬时旋转轴相对于 x，y 和 z 轴的方向余弦为（λ，μ，ν）（见图 5.7）。相对于瞬时转轴的转动惯量 I 由式（2.134）给出：

$$I = A\lambda^2 + B\mu^2 + C\nu^2 - 2K\lambda\mu - 2H\mu\nu - 2J\nu\lambda$$

主转动惯量写成 $I_{11} = A$，$I_{22} = B$，$I_{33} = C$，惯量积写成 $I_{12} = I_{21} = -K$，$I_{13} = I_{31} = -J$，$I_{23} = I_{32} = -H$（见 Box5.1），上式变为

$$I = I_{11}\lambda^2 + I_{22}\mu^2 + I_{33}\nu^2 + 2I_{12}\lambda\mu + 2I_{23}\mu\nu + 2I_{31}\nu\lambda \quad (5.106)$$

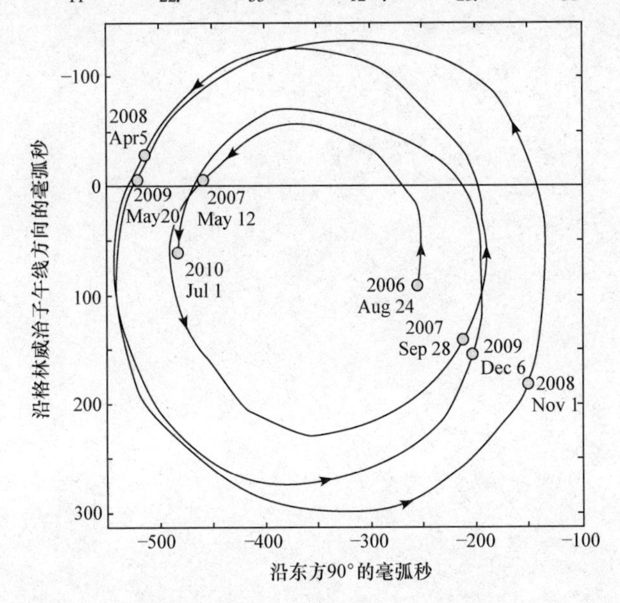

图 5.8　地球瞬时旋转轴在 435 天的周期内呈现出近似圆周运动（钱德勒摆动）和一年一度的圆周运动。这种运动被叠加在沿西经 80°、每世纪 20m 的缓慢漂移上。数据来源：国际地球自转和参考系服务

角速度分量为（ω_x，ω_y，Ω）。用数字下标分别代替 x，y 和 z 轴分量，角动量 h 和角速度 ω 之间的关系式为

$$h_i = I_{ij}\omega_j \quad (5.107)$$

其中对称惯性张量 I_{ij}（见 Box5.1）表示矩阵元。

Box 5.1　惯性张量

设刚体由质量为m_i的质点组成，m_i在笛卡儿直角坐标系中的坐标为（x_i，y_i，z_i）。设刚体绕通过原点的轴以角速度 $\boldsymbol{\omega}$ 转动，则距离原点为r_i的质点m_i的线速度为

$$\boldsymbol{v}_i = \boldsymbol{\omega} \times \boldsymbol{r}_i \tag{1}$$

质点的线动量为$m_i v_i$，对转动物体角动量的作用为

$$\boldsymbol{h}_i = \boldsymbol{r}_i \times m_i \boldsymbol{v}_i \tag{2}$$

则转动物体的总角动量为

$$\boldsymbol{h} = \sum_i m_i(\boldsymbol{r}_i \times \boldsymbol{v}_i) = \sum_i m_i(\boldsymbol{r}_i \times (\boldsymbol{\omega} \times \boldsymbol{r}_i)) \tag{3}$$

利用式（1.18），则矢量的叉积为

$$\boldsymbol{r}_i \times (\boldsymbol{\omega} \times \boldsymbol{r}_i) = \boldsymbol{\omega} r_i^2 - \boldsymbol{r}_i(\boldsymbol{\omega} \cdot \boldsymbol{r}_i) \tag{4}$$

将该表达式代入式（3），从而角动量变为

$$\boldsymbol{h} = \boldsymbol{\omega} \sum_i m_i r_i^2 - \sum_i m_i \boldsymbol{r}_i(\boldsymbol{\omega} \cdot \boldsymbol{r}_i) \tag{5}$$

沿 x 轴的分量h_x为

$$h_x = \omega_x \sum_i m_i(x_i^2 + y_i^2 + z_i^2) - \sum_i m_i x_i(\omega_x x_i + \omega_y y_i + \omega_z z_i) \tag{6}$$

$$h_x = \omega_x \sum_i m_i(y_i^2 + z_i^2) - \omega_y \sum_i m_i x_i y_i - \omega_z \sum_i m_i z_i x_i \tag{7}$$

类似地，角动量沿 y 轴和 z 轴的分量h_y和h_z分别为

$$h_y = -\omega_x \sum_i m_i y_i x_i + \omega_y \sum_i m_i(z_i^2 + x_i^2) - \omega_z \sum_i m_i y_i z_i \tag{8}$$

$$h_z = -\omega_x \sum_i m_i z_i x_i - \omega_y \sum_i m_i z_i y_i + \omega_z \sum_i m_i(x_i^2 + y_i^2) \tag{9}$$

利用 Box2.2 中转动惯量和惯量积的定义，角动量分量可以写成

$$\begin{cases} h_x = A\omega_x - K\omega_y - J\omega_z \\ h_y = -K\omega_x + B\omega_y - H\omega_z \\ h_z = -J\omega_x - H\omega_y + C\omega_z \end{cases} \tag{10}$$

这些关于 $\boldsymbol{h}$ 和 $\boldsymbol{\omega}$ 分量的方程可以用一个矩阵方程表示为

$$\begin{pmatrix} h_x \\ h_y \\ h_z \end{pmatrix} = \begin{pmatrix} A & -K & -J \\ -K & B & -H \\ -J & -H & C \end{pmatrix} \begin{pmatrix} \omega_x \\ \omega_y \\ \omega_z \end{pmatrix} \tag{11}$$

使用数字下标 1，2 和 3 分别表示沿 x，y，z 轴上的分量，转动惯量（对角元素）表示为$I_{11}=A$，$I_{22}=B$ 和$I_{33}=C$。惯量积（非对角元素）表示为$I_{12}=I_{21}=-K$，$I_{13}=I_{31}=-J$ 和$I_{23}=I_{32}=-H$。那么，矩阵方程为

$$\begin{pmatrix} h_1 \\ h_2 \\ h_3 \end{pmatrix} = \begin{pmatrix} I_{11} & I_{12} & I_{13} \\ I_{21} & I_{22} & I_{23} \\ I_{31} & I_{32} & I_{33} \end{pmatrix} \begin{pmatrix} \omega_1 \\ \omega_2 \\ \omega_3 \end{pmatrix} \tag{12}$$

该方程可以利用张量的符号简写为

$$h_i = I_{ij}\omega_j \quad (i=1,2,3;j=1,2,3) \tag{13}$$

这个对称的二阶张量I_{ij}称为惯性张量，其矩阵元由转动惯量和惯量积组成。

$$I_{ij} = \begin{pmatrix} I_{11} & I_{12} & I_{13} \\ I_{21} & I_{22} & I_{23} \\ I_{31} & I_{32} & I_{33} \end{pmatrix} \tag{5.108}$$

描述位移瞬时转轴自由运动的方程（5.93）变为

$$\dot{h}_i + (\boldsymbol{\omega} \times \boldsymbol{h})_i = 0 \tag{5.109}$$

将式（5.107）代入即可以得到上式的第一项

$$\dot{h}_i = \frac{\partial}{\partial t}(I_{ij}\omega_j) = \dot{I}_{ij}\omega_j + I_{ij}\dot{\omega}_j \tag{5.110}$$

叉乘 x，y 和 z 轴分量得

$$(\boldsymbol{\omega} \times \boldsymbol{h})_1 = \omega_2 I_{3k}\omega_k - \omega_3 I_{2k}\omega_k \tag{5.111}$$

运动方程的分量式变为

$$\begin{cases} \dot{h}_1 + \omega_2 I_{3k}\omega_k - \omega_3 I_{2k}\omega_k = 0 \\ \dot{h}_2 + \omega_3 I_{1k}\omega_k - \omega_1 I_{3k}\omega_k = 0 \\ \dot{h}_3 + \omega_1 I_{2k}\omega_k - \omega_2 I_{1k}\omega_k = 0 \end{cases} \tag{5.112}$$

将每一个方程展开，可以获得每个单独分量的表达式。

x 分量

$$I_{11}\dot{\omega}_1+I_{12}\dot{\omega}_2+I_{13}\dot{\omega}_3+\dot{I}_{11}\omega_1+\dot{I}_{12}\omega_2+\dot{I}_{13}\omega_3+$$
$$\omega_2 I_{31}\omega_1+\omega_2 I_{32}\omega_2+\omega_2 I_{33}\omega_3-\omega_3 I_{21}\omega_1-\omega_3 I_{22}\omega_2-\omega_3 I_{23}\omega_3=0 \tag{5.113}$$

y 分量

$$I_{21}\dot{\omega}_1+I_{22}\dot{\omega}_2+I_{23}\dot{\omega}_3+\dot{I}_{21}\omega_1+\dot{I}_{22}\omega_2+\dot{I}_{23}\omega_3+$$
$$\omega_3 I_{11}\omega_1+\omega_3 I_{12}\omega_2+\omega_3 I_{13}\omega_3-\omega_1 I_{31}\omega_1-\omega_1 I_{32}\omega_2-\omega_1 I_{33}\omega_3=0 \tag{5.114}$$

z 分量

$$I_{31}\dot{\omega}_1+I_{32}\dot{\omega}_2+I_{33}\dot{\omega}_3+\dot{I}_{31}\omega_1+\dot{I}_{32}\omega_2+\dot{I}_{33}\omega_3+$$
$$\omega_1 I_{21}\omega_1+\omega_1 I_{22}\omega_2+\omega_1 I_{23}\omega_3-\omega_2 I_{11}\omega_1-\omega_2 I_{12}\omega_2-\omega_2 I_{13}\omega_3=0 \tag{5.115}$$

5.5.1 运动方程的简化

每一个运动方程都包括很多项，其中一些项实际上是不重要的，因为它们与其他项相比太小了。为了得到解析解，必须引入下面一些近似。

（1）角速度（ω_1，ω_2）与地球自转角速度 Ω 相比，比较小。我们取ω_1和ω_2的一阶近似，而忽略它们的乘积项和高阶项，即

$$\omega_1^2=\omega_2^2=\omega_1\omega_2=0$$

（2）惯量积（惯性张量中的非对角元素）是小量，我们可以忽略它们和角速度（ω_1，ω_2）的乘积项，即

$$I_{13}\omega_1=I_{13}\omega_2=I_{12}\omega_1=I_{12}\omega_2=I_{23}\omega_1=I_{23}\omega_2=0$$

（3）我们也可以假设惯量积随时间变化非常缓慢。在这种情况下可以进一步忽略它们和速度（ω_1，ω_2）的乘积项，即

$$\dot{I}_{13}\omega_1=\dot{I}_{13}\omega_2=\dot{I}_{12}\omega_1=\dot{I}_{12}\omega_2=\dot{I}_{23}\omega_1=\dot{I}_{23}\omega_2=0$$

（4）可以假设主转动惯量 A，B 和 C 不随时间变化，即只有惯量乘积对转轴的摆动有贡献，即

$$\dot{I}_{ii} = 0$$

如果将这些近似用于运动方程，可以大大简化运动方程。例如式(5.115)简化为

$$I_{33}\dot{\omega}_3 = 0 \tag{5.116}$$

这样得到的结果和刚体地球的欧拉章动结果一样，即绕几何轴的角速度是恒量：

$$\omega_3 = \Omega \tag{5.117}$$

另外两个运动方程变为

$$I_{11}\dot{\omega}_1 + \dot{I}_{13}\omega_3 + \omega_2\omega_3(I_{33} - I_{22}) - \omega_3^2 I_{23} = 0 \tag{5.118}$$

$$I_{22}\dot{\omega}_2 + I_{23}\omega_3 + \omega_3\omega_1(I_{11} - I_{33}) + \omega_3^2 I_{13} = 0 \tag{5.119}$$

由转动惯量和惯量积可以把这些方程改写成

$$A\dot{\omega}_1 + \omega_2\Omega(C - A) + \Omega^2 H - \dot{J}\Omega = 0 \tag{5.120}$$

$$A\dot{\omega}_2 - \omega_1\Omega(C - A) - \Omega^2 J - \dot{H}\Omega = 0 \tag{5.121}$$

瞬时转轴偏离 z 轴的位移非常小，小于0.25″，因此转轴的方向余弦可以写成（λ，μ，1），而角速度为（$\omega_1 = \lambda\Omega$，$\omega_2 = \mu\Omega$）。将这些值代入运动方程并同除以 Ω，可以得到联立方程组

$$A\dot{\lambda} + \mu\Omega(C - A) + \Omega H - \dot{J} = 0 \tag{5.122}$$

$$A\dot{\mu} - \lambda\Omega(C - A) - \Omega J - \dot{H} = 0 \tag{5.123}$$

注意，惯量积 K（描述质量分布相对于 $x-y$ 平面的不对称性）在摆动方程中不起作用。只有相对于包含转轴的 $y-z$ 面和 $z-x$ 面的不对称性才能确定摆动。当计算惯量积 H 和 J 时，这一点会变得很明显，可以从与马古拉公式的比较中获得非球状地球的引力势。

5.5.2 惯量积的计算

自转离心力会使地球产生变形，进而导致其形状为椭球体。如果自转轴偏离刚体地球的对称轴，则椭球体绕自转轴做欧拉章动而不产生其他变形（见图5.9a）。然而，弹性地球可以通过进一步形变调整其形状以匹配移动着的自转轴（见图5.9b）。椭球体的某些部分在原始球体的上方（“e”区），而其他部分在原始球体的下方（“d”区）。由钱德勒摆动引起弹性形变的新形状相对于参考轴不对称，从而产生

了惯量积 H 和 J。

在地球上由余纬度为 θ、径向距离为 r 定义的点，到转轴的距离为 $r\sin\theta$，该点的离心势 Φ 为

$$\Phi = -\frac{1}{2}\Omega^2 r^2 \sin^2\theta = -\frac{1}{2}\Omega^2 r^2 + \frac{1}{2}\Omega^2 r^2 \cos^2\theta \tag{5.124}$$

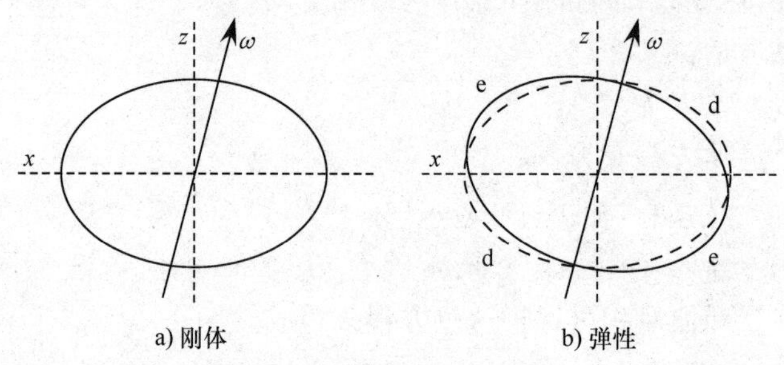

图 5.9　a）刚体地球转轴的位移导致的欧拉章动，无其他变形；b）弹性地球通过进一步变形来调整其形状以适应移位的自转轴，“e”区位于刚体的椭球面上方（虚线），“d”区位于刚体的椭球面下方（虚线）

设笛卡儿坐标系中点坐标表示为（x，y，z），则过（r，θ）点的半径方向余弦（λ_0，μ_0，ν_0）为

$$\lambda_0 = \frac{x}{r}, \mu_0 = \frac{y}{r}, \nu_0 = \frac{z}{r} \tag{5.125}$$

如果瞬时转轴的方向余弦为（λ，μ，ν），那么半径和转轴之间的夹角约为 θ，且

$$\cos\theta = \lambda\lambda_0 + \mu\mu_0 + \nu\nu_0 \tag{5.126}$$

将式（5.125）代入上式可得

$$r\cos\theta = \lambda x + \mu y + \nu z \tag{5.127}$$

把该关系应用于式（5.124）可以得到离心势

$$\Phi = -\frac{1}{2}\Omega^2(x^2 + y^2 + z^2) + \frac{1}{2}\Omega^2(\lambda x + \mu y + \nu z)^2 \tag{5.128}$$

$$\Phi = -\frac{1}{2}\Omega^2(x^2 + y^2 + z^2) + \frac{1}{2}\Omega^2(\lambda^2 x^2 + \mu^2 y^2 + \nu^2 z^2 + 2\lambda\mu xy + 2\mu\nu yz + 2\nu\lambda zx) \tag{5.129}$$

如前所述，令二阶项$\lambda^2=\mu^2=\lambda\mu=0$，而$\nu^2=\nu=1$，那么上式简化为

$$\Phi=-\frac{1}{2}\Omega^2(x^2+y^2)+\Omega^2 z(\lambda x+\mu y) \tag{5.130}$$

第一项是绕几何轴的旋转产生的离心势，第二项是钱德勒波动中瞬时轴的位移产生的额外离心势

$$\Phi_2=\Omega^2 z(\lambda x+\mu y) \tag{5.131}$$

波动势是二阶拉普拉斯方程的解，因为

$$\nabla^2\Phi_2=\Omega^2\left(\frac{\partial^2}{\partial x^2}+\frac{\partial^2}{\partial y^2}+\frac{\partial^2}{\partial z^2}\right)(\lambda zx+\mu yz)=0 \tag{5.132}$$

Φ_2是形变势，并引起相应的变形，该变形具有自身的引力势Φ_i，在平衡潮理论中，它与Φ_2成正比，

$$\Phi_i=k\Omega^2 z(\lambda x+\mu y) \tag{5.133}$$

比例系数k是第一个勒夫数。势Φ_i是拉普拉斯方程的一个空间解（r可以取零）。在这种情况下，该势描述地球内部的摆动离心势。要求解地球外部的有效解。与4.3.2小节中潮汐重力异常一样，拉普拉斯更为普遍的解Φ可以写成

$$\Phi=\left(Ar^2+\frac{B}{r^3}\right)P_2(\cos\theta)=\Phi_i+\Phi_e \tag{5.134}$$

其中第一部分Φ_i是地球内部的有效解，第二部分Φ_e是针对地球外部的解。两个解随半径r的变化规律不同，但是对半径为R的地球而言，它们满足下面关系：

$$\Phi_e=\left(\frac{R}{r}\right)^5\Phi_i \tag{5.135}$$

将式（5.133）中Φ_i代入式（5.135），可得由摆动引起的形变势为

$$\Phi_e=\frac{R^5}{r^5}k\Omega^2 z(\lambda x+\mu y) \tag{5.136}$$

根据式（5.125），可将笛卡儿坐标（x，y，z）转换为径向方向余弦（λ_0，μ_0，ν_0）（过观察点）表示，从而得到地球外部某一点的摆动形变势Φ_e：

$$\Phi_e=\frac{k\Omega^2 R^5\nu_0(\lambda\lambda_0+\mu\mu_0)}{r^3} \tag{5.137}$$

5.5.3 摆动势和马古拉公式的比较

式（2.128）给出了质量为 E 的三轴椭球体外部某一点引力势 U_G 的马古拉公式

$$U_G = -G\frac{E}{r} - G\frac{A+B+C-3I}{2r^3} \tag{5.138}$$

其中，I 是绕过观察点径向的转动惯量。用式（5.106）代替上式中的 I（方向余弦为（λ_0，μ_0，ν_0））可得

$$U_G = -G\frac{E}{r} - G\left[\frac{A+B+C-3(A\lambda_0^2+B\mu_0^2+C\nu_0^2-2K\lambda_0\mu_0-2H\mu_0\nu_0-2J\nu_0\lambda_0)}{2r^3}\right] \tag{5.139}$$

包含惯量积的项表示相对于 $x-y$，$y-z$ 和 $z-x$ 面的不对称性对势的贡献。与钱德勒摆动相关的形变势取决于方向余弦的乘积 $\lambda_0\nu_0$ 和 $\mu_0\nu_0$。将式（5.137）和式（5.139）中的系数进行对比，可以得到惯量积

$$H = -\frac{\Omega^2 R^5 k}{3G}\mu \tag{5.140}$$

$$J = -\frac{\Omega^2 R^5 k}{3G}\lambda \tag{5.141}$$

5.5.4 钱德勒摆动周期

式（5.122）和式（5.123）中的惯量积 H 和 J 可以用式（5.140）和式（5.141）代替。这时联立方程组变为

$$A\dot{\lambda} + \mu\Omega(C-A) - \frac{\Omega^3 R^5 k}{3G}\mu + \frac{\Omega^2 R^5 k}{3G}\dot{\lambda} = 0 \tag{5.142}$$

$$A\dot{\mu} - \lambda\Omega(C-A) + \frac{\Omega^3 R^5 k}{3G}\lambda + \frac{\Omega^2 R^5 k}{3G}\dot{\mu} = 0 \tag{5.143}$$

重新整理后可得

$$\left(A + \frac{\Omega^2 R^5 k}{3G}\right)\dot{\lambda} + \mu\Omega\left((C-A) - \frac{\Omega^2 R^5 k}{3G}\right) = 0 \tag{5.144}$$

$$\left(A+\frac{\Omega^2 R^5 k}{3G}\right)\dot{\mu}-\lambda\Omega\left((C-A)-\frac{\Omega^2 R^5 k}{3G}\right)=0 \qquad (5.145)$$

根据刚体地球的类似式（5.95）和式（5.96）可以得到欧拉自由章动的周期

$$\tau_0=\frac{2\pi}{\Omega}\left(\frac{A}{C-A}\right) \qquad (5.146)$$

同样，将弹性地球章动方程的解化简为转轴的周期简谐运动，其周期为

$$\tau=\frac{2\pi}{\Omega}\left(\frac{A+\Omega^2 R^5 k/(3G)}{C-A-\Omega^2 R^5 k/(3G)}\right) \qquad (5.147)$$

这就是钱德勒摆动周期，式（5.147）的分子大于式（5.146）的分子，而分母小于式（5.146）的分母。因此弹性地球的钱德勒摆动周期大于刚体地球的欧拉章动周期。周期之差可用于计算地球的弹性屈度。

5.5.5 根据摆动周期计算勒夫数

我们在潮汐理论中涉及的勒夫数 k 是衡量地球整体对形变潮汐力屈服的量度。这里遇到类似的情况：地球在与自由章动有关的离心力下的弹性屈服导致在钱德勒摆动中观察到的周期变长，因此周期取决于 k。

地球的密度分布取决于赤道处离心加速度和引力加速度的比值 m（见 Box3.2）：

$$m=\frac{\omega^2 a}{GE/a^2}=\frac{\omega^2 a^3}{GE} \qquad (5.148)$$

忽略地球赤道半径和平均半径的微小差异，并用 Ω 表示地球的自转角速度，则 m 的定义式可表示为

$$m\approx\frac{\Omega^2 R^3}{GE} \qquad (5.149)$$

因此式（5.147）可以写成

$$\frac{\Omega^2 R^5}{3G}=\frac{mER^2}{3} \qquad (5.150)$$

$$\tau = \frac{2\pi}{\Omega}\left(\frac{A + kmER^2/3}{C - A - kmER^2/3}\right)$$

$$= \frac{2\pi}{\Omega}\left(\frac{A}{C - A}\right)\left(\frac{1 + kmER^2/(3A)}{1 - kmER^2/3(C - A)}\right) \tag{5.151}$$

$$\tau = \tau_0\left(\frac{1 + kmER^2/(3A)}{1 - kmER^2/(3(C - A))}\right) \tag{5.152}$$

式（3.39）建立了主转动惯量 A 和 C、扁率 f 和离心加速度比值 m 之间的关系

$$\frac{C - A}{ER^2} = \frac{2f - m}{3} \tag{5.153}$$

由式（3.43）可知 A 和 C 的近似值为

$$A \approx C \approx \frac{1}{3}ER^2 \tag{5.154}$$

把这些值代入式（5.152）可简化为

$$\frac{1}{\tau} = \frac{1}{\tau_0}\left(1 - k\frac{m}{2f - m}\right)(1 + km)^{-1} \tag{5.155}$$

这种关系可以展开为二项式级数。忽略 m 和 f 的二阶和更高阶项，得到一阶近似

$$\frac{1}{\tau} = \frac{1}{\tau_0}\left(1 - k\frac{m}{2f - m} - km\right) = \frac{1}{\tau_0}\left(1 - km\left(\frac{1}{2f - m} - 1\right)\right) \tag{5.156}$$

进一步简化为

$$\frac{1}{\tau} = \frac{1}{\tau_0}\left(1 - k\frac{m}{2f - m}\right) \tag{5.157}$$

重新整理并求解勒夫数，得

$$k = \left(1 - \frac{\tau_0}{\tau}\right)\left(\frac{2f - m}{m}\right) \tag{5.158}$$

将 f，m，τ_0 的已知数值代入可得 $k = 0.28$，与潮汐理论中获得的值吻合得很好。

进一步阅读

Lambeck, K. (1980). *The Earth's Variable Rotation: Geophysical Causes and Consequences*. Cambridge: Cambridge University Press, 464 pp.

Moritz, H. and Mueller, I. I. (1988). *Earth Rotation: Theory and Observation*. New York: Ungar, 617 pp.

Munk, W. H. and MacDonald, G. J. F. (1975). *The Rotation of the Earth: A Geophysical Discussion*. Cambridge: Cambridge University Press, 384 pp.

第6章 地球的热量

关于地球早期的热量的历史只是一些推测。目前科学家的共识是，作为行星的地球是由与球粒陨石成分相同的物质吸积形成的。吸积是一种碰撞物质消耗动能产生热量的过程，它导致行星成分分化为同心层。当地球早期的温度达到铁的熔点时，致密的铁伴随着镍和硫等其他亲铁元素，向地球中心下沉形成了一个液核。同时，较轻的元素上升形成一个外层，即原始地幔。后来进一步分化，在地幔的顶部形成了化学成分不同的地壳。现在只有外核的铁是熔化的，包围着由液态铁核凝固而成的固态内核。留在地核中较轻的元素通过液核上升，导致成分驱动的外核对流，这是热对流的补充。尽管地幔的短期行为类似于固体，可以传播地震横波，但其长期行为的特征是塑性流动，因此热量对流或平流输送是可能的。在固体岩石圈和内核中，热量主要通过热传导传递。

地球地幔和地核的物理状态已经很清楚了，但是温度随深度的变化还不是很清楚。直接进入地球内部是不可能的，而且在实验上很难达到地球内部的温度和压力。因此，对一些重要的热力学参数的认知不足。熔点曲线上的数据可以通过高温高压实验确定。对流使地幔和外核的温度分布接近绝热温度曲线，从而可以进行计算。根据这些条件，可以估算地球内部的近似温度分布（见图6.1）。地幔和外核温度接近绝热曲线，固体内核温度变化不大，岩流圈和岩石圈温度变化相对较快。

6.1 能量和熵

对地球热条件的分析是以热力学第一定律和第二定律为基础的。第一定律是能量守恒在热力学系统中的应用。它指出封闭系统的能量不能凭空产生或消失，只能从一种形式转换成另一种形式。在一个开放的系统中，必须考虑能量流入或流出系统的情况（例如，通过物质的交换）。一个封闭系统的总能量 Q 由其内能 U 和系统对外界所做的功 W 组成。能量守恒方程为

$$dQ = dU + dW \tag{6.1}$$

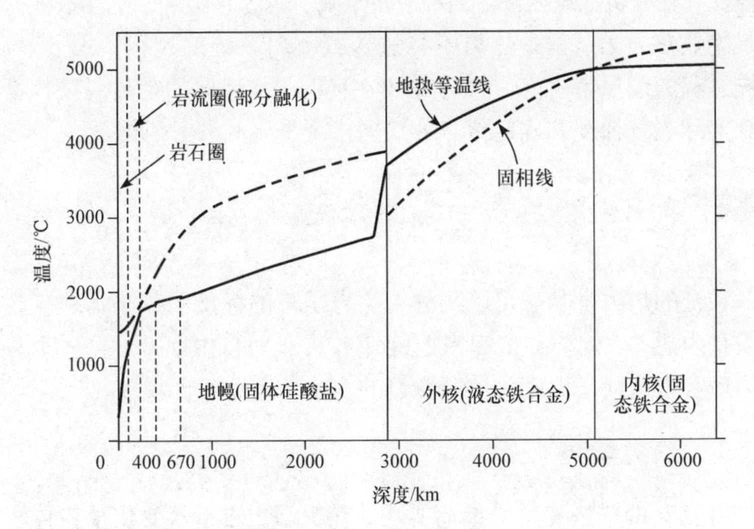

图 6.1　地球内部的近似温度分布（地热等温线，实线）和熔点曲线（固相线，虚线）模型。数据来源：附录 G 的表格，Stacey 和 Davis（2008）；附录 G 的地幔固相线，Stacey（1992）

封闭系统吸收（或放出）的热量用于增加自身的内能和对外做功。例如，热气球中的气体分子具有更高的能量，如果它能膨胀，体积 V 就会增大。恒压（P）条件下，由于体积变化而对外做功 dW 为

$$dW = PdV \tag{6.2}$$

根据热力学第一定律，能量守恒方程为

$$dQ = dU + PdV \tag{6.3}$$

热力学第二定律认为孤立系统的能量随着时间的推移趋于均匀分布。熵（S）被用来衡量系统在特定温度下的微观无序程度。温度为 T 时，能量的变化 dQ 引起的系统的熵变 dS 定义为

$$dS = \frac{dQ}{T} \tag{6.4}$$

将该式代入能量守恒方程，可得

$$TdS = dU + PdV \tag{6.5}$$

这一重要关系结合了热力学第一定律和第二定律，是热力学的中心方程。它在分析地球内部热条件时很重要，因为它定义了绝热条件。

绝热热力学过程是热量不能进入或流出系统的过程，即 $dQ=0$。绝热过程的熵保持不变，因为 $dS=dQ/T=0$。地球的绝热温度梯度为估算实际温度梯度和确定传热方式提供了重要的参考依据。

6.2 热力学势与麦克斯韦关系

系统的热力学状态可以用称为热力学势的标量函数来描述。这些函数是内能 U、焓 H、亥姆霍兹能 A 和吉布斯自由能 G，每一个势都是物理参数压强、温度、体积和熵的一个特定的组合。

6.2.1 热力学势

内能 U 的描述和定义如前所述，在恒温恒压下其变化量与体积和熵有关，即

$$dU = TdS - PdV \tag{6.6}$$

焓 H 是一个系统总能量的量度，它是内能与压强和体积的乘积的和：

$$H = U + PV \tag{6.7}$$

两边求微分可得

$$dH = dU + PdV + VdP \tag{6.8}$$

根据式（6.5）的能量守恒，可以把式（6.8）简写为

$$dH = TdS + VdP \tag{6.9}$$

亥姆霍兹能 A 是根据宏观热力学性质与微观行为之间的关系用统计力学定义的。它是恒温和等体情况下，能从封闭热力学系统中所获得的功的量度，其表达式为

$$A = U - TS \tag{6.10}$$

两边求微分得

$$\mathrm{d}A = \mathrm{d}U - T\mathrm{d}S - S\mathrm{d}T \tag{6.11}$$

利用式（6.5），上式变为

$$\mathrm{d}A = -P\mathrm{d}V - S\mathrm{d}T \tag{6.12}$$

吉布斯自由能 G 的定义与亥姆霍兹能类似，只不过前者是在恒温恒压下定义的。它代表能从一个封闭系统（即与其周围环境分离）中所获得的最大能量，并且不增加其体积，其表达式为

$$G = A + PV \tag{6.13}$$

两边求微分得

$$\mathrm{d}G = \mathrm{d}A + P\mathrm{d}V + V\mathrm{d}P \tag{6.14}$$

与式（6.12）联立可得

$$\mathrm{d}G = V\mathrm{d}P - S\mathrm{d}T \tag{6.15}$$

6.2.2　麦克斯韦热力学关系

麦克斯韦热力学关系是由热力学势的定义导出的一组偏微分方程，这些热力学势与参数 S，V，T 和 P 有关。该关系是关于这些参数二阶导数的数学方程。这是因为函数 $F(x, y)$ 对两个变量 x 和 y 的求导顺序并不重要：

$$\frac{\partial}{\partial x}\left(\frac{\partial F}{\partial y}\right)_x = \frac{\partial^2 F}{\partial x \partial y} = \frac{\partial^2 F}{\partial y \partial x} = \frac{\partial}{\partial y}\left(\frac{\partial F}{\partial x}\right)_y$$

在 Box 6.1 中，通过将该条件应用于不同的热力学势，导出了麦克斯韦热力学关系。概括地说，它们是

$$\left(\frac{\partial T}{\partial V}\right)_S = -\left(\frac{\partial P}{\partial S}\right)_V \tag{6.16}$$

$$\left(\frac{\partial T}{\partial P}\right)_S = \left(\frac{\partial V}{\partial S}\right)_P \tag{6.17}$$

$$\left(\frac{\partial P}{\partial T}\right)_V = \left(\frac{\partial S}{\partial V}\right)_T \tag{6.18}$$

$$\left(\frac{\partial V}{\partial T}\right)_P = -\left(\frac{\partial S}{\partial P}\right)_T \tag{6.19}$$

Box 6.1 麦克斯韦热力学关系式的推导

内能 U 随 V 和 S 的变化［见式（6.6）］：

$$dU = TdS - PdV \tag{1}$$

将 dU 以 U 相对于 V 和 S 的偏导数写成全微分形式：

$$dU = \left(\frac{\partial U}{\partial S}\right)_V dS + \left(\frac{\partial U}{\partial V}\right)_S dV \tag{2}$$

这些表达式中 dV 和 dS 的系数必须相等，因此

$$P = -\left(\frac{\partial U}{\partial V}\right)_S \tag{3}$$

$$T = \left(\frac{\partial U}{\partial S}\right)_V \tag{4}$$

$$\frac{\partial P}{\partial S} = -\frac{\partial^2 U}{\partial T \partial S} \tag{5}$$

$$\frac{\partial T}{\partial V} = \frac{\partial^2 U}{\partial T \partial S} \tag{6}$$

$$\left(\frac{\partial T}{\partial V}\right)_S = -\left(\frac{\partial P}{\partial S}\right)_V \tag{7}$$

这是麦克斯韦热力学关系式之一。同理可得另外三个关系式。

式（6.9）中以 P 和 T 为变量的焓 H 的微分：

$$dH = TdS + VdP \tag{8}$$

dH 可以用 H 关于 T 和 P 的偏导数写成全微分形式：

$$dH = \left(\frac{\partial H}{\partial S}\right)_P dS + \left(\frac{\partial H}{\partial P}\right)_S dP \tag{9}$$

这些表达式中 dS 和 dP 的系数必须相等，因此，$T = (\partial H/\partial S)_P$，$V = (\partial H/\partial P)_S$。将 T 对 P 求导、V 对 S 求导，则有

$$\left(\frac{\partial T}{\partial P}\right)_S = \left(\frac{\partial V}{\partial S}\right)_P \tag{10}$$

式（6.12）中以 V 和 T 为变量的亥姆霍兹能 A 的微分：

$$dA = -PdV - SdT \tag{11}$$

dA 可以用 A 关于 T 和 P 的偏导数写成全微分形式：

$$dA = \left(\frac{\partial A}{\partial V}\right)_T dV + \left(\frac{\partial A}{\partial T}\right)_V dT \tag{12}$$

这些表达式中 dV 和 dT 的系数必须相等，因此，$P = -(\partial A/\partial V)_T$ 和 $S = -(\partial A/\partial T)_V$。将 P 对 T 求导、S 对 V 求导，则有

$$\left(\frac{\partial P}{\partial T}\right)_V = \left(\frac{\partial S}{\partial V}\right)_T \tag{13}$$

式（6.15）中以 P 和 T 为变量的吉布斯自由能 G 的微分：

$$dG = VdP - SdT \tag{14}$$

dG 可以用 G 关于 T 和 P 的偏导数写成全微分形式：

$$dG = \left(\frac{\partial G}{\partial P}\right)_T dP + \left(\frac{\partial G}{\partial T}\right)_P dT \tag{15}$$

这些表达式中 dP 和 dT 的系数必须相等，因此，$V = (\partial G/\partial P)_T$ 和 $S = -(\partial G/\partial T)_P$。将 V 对 T 求导、S 对 P 求导，则有

$$\left(\frac{\partial V}{\partial T}\right)_P = -\left(\frac{\partial S}{\partial P}\right)_T \tag{16}$$

6.3 地核熔化的温度梯度

环境压强对内核的液态凝固温度有很大的影响。在内核边界处，压强为 330GPa，铁的熔点约为 $T_m = 5000K$。如果铁的熔化潜热为 L，则当质量为 m 的铁熔化时，热交换为 $dQ = mL$，熵变为

$$dS = \frac{dQ}{T} = \frac{mL}{T_m} \tag{6.20}$$

将式（6.17）写成全微分，令 $T = T_m$ 并代入式（6.20）可得

$$\left(\frac{dT_m}{dP}\right)_S = \left(\frac{dV}{dS}\right)_P = \frac{V_L - V_S}{mL/T_m} \tag{6.21}$$

其中 V_L 是液态铁所占的体积，V_S 是固态铁所占的体积。将式（6.21）写为

$$\left(\frac{dT_m}{dP}\right)_S = \frac{T_m}{mL}(V_L - V_S) \tag{6.22}$$

这称为克劳修斯 - 克拉佩龙状态变化方程。在凝固过程中，密度从液态的ρ_L变化为固态的ρ_S。质量为 m 的物体，其体积从开始的$V_L = m/\rho_L$变化为$V_S = m/\rho_S$，因此

$$\frac{1}{T_m}\frac{dT_m}{dP} = \frac{1}{L}\left(\frac{1}{\rho_L} - \frac{1}{\rho_S}\right) \tag{6.23}$$

这个方程需转换成关于深度的函数。假设地球内部的压强是静压强。在这种情况下深度增加 dz 导致的压强增加为 dP（只考虑了因深度增加而增加的物质产生的压强）。如果深度 z 处的局部重力场为 $g(z)$，局部密度为$\rho_L(z)$，则静压强增加为

$$dP = g(z)\rho_L(z)dz \tag{6.24}$$

代入式（6.23），可得熔化温度增加与深度增加之间的关系式

$$\frac{1}{T_m}\frac{dT_m}{dz} = \frac{g}{L}\left(1 - \frac{\rho_L}{\rho_S}\right) \tag{6.25}$$

通过实验和建模可以估算地核条件。地心铁核在巨大压强下的熔化温度和熔化潜热尚不清楚。例如，温度估计值在 5000 ~ 6000K 范围内。表 6.1 给出了地核物理性质参数的一些代表值。在修正的克劳修斯 - 克拉佩龙方程（6.25）中，使用内核和外核之间的边界条件，该边界处的熔化温度梯度曲线为

$$\frac{dT_m}{dz} \approx 1.4K \cdot km^{-1} \tag{6.26}$$

表 6.1　靠近地核 - 地幔边界（CMB）和内核边界（ICB）处，地球内核和外核的相关物理性质参数（来源：(1) Dziewonski 和 Anderson，1981；(2) Stacey，2007)

物理性质	单位	(CMB)	外核（ICB）	内核（ICB）	来源
重力场强 g	$m \cdot s^{-2}$	10.7	4.4	4.4	1
密度 ρ	$kg \cdot m^{-3}$	9900	12160	12980	1
体积模量 K_S	GPa	646	1300	1300	1
$\Phi = K_S/\rho$	$m^2 \cdot s^{-2}$	67.3	107	107	1
比热 c_P	$J \cdot K^{-1} \cdot kg^{-1}$	815	794	728	2
温度 T	K	3700	5000	5000	2
格林艾森参数 γ		1.44	1.39	1.39	2
体积膨胀系数 α	$10^{-6}K^{-1}$	18.0	10.3	9.7	2
熔化潜热 L	$10^5 J \cdot kg^{-1}$	—	9.6	—	2

6.4 地核的绝热温度梯度

给物体传热会导致其温度升高。物质的比热是将 1kg 该物质温度提高 1K 所需的热量；可以将其定义为等压比热c_P或等体比热c_V。对于质量为 m 的某种物质，在等压情况下将温度升高 $\mathrm{d}T$ 需要吸收的热量 $\mathrm{d}Q$ 为

$$\mathrm{d}Q = mc_P\mathrm{d}T \tag{6.27}$$

由此可得

$$\left(\frac{\partial Q}{\partial T}\right)_P = mc_P \tag{6.28}$$

温度升高导致材料膨胀。材料的热膨胀系数α_P定义为温度每升高 1K 所增加的体积与总体积比值。这可以写成

$$\alpha_P = \frac{1}{V}\left(\frac{\partial V}{\partial T}\right)_P \tag{6.29}$$

由于热量的增加，能量的变化可以写成全微分形式

$$\mathrm{d}Q = \left(\frac{\partial Q}{\partial T}\right)_P \mathrm{d}T + \left(\frac{\partial Q}{\partial P}\right)_T \mathrm{d}P \tag{6.30}$$

根据熵的定义，上式变为

$$T\mathrm{d}S = \left(\frac{\partial Q}{\partial T}\right)_P \mathrm{d}T + T\left(\frac{\partial S}{\partial P}\right)_T \mathrm{d}P \tag{6.31}$$

将式（6.28）代入上式等号右边第一项，式（6.19）所示的麦克斯韦关系代入上式等号右边第二项得

$$T\mathrm{d}S = mc_P\mathrm{d}T - T\left(\frac{\partial V}{\partial T}\right)_P \mathrm{d}P \tag{6.32}$$

由于绝热过程中系统与外界没有热量交换，所以绝热过程的条件是熵保持不变，$\mathrm{d}S=0$，所以

$$mc_P\mathrm{d}T = TV\alpha_P\mathrm{d}P \tag{6.33}$$

$$\left(\frac{\partial T}{\partial P}\right)_S = \frac{TV\alpha_P}{mc_P} = \frac{T\alpha_P}{\rho c_P} \tag{6.34}$$

这给出了温度随压强增加的绝热变化。利用式（6.24），可将压强变

化转化为深度变化，得到绝热温度梯度

$$\left(\frac{\partial T}{\partial z}\right)_S = \frac{gT\alpha_P}{c_P} \tag{6.35}$$

绝热温度随深度的分布对理解地球液核的条件很重要。如果实际温度分布偏离绝热曲线，那么就会产生对流，进而重新分配温度以保持绝热条件。表6.1中的物理参数给出了液核的绝热温度梯度

$$\left(\frac{\partial T}{\partial z}\right)_S \approx 0.88\mathrm{K}\cdot\mathrm{km}^{-1} \tag{6.36}$$

在地核-地幔边界，而

$$\left(\frac{\partial T}{\partial z}\right)_S \approx 0.29\mathrm{K}\cdot\mathrm{km}^{-1} \tag{6.37}$$

在内核边界。

将这些值与式（6.26）进行比较可知，熔化温度T_m随深度的增加比绝热温度的增加更快。早期的地球，从表面冷却，中心首先达到熔化温度。地核将从底部向上凝固，因此导致当前液态外核和固体内核的分层。一旦内核变成固体，它只能通过热传导进一步冷却，而对流仍然是外核传热的主要过程。

6.5 格林艾森参数

金属原子位于规则晶格中的特定位置，形成与环境条件相对应的晶体结构。铁在室温和常温下具有体心立方（b. c. c.）结构，但是随着压强增加，该结构变为更密的面心立方（f. c. c.）堆积，最终变为六角密堆积（h. c. p.）。内核边界处，即压强为330GPa、温度为6000K，铁具有h. c. p.结构。在微观尺度上，铁晶体中的原子的频率振动由温度决定。原子振动频率不是任意的，而是像经典振动弦线一样具有简正模式。量子化的振动（声子）可以实现固体中的热传导，而长波声子传输声音。固体温度的变化会引起体积的变化，改变原子间距，从而改变晶格的振动模式（声子频率）。在固体物理学中，这种变化由格林艾森参数γ来描述。这是一个无量纲参数，最初定义为表示晶格振动的特定模式（声子频率）对体积V变化的依赖关系。频率为ν_i的特定模式的格林艾森参数的微观定义式为

$$\gamma_i = -\left(\frac{\partial \ln \nu_i}{\partial \ln V}\right)_T \tag{6.38}$$

根据这个定义，很难测量格林艾森参数，因为这需要对晶格动力学有详细的了解。格林艾森参数的一个更有用的宏观定义与热力学性质有关，例如体积模量K_S、密度ρ、比热c和热膨胀系数α。恒压下其定义为

$$\gamma = \frac{\alpha_P K_S}{\rho c_P} \tag{6.39}$$

γ在地球物理学中很重要，因为它出现在描述物理性质与温度、压强以及深度的相关性的方程中。但是，定义γ所需要的高压高温条件下物理性质（地球内核中的条件）的值很难通过实验获得。方便的是γ值仅随压强和温度缓慢变化。它在地球内部重要的边界处变化明显，但在边界之间较大的深度范围内，γ并没有太大的变化（见图6.2）。

绝热温度梯度的方程（6.35）可以重新表示为

$$\left(\frac{\mathrm{d}T}{\mathrm{d}z}\right)_S = \frac{g\rho T}{K_S}\left(\frac{\alpha_P K_S}{\rho c_P}\right) \tag{6.40}$$

将γ的宏观定义代入，可以将温度梯度写为

$$\left(\frac{\mathrm{d}T}{\mathrm{d}z}\right)_S = \gamma \frac{g\rho T}{K_S} \tag{6.41}$$

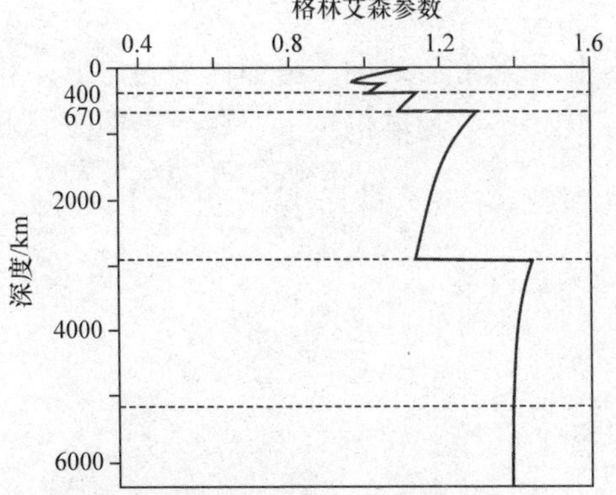

图6.2　格林艾森参数在地球内部不同区域的估计变化。数据来源：Stacey和Davis（2008），附录G

该方程可以用地震波在地球中的传播速度进一步简化，波速由弹性常数确定。8.5 节给出了 P 波速度 α 和 S 波速度 β 与体积模量 K_S、刚度 μ 及密度 ρ 之间的关系

$$\alpha^2 = \frac{K_S + \frac{4}{3}\mu}{\rho} \tag{6.42}$$

$$\beta^2 = \frac{\mu}{\rho} \tag{6.43}$$

$$\frac{K_S}{\rho} = \alpha^2 - \frac{4}{3}\beta^2 = \Phi \tag{6.44}$$

其中，Φ 称为地震参数，并且众所周知，它是地球深度的函数，这是因为在诸如 PREM（Dziewonski 和 Anderson，1981）之类的地球模型上精确地确定了地震速度。使用该函数，绝热温度梯度方程可简化为

$$\left(\frac{\mathrm{d}T}{\mathrm{d}z}\right)_S = \gamma\frac{gT}{\Phi} \tag{6.45}$$

地球内部的温度和密度

热对流是外核和地幔中传热的主要方式，它使这些区域的环境温度接近绝热温度。可以将绝热梯度公式（6.41）重新构造为压强而不是深度的函数

$$\mathrm{d}T = \gamma\frac{g\rho T}{K_S}\mathrm{d}z = \gamma\frac{T}{K_S}\mathrm{d}P \tag{6.46}$$

当压强增加时，体积通常会减小。在弹性材料中，体积变化分数与压强变化成正比；比例常数为体积模量，在绝热条件下表示为

$$K_S = -V\left(\frac{\mathrm{d}P}{\mathrm{d}V}\right)_S = \rho\left(\frac{\mathrm{d}P}{\mathrm{d}\rho}\right)_S \tag{6.47}$$

重新整理上面的关系可得

$$\frac{\mathrm{d}P}{K_S} = \frac{\mathrm{d}\rho}{\rho} \tag{6.48}$$

代入绝热方程可得

$$\frac{\mathrm{d}T}{T} = \gamma\frac{\mathrm{d}P}{K_S} = \gamma\frac{\mathrm{d}\rho}{\rho} \tag{6.49}$$

两边积分可得

$$\ln\left(\frac{T_2}{T_1}\right)=\gamma\ln\left(\frac{\rho_2}{\rho_1}\right) \tag{6.50}$$

$$\frac{T_2}{T_1}=\left(\frac{\rho_2}{\rho_1}\right)^{\gamma} \tag{6.51}$$

这样，若已知特定区域的格林艾森参数，就可以根据密度随深度的变化关系来估计温度的变化，这是众所周知的。

6.6 热流

当一个直导体被加热使一端保持温度在 T_1，另一端保持在更高的温度 T_2（见图6.3）时，从较冷端流出的热量 ΔQ 与导体的长度 L 成反比，与横截面积 A、测量时间 Δt 及导体两端的温差成正比：

$$\Delta Q \propto A\frac{T_2-T_1}{L}\Delta t \tag{6.52}$$

我们用这个观测来定义地球表面的垂直热流。

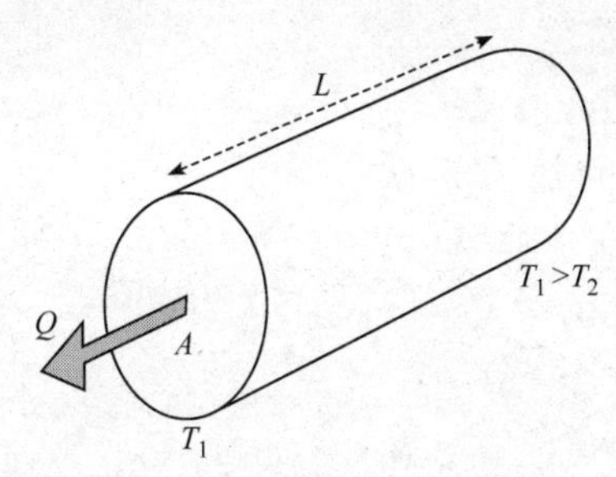

图6.3 沿长度为 L、截面积为 A、两端保持在不同温度 T_1 和 T_2（$T_1>T_2$）的导体中的热流 Q

6.6.1 热流方程

定义笛卡儿坐标轴：z 轴垂直向下，x 轴和 y 轴位于水平面内（见图6.4）。考虑沿截面为 A_z（与 z 轴垂直）、长度为 $\mathrm{d}z$ 的非常短的导体中垂直向上的热流，设深度为 z 的上部较冷端具有温度 T，而深

度为 $z+\mathrm{d}z$ 的下部较热端具有温度 $T+\mathrm{d}T$。将这些值代入式（6.52）并引入比例常数 k，可以得到单位时间内热损失的微分方程

$$\frac{\mathrm{d}Q_z}{\mathrm{d}t} = -kA_z\frac{\mathrm{d}T}{\mathrm{d}z} \tag{6.53}$$

负号表示热量沿 z 方向减小（即向上）的流动。比例常数是导体的材料性质，即热导率。热流 q_z 为每秒穿过单位截面的热量：

$$q_z = \frac{1}{A_z}\frac{\mathrm{d}Q_z}{\mathrm{d}t} = -k\frac{\mathrm{d}T}{\mathrm{d}z} \tag{6.54}$$

这给出了沿 z 轴的垂直热流；类似地，可以定义热流沿 x 轴和 y 轴的水平分量，因此一般来说，可以把热流表示成一个矢量

$$\boldsymbol{q} = -k\nabla T \tag{6.55}$$

6.6.2 热传导方程

考虑一维情况，热量垂直向上（沿着 z 轴）流过一个小长方体，边长分别为 Δx，Δy 和 Δz，上表面深度为 z，温度为 T（见图6.4）。垂直通过上表面（面积为 $A_z=\Delta x\Delta y$）的热流为 q_z，因此，在 Δt 时间内，垂直流出上表面的总热量 Q_z 为

$$Q_z = q_z(\Delta x\cdot\Delta y)\Delta t \tag{6.56}$$

下表面深度为 $z+\mathrm{d}z$，从底面流入小长方体的热量为

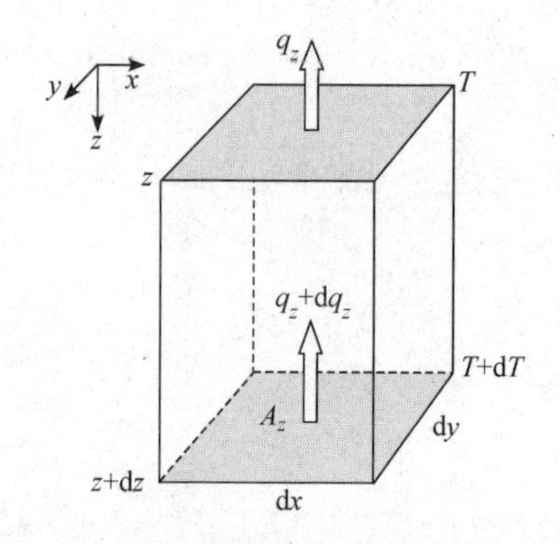

图6.4 小长方体的边长分别是 Δx，Δy，Δz，从底部流入小长方体的热量是 $Q_z+\Delta Q_z$，而从顶部离开的热量是 Q_z

$$Q_z + \Delta Q_z = Q_z + \frac{\partial Q_z}{\partial z}\Delta z \tag{6.57}$$

留在小长方体内的净热量是流进、流出的热量之差，将式（6.56）代入可得

$$\Delta Q_z = \frac{\partial Q_z}{\partial z}\Delta z = \frac{\partial q_z}{\partial z}\Delta z(\Delta x \cdot \Delta y)\Delta t \tag{6.58}$$

将式（6.54）代入可得留在小长方体中的热量 ΔQ_z为

$$\Delta Q_z = \frac{\partial}{\partial z}\left(-k\frac{\partial T}{\partial z}\right)\Delta V\Delta t = -k\frac{\partial^2 T}{\partial z^2}\Delta V\Delta t \tag{6.59}$$

设 c_P为定压比热，ρ 为长方体内材料的密度，并设由额外热量引起的温升为 ΔT，小长方体内物质的质量 $m=\rho\Delta V$，所以

$$\Delta Q_z = c_P m\Delta T = \rho c_P\Delta V\Delta T \tag{6.60}$$

上式与式（6.59）相等，两边都除以 ΔV，可得

$$\rho c_P\frac{\partial T}{\partial t} = -k\frac{\partial^2 T}{\partial z^2} \tag{6.61}$$

$$\frac{\partial T}{\partial t} = -\left(\frac{k}{\rho c_P}\right)\frac{\partial^2 T}{\partial z^2} \tag{6.62}$$

括号中的物理参数组合定义了热扩散系数

$$\kappa = \frac{k}{\rho c_P} \tag{6.63}$$

因此一维热传导方程为

$$\frac{\partial T}{\partial t} = -\kappa\frac{\partial^2 T}{\partial z^2} \tag{6.64}$$

这是地球物理学中最重要的方程之一。该方程与扩散方程具有相同的形式，在扩散过程中任意移动粒子的净通量与粒子的浓度梯度成正比。因此，热传导方程有时也被称为热扩散方程。以下几节中给出了一维热传导的两个具体例子：地球外部热量的渗入和半空间冷却的热量损失。

将上面情况扩展到 x 和 y 方向，情况相似，唯一的区别是二阶导数分别相对于 x 和 y。因此三维热传导方程为

$$\frac{\partial T}{\partial t} = -\kappa\left(\frac{\partial^2 T}{\partial x^2}+\frac{\partial^2 T}{\partial y^2}+\frac{\partial^2 T}{\partial z^2}\right) \tag{6.65}$$

或

$$\frac{\partial T}{\partial t} = -\kappa\nabla^2 T \tag{6.66}$$

6.6.3 渗入地球的太阳热

太阳能以准周期的方式给地球表面加热，每天有一个高温和一个低温，每年有一个最温暖和一个最寒冷的月份。太阳热能通过热传导向地下渗透一定的距离。利用适当的边界条件，通过求解一维热传导方程，可以计算出地下温度随深度的衰减。

还是设 z 方向为垂直方向，满足方程（6.64），即温度是深度和时间的函数：$T=T(z,t)$。采用分离变量法，设深度变化函数为$Z(z)$，时间函数为 $\tau(t)$。那么

$$T(z,t) = Z(z)\tau(t) \tag{6.67}$$

将此表达式代入热传导方程，然后方程两边同除以乘积 $Z(z)\tau(t)$。可得

$$Z\frac{\partial \tau}{\partial t} = \kappa\tau\frac{\partial^2 Z}{\partial z^2} \tag{6.68}$$

$$\frac{1}{\tau}\frac{\partial \tau}{\partial t} = \kappa\frac{1}{Z}\frac{\partial^2 Z}{\partial z^2} \tag{6.69}$$

方程两边自变量不同，成立的条件是两边只能等于相同的常数，因此可以把方程分成两部分。所选的常数必须适合所述问题的边界条件。如果入射太阳能是时间的周期函数，那么解也具有时间周期性。表面温度对时间的依赖可用复函数 exp（$\mathrm{i}\omega t$）的实部表示：

$$T = T_0\cos(\omega t) = T_0\mathrm{Re}(\exp(\mathrm{i}\omega t)) \tag{6.70}$$

将该式与式（6.69）的左边相比，可知方程中的常数只能是ωt：

$$\frac{1}{\tau}\frac{\partial \tau}{\partial t} = \mathrm{i}\omega \tag{6.71}$$

因此，深处温度随时间的变化规律为

$$\tau = \tau_0\exp(\mathrm{i}\omega t) \tag{6.72}$$

因为式（6.69）两边等于相同的常数，所以深度函数满足

$$\kappa\frac{1}{Z}\frac{\partial^2 Z}{\partial z^2} = \mathrm{i}\omega \tag{6.73}$$

$$\frac{\partial^2 Z}{\partial z^2} - \mathrm{i}\frac{\omega}{\kappa}Z = 0 \tag{6.74}$$

简写运动方程

$$\frac{\partial^2 Z}{\partial z^2} + n^2 Z = 0 \tag{6.75}$$

其解为

$$Z = Z_1 \exp(\mathrm{i}nz) + Z_0 \exp(-\mathrm{i}nz) \tag{6.76}$$

比较式（6.74）和式（6.75）可得

$$n^2 = -\mathrm{i}\frac{\omega}{\kappa} \tag{6.77}$$

$$\mathrm{i}n = \sqrt{\mathrm{i}\frac{\omega}{\kappa}} \tag{6.78}$$

如1.2节所述，复数 $\exp(\mathrm{i}\theta)$ 可以写成

$$\exp(\mathrm{i}\theta) = \cos\theta + \mathrm{i}\sin\theta \tag{6.79}$$

因此

$$\mathrm{i} = \exp\left(\mathrm{i}\frac{\pi}{2}\right) \tag{6.80}$$

且

$$\sqrt{\mathrm{i}} = \exp\left(\mathrm{i}\frac{\pi}{4}\right) = \cos\left(\frac{\pi}{4}\right) + \mathrm{i}\sin\left(\frac{\pi}{4}\right) = \frac{1}{\sqrt{2}}(1+\mathrm{i}) \tag{6.81}$$

式（6.78）可以写成

$$\mathrm{i}n = \sqrt{\frac{\omega}{2\kappa}}(1+\mathrm{i}) \tag{6.82}$$

将其代入式（6.76），温度随深度的变化变为

$$Z = Z_1 \exp\left(\sqrt{\frac{\omega}{2\kappa}}(1+\mathrm{i})z\right) + Z_0 \exp\left(-\sqrt{\frac{\omega}{2\kappa}}(1+\mathrm{i})z\right) \tag{6.83}$$

在太阳加热的问题上，我们感兴趣的是热量沿 z 正方向向下流入地球。太阳加热引起的温度波动随深度的增加而减小，因此 $\mathrm{d}Z/\mathrm{d}z$ 必须为负。式（6.83）中的第一项随深度呈指数增长，因此 $Z_1 = 0$，那么

$$T(z,t) = Z_0 \exp\left(-\sqrt{\frac{\omega}{2\kappa}}(1+\mathrm{i})z\right) \cdot \tau_0 \exp(\mathrm{i}\omega t) \tag{6.84}$$

表面的初始条件（深度 $z=0$，时间 $t=0$）是温度等于 T_0。因此，

$Z_0\tau_0 = T_0$，则热传导方程的解是

$$T(z,t) = T_0\exp\left(-\sqrt{\frac{\omega}{2\kappa}}z\right)\exp\left\{i\left(\omega t - \sqrt{\frac{\omega}{2\kappa}}z\right)\right\} \tag{6.85}$$

温度随时间和深度的变化是该解的实部：

$$T(z,t) = T_0\exp\left(-\frac{z}{d}\right)\cos\left(\omega t - \frac{z}{d}\right) \tag{6.86}$$

其中

$$d = \sqrt{\frac{2\kappa}{\omega}} \tag{6.87}$$

这是特征深度，通常称为穿透深度。它是温度波动振幅降低到表面 1/e 的深度。它既取决于波动的频率，也取决于地面的材料特性。热扩散系数的定义基于比热、密度和导热系数，都随温度而变化。因此，热扩散系数与温度有关；在普通岩石中，热扩散系数随温度的升高而降低。表 6.2 列出了假设的近地表岩石类物理性质的代表值，则可用于计算典型穿透深度。昼夜温度变化的穿透深度（周期 = 86400s，$\omega = 7.27\times10^{-5}\,\mathrm{rad\cdot s^{-1}}$）约为 18cm；年波动（周期 = 3.15×10^7s，$\omega = 1.99\times10^{-7}\,\mathrm{rad\cdot s^{-1}}$）约为 3.5m。

表 6.2　根据每日和每年的温度波动计算出的陆地近地表岩石中的太阳能穿透深度

（来源：Vosteen 和 Schellschmidt（2003）的图表数据平均值）

热力学性质	单位	平均值
导热系数 k	$\mathrm{W\cdot m^{-1}\cdot K^{-1}}$	2.5
比热 C_P	$\mathrm{J\cdot kg\cdot K^{-1}}$	800
密度 ρ	$\mathrm{kg\cdot m^{-3}}$	2750
热扩散系数 k	$10^{-6}\mathrm{m^2\cdot s^{-1}}$	1.1
穿透深度日波动	m	0.18
穿透深度年波动	m	3.4

注意，穿透深度 d 不是太阳能可以穿透的最大深度，而是温度波动振幅衰减到 1/e 的深度，表面温度变化感觉远低于穿透深度。深度为 $5d$ 处，温度波动衰减到表面值的 1% 左右。

表面温度波动的衰减伴随着相位的变化。可以将式（6.86）写为

$$T(z,t) = T_0\exp\left(-\frac{z}{d}\right)\cos(\omega(t-t_0)) \tag{6.88}$$

时间 t_0 为深度 z 处感受到的表面极值的时间延迟：

$$t_0 = \frac{z}{\omega d} = \frac{z}{\omega}\sqrt{\left(\frac{\omega}{2\kappa}\right)} = \frac{z}{\sqrt{2\kappa\omega}} \tag{6.89}$$

图6.5利用表6.2中的数据计算了假设沉积岩的温度衰减和相移。假设表面温度在+10℃和−10℃之间呈周期性变化。在约1m以下几乎看不到地表温度的日变化，相应深度的年波动量约为19m。深度 $z=\pi d$（约11m）处年变化相对于表面值的相移为180°，即当表面温度处于其峰值时，该深度处的温度最低。

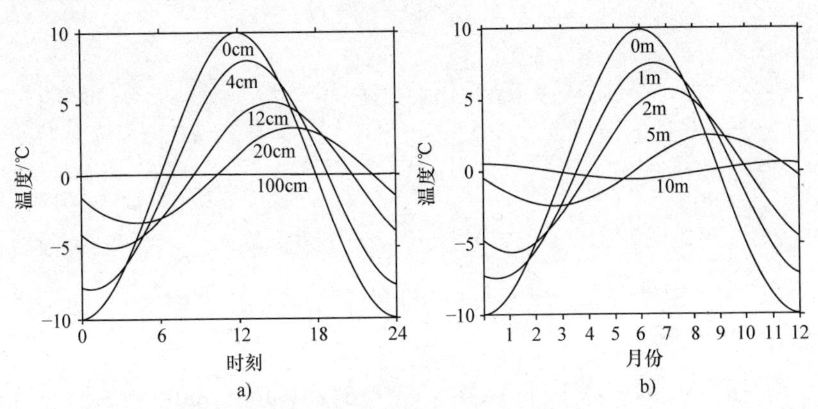

图6.5 太阳热辐射对沉积岩近地表温度的影响。a）日温度波动的衰减和相移；b）年温度波动的衰减和相移

6.6.4 半无限空间冷却

热传导方程的第二个应用是研究当地球从最初的热状态冷却下来时，地球内部垂直向外的热量流动。假设一维半无限空间沿（垂直）z 方向无限延伸。忽略热流的横向分量（如表面形貌改变），主要研究地球开始冷却后，温度分布 $T(z,t)$ 在半空间中随深度 z 和时间 t 变化的函数。

设上表面的温度为零。温度在冷却半空间中必须满足热传导方程，像推导方程（6.69）一样，通过分离变量可得

$$\frac{1}{\kappa}\frac{1}{\tau}\frac{\partial \tau}{\partial t}=\frac{1}{Z}\frac{\partial^2 Z}{\partial z^2} \tag{6.90}$$

在这种情况下，我们研究的不是波动的温度，而是稳定的冷却过程。同前面一样，分离变量并设分离常数为 $-n^2$：

$$\frac{1}{\kappa}\frac{1}{\tau}\frac{\partial \tau}{\partial t}=-n^2 \tag{6.91}$$

$$\frac{1}{Z}\frac{\partial^2 Z}{\partial z^2}=-n^2 \tag{6.92}$$

与时间相关的特解为

$$\tau=\tau_0\exp(-\kappa n^2 t) \tag{6.93}$$

空间特解为

$$Z=A_n\cos(nz)+B_n\sin(nz) \tag{6.94}$$

上表面 $z=0$ 处的边界条件为 $T(0,t)=0$，这要求 $A_n=0$。通解为对所有可能的 n 值求和：

$$T(z,t)=\tau_0\sum_{n=0}^{\infty}\exp(-\kappa n^2 t)B_n\sin(nz) \tag{6.95}$$

对于连续的温度分布，求和可以用积分代替，其中常数 τ_0 和 B_n 构成连续函数 $B(n)$：

$$T(z,t)=\int_0^{\infty}\exp(-\kappa n^2 t)B(n)\sin(nz)\,\mathrm{d}n \tag{6.96}$$

设 $t=0$ 时冷却半空间的初始温度分布 $T(z)$ 为

$$T(z,0)=T(z)=\int_0^{\infty}B(n)\sin(nz)\,\mathrm{d}n \tag{6.97}$$

这是一个傅里叶积分方程，必须确定其振幅函数 $B(n)$。利用傅里叶积分正弦变换可以获得 $B(n)$（1.17 节中进行了简要介绍）。根据傅里叶正弦变换可以将振幅函数写为

$$B(n)=\frac{2}{\pi}\int_0^{\infty}T(z)\sin(nz)\,\mathrm{d}z=\frac{2}{\pi}\int_0^{\infty}T(\zeta)\sin(n\zeta)\,\mathrm{d}\zeta \tag{6.98}$$

在最终的积分表达式中已将变量 z 代换为 ζ，以避免后面将该结果代回式（6.96）时产生混淆。代回后有

$$T(z,t) = \frac{2}{\pi}\int_0^\infty T(\zeta)\left[\int_0^\infty \exp(-\kappa n^2 t)\sin(nz)\sin(n\zeta)\,\mathrm{d}n\right]\mathrm{d}\zeta \tag{6.99}$$

利用三角函数关系可以将被积函数变为

$$2\sin(nz)\sin(n\zeta) = \cos(n(\zeta - z)) - \cos(n(\zeta + z)) \tag{6.100}$$

那么

$$T(z,t) = \frac{1}{\pi}\int_0^\infty T(\zeta)\left[\int_0^\infty (\exp(-\kappa n^2 t)\cos(n(\zeta - z)) - \exp(-\kappa n^2 t)\cos(n(\zeta + z)))\,\mathrm{d}n\right]\mathrm{d}\zeta \tag{6.101}$$

方括号内的两个积分具有相同的形式，即 $\int_0^\infty \exp(-\alpha n^2)\cos(nu)\,\mathrm{d}n$，其中 $\alpha = \kappa t$、$u = \zeta - z$ 和 $u = \zeta + z$。该积分（见 Box6.2）为

$$\int_0^\infty \exp(-\alpha n^2)\cos(nu)\,\mathrm{d}n = \frac{1}{2}\sqrt{\frac{\pi}{\alpha}}\exp\left(-\frac{u^2}{4\alpha}\right) \tag{6.102}$$

将该积分结果代入式（6.101）的方括号中，并令 $\alpha = \kappa t$ 可得

$$T(z,t) = \frac{1}{2\sqrt{\pi\kappa t}}\int_0^\infty T(\zeta)\left[\exp\left(-\frac{(\zeta - z)^2}{4\kappa t}\right) - \exp\left(-\frac{(\zeta + z)^2}{4\kappa t}\right)\right]\mathrm{d}\zeta \tag{6.103}$$

Box 6.2 冷却半空间积分

冷却半空间的解需要计算积分

$$Y = \int_0^\infty \exp(-\alpha n^2)\cos(nu)\,\mathrm{d}n \tag{1}$$

将其对 u 求导

$$\frac{\partial Y}{\partial u} = \int_0^\infty -n\exp(-\alpha n^2)\sin(nu)\,\mathrm{d}n \tag{2}$$

将式（2）对 n 分部积分得

$$\frac{\partial Y}{\partial u} = \left[\frac{\exp(-\alpha n^2)}{2\alpha}\sin(nu)\right]_0^\infty - \frac{u}{2\alpha}\int_0^\infty \exp(-\alpha n^2)\cos(nu)\,\mathrm{d}n = -\frac{u}{2\alpha}Y \tag{3}$$

$$\frac{1}{Y}\frac{\partial Y}{\partial u}=\frac{\partial}{\partial u}\ln(Y)=-\frac{u}{2\alpha}\tag{4}$$

$$\ln(Y)=-\frac{u^2}{4\alpha}+\ln(Y_0)$$

引入积分常量 Y_0，则积分为

$$Y=Y_0\exp\left(-\frac{u^2}{4\alpha}\right)\tag{5}$$

常量 Y_0 表示 $u=0$ 时，Y 的值由下式决定：

$$Y_0=\int_0^\infty\exp(-\alpha x^2)\,\mathrm{d}x=\int_0^\infty\exp(-\alpha y^2)\,\mathrm{d}y\tag{6}$$

$$\begin{aligned}(Y_0)^2&=\left(\int_0^\infty\exp(-\alpha x^2)\,\mathrm{d}x\right)\left(\int_0^\infty\exp(-\alpha y^2)\,\mathrm{d}y\right)\\&=\int_0^\infty\int_0^\infty\exp(-\alpha(x^2+y^2))\,\mathrm{d}x\mathrm{d}y\end{aligned}\tag{7}$$

用极坐标（r，θ）表示，其中 $x=r\cos\theta$，$y=r\sin\theta$，则面元变为 $\mathrm{d}x\mathrm{d}y=r\mathrm{d}r\mathrm{d}\theta$。积分区域由（$0\leqslant x\leqslant\infty$；$0\leqslant y\leqslant\infty$）变为（$0\leqslant r\leqslant\infty$；$0\leqslant\theta\leqslant\pi/2$）：

$$(Y_0)^2=\int_0^{\pi/2}\int_0^\infty\exp(-\alpha r^2)\,r\mathrm{d}r\mathrm{d}\theta=\int_0^{\pi/2}\left(\int_0^\infty\exp(-\alpha r^2)\,r\mathrm{d}r\right)\mathrm{d}\theta\tag{8}$$

$$(Y_0)^2=\int_0^{\pi/2}\left[-\frac{\exp(-\alpha r^2)}{2\alpha}\right]_{r=0}^{\infty}\mathrm{d}\theta=\frac{1}{2\alpha}\int_0^{\pi/2}\mathrm{d}\theta=\frac{\pi}{4\alpha}\tag{9}$$

$$Y_0=\frac{1}{2}\sqrt{\frac{\pi}{\alpha}}\tag{10}$$

将上式代入式（5）可得积分结果为

$$Y=\frac{1}{2}\sqrt{\frac{\pi}{\alpha}}\exp\left(-\frac{u^2}{4\alpha}\right)\tag{11}$$

如果物体初始冷却温度均为 T_0，则 $T(z)=T_0$，温度分布可以写为

$$T(z,t) = \frac{T_0}{2\sqrt{\pi\kappa t}}\left\{\int_0^{\infty}\exp\left(-\frac{(\zeta - z)^2}{4\kappa t}\right)d\zeta - \int_0^{\infty}\exp\left(-\frac{(\zeta + z)^2}{4\kappa t}\right)d\zeta\right\} \tag{6.104}$$

对第一项积分，令 $w = (\zeta - z)/2\sqrt{\kappa t}$，则 $dw = [1/(2\sqrt{\kappa t})]d\xi$，且积分上下限变为∞到 $-z/(2\sqrt{\kappa t})$。类似地，第二项积分中令 $\nu = (\zeta + z)/2\sqrt{\kappa t}$，可以得到 dv 的表达式，但是积分上下限变为∞到 $z/(2\sqrt{\kappa t})$。式（6.104）变为

$$T(z,t) = \frac{T_0}{\sqrt{\pi}}\left\{\int_{-z/(2\sqrt{\kappa t})}^{\infty}\exp(-w^2)dw - \int_{z/(2\sqrt{\kappa t})}^{\infty}\exp(-v^2)dv\right\} \tag{6.105}$$

该方程中的积分变量 w 和 v 是可以互换的，调整相应的积分区域，可以合成一个积分。于是有

$$T(z,t) = \frac{T_0}{\sqrt{\pi}}\left\{\int_{-z/(2\sqrt{\kappa t})}^{z/(2\sqrt{\kappa t})}\exp(-w^2)dw\right\} = \frac{2T_0}{\sqrt{\pi}}\left\{\int_0^{z/(2\sqrt{\kappa t})}\exp(-w^2)dw\right\} \tag{6.106}$$

$$T(z,t) = T_0\left\{\frac{2}{\sqrt{\pi}}\int_0^{z/(2\sqrt{\kappa t})}\exp(-w^2)dw\right\} \tag{6.107}$$

式（6.107）大括号里的关系式是误差函数（见 Box6.3），因此可写为

$$\mathrm{erf}(\eta) = \frac{2}{\sqrt{\pi}}\int_0^{\eta}\exp(-u^2)du \tag{6.108}$$

对任何有限参数，误差函数的值都可以制成列表。因此，对于冷却半空间中随时间和深度变化的温度函数的解为

$$T(z,t) = T_0\mathrm{erf}\left(\frac{z}{2\sqrt{\kappa t}}\right) \tag{6.109}$$

该式可以帮助我们理解测得的海洋上的热流。

Box 6.3　误差函数

误差函数与钟形正态分布密切相关。但是，只考虑自变量 u 的正值，因此函数曲线与正态分布函数曲线的右半部分相似（见图 B6.3a)。其方程为

$$f(u) = \frac{2}{\sqrt{\pi}}\exp(-u^2) \tag{1}$$

误差函数 erf(η)定义为从原点 $u=0$ 到 $u=\eta$ 正态分布曲线下的面积，即

$$\mathrm{erf}(\eta) = \frac{2}{\sqrt{\pi}}\int_0^{\eta}\exp(-u^2)\,\mathrm{d}u \tag{2}$$

余误差函数 erfc(η)的定义为

$$\mathrm{erfc}(\eta) = 1-\mathrm{erf}(\eta) = \frac{2}{\sqrt{\pi}}\int_{\eta}^{\infty}\exp(-u^2)\,\mathrm{d}u \tag{3}$$

对于任何特定值 η，erf(η)或 erfc(η)的值可从标准表或图 B6.3b中获得。

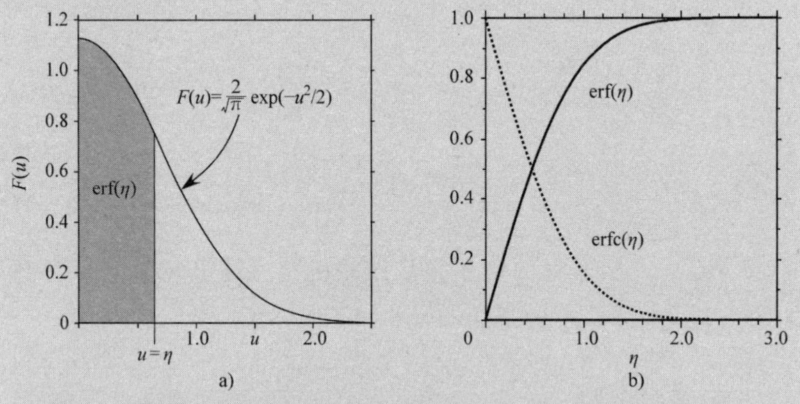

图 B6.3　a）误差函数 erf(η)定义为从原点 $u=0$ 到 $u=\eta$ 的正态分布曲线下的面积；b）误差函数 erf（η）和余误差函数 erfc（η）图

6.6.5　大洋岩石圈的冷却

在板块构造理论中，大洋岩石圈是在洋中脊形成的，通过海底扩张，从洋中脊向外推移并冷却。假设扩张速度恒定，岩石圈在任何地方的年龄或冷却时间 t 与它距洋中脊的距离成正比。有两种常用的模型：一种是如上所述的一维半空间模型，另一种是将岩石圈视为冷却

边界层的板块模型，其顶面为海底温度，其基底和扩张边缘为软流圈温度。这里将进一步讨论第一个问题。

半空间模型将岩石圈分成狭窄且垂直的柱状结构，最初的温度与海脊物质的温度相同。当岩石从海脊向外扩张时，冷却并释放出垂直的热流，忽略水平方向的热传导。在这个简单的模型中，以海脊温度 T_0 形成时开始计时，海洋板块在 t 时刻的温度 T 由式（6.109）给出。通过年龄为 t 的洋壳的热流 q_z 可以从垂直温度梯度获得

$$q_z = -k\frac{\mathrm{d}T}{\mathrm{d}z} = -k\frac{\mathrm{d}T}{\mathrm{d}\eta}\frac{\mathrm{d}\eta}{\mathrm{d}z} \tag{6.110}$$

$$\frac{\mathrm{d}T}{\mathrm{d}\eta} = T_0\frac{\mathrm{d}}{\mathrm{d}\eta}\mathrm{erf}(\eta) = \frac{2T_0}{\sqrt{\pi}}\frac{\mathrm{d}}{\mathrm{d}\eta}\int_0^\eta \exp(-u^2)\,\mathrm{d}u \tag{6.111}$$

$$= \frac{2T_0}{\sqrt{\pi}}\exp(-\eta^2)$$

$$\frac{\mathrm{d}\eta}{\mathrm{d}z} = \frac{\mathrm{d}}{\mathrm{d}z}\left(\frac{z}{2\sqrt{\kappa t}}\right) = \frac{1}{2\sqrt{\kappa t}} \tag{6.112}$$

联立这些方程，可得热流

$$q_z = \frac{T_0}{\sqrt{\pi\kappa t}}\exp(-\eta^2) \tag{6.113}$$

在海洋板块的表面处，$\eta = z = 0$，$\exp(-\eta^2) = 1$，所以通过年龄为 t 的地壳的热流为

$$q_z = \frac{T_0}{\sqrt{\pi\kappa t}} \tag{6.114}$$

由半空间模型预测的热流与年龄平方根成反比的关系与观测的海洋热流值吻合得很好（见图 6.6）。

对于年轻的海床和沉积物覆盖层较薄的海床，其热流数据整体上受热液环流影响会发生偏离，热液环流通过水平对流输出部分热量。这可以通过只考虑热液环流扰动最小的地方的热流来补偿，例如有足够的沉积物覆盖层和远离出露基底的地方。特别是，图 6.6 画出了年轻海床上进行过详细调查（地下基底地形的地震成像、密集的热流测量和剖面）的地方的热流数据。这些地方的热流值与两种冷却模型的

预测非常吻合。对于较老的大洋岩石圈，板块模型比半空间模型更符合观测数据，这似乎是一个更好的整体模型。

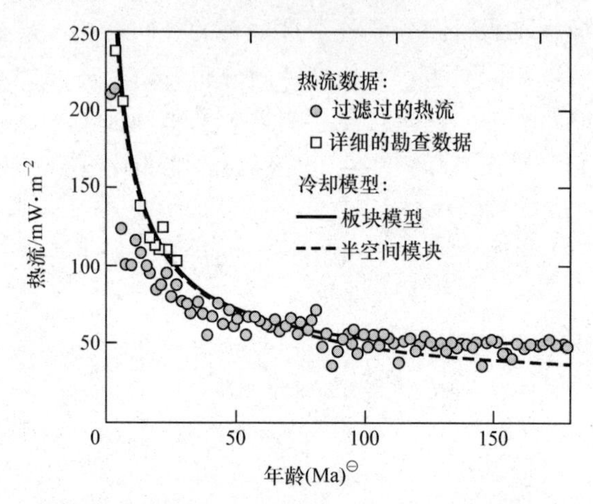

图 6.6 所有海洋的热流数据绘制了与岩石圈年龄的对比图。这些数据已经过滤，排除了沉积物厚度小于 325m 和距离海脊 85km 以内的地点。实心圆点表示年龄为 2Ma 的海床平均热流；空心的正方形表示通过海底地震成像和其他地球物理调查得到的场地（了解其周围环境）高质量数据。虚线和实线分别表示半空间和板块冷却模型的热流。来自 Hasterok（2010）

进一步阅读

Anderson, O. L. (2007). Grüneisen's parameter for iron and Earth's core, in *Encyclopedia of Geomagnetism and Paleomagnetism*, ed. D. Gubbins and E. Herrero-Bervera. Dordrecht: Springer, pp. 366–373.

Carslaw, H. S. and Jaeger, J. C. (2001). *Conduction of Heat in Solids*. Oxford: Clarendon Press, 510 pp.

Jessop, A. M. (1990). *Thermal Geophysics*. Amsterdam: Elsevier, 306 pp.

Özişik, M. N. (1980). *Heat Conduction*. New York: John Wiley & Sons, 687 pp.

Stein, C. A. (1995). Heat flow of the Earth, in *Global Earth Physics: A Handbook of Physical Constants*, ed. T. J. Ahrens. Washington, DC: American Geophysical Union, pp. 144–158.

㊀ 编辑注：Ma 为百万年，一般用来表示地质年龄。

第7章 地 磁

1600年吉尔伯特指出地球就像一个巨大的磁铁，但是早在这之前数世纪，人们就已经知道磁力的存在了，并逐渐地由地磁元素构成地磁图。在18世纪末19世纪初人们对地磁行为进行了系统的研究。法国科学家库仑通过实验表明引力和斥力存在于细长磁棒的末端之间，并且它们遵循类似于电荷之间的相互作用规则。一个自由悬浮的磁铁大致与南北对齐；指向北的一端称为北极，另外一端称为南极。磁力的起源归因于磁荷，这些磁荷称为磁极。随后表明不存在单独的磁极或磁单极子，所有的磁场源于电流。即使在原子尺度上也是如此，电荷的运动（和旋转）使原子具有磁性。然而，多极（如偶极、四极和八极）组合的概念对于描述磁场的几何结构非常有用。

7.1 磁偶极子的磁场和磁势

最重要的磁场几何结构是磁偶极子。磁偶极子最初设想由两个大小相等且极性相反的磁极组成，两个磁极彼此无限靠近（见附录A.2）。在到场源的距离为场源几倍大小的地方，一个非常小的条形磁铁的磁场与磁偶极子的磁场非常接近，一个闭合的平面圆电流的磁场也是如此。在外加磁场 $\boldsymbol{B}$ 中，磁偶极子所受的力矩 $\boldsymbol{\tau}$ 使其方向与外磁场趋于一致（见附录A.4）。力矩由以下关系决定：

$$\boldsymbol{\tau} = \boldsymbol{m} \times \boldsymbol{B} \tag{7.1}$$

其中 $\boldsymbol{m}$ 是磁偶极子的磁矩，是其强度的量度。对于回路电流 $\boldsymbol{m}$ 来说，磁矩等于电流 I 和回路面积 A 的乘积，其方向 $\boldsymbol{e}_{\mathrm{n}}$ 为回路面积的垂直法线方向（见附录A.4）：

$$\boldsymbol{m} = (IA)\boldsymbol{e}_{\mathrm{n}} \tag{7.2}$$

根据该定义磁矩的单位是 A·m²；力矩的单位是 N·m；因此国际单位制中磁场单位是特斯拉，即 $N\cdot A^{-1}\cdot m^{-1}$。

磁矩 $\boldsymbol{m}$ 在距中心距离为 r，相对于极轴方位角为 θ 的地方激发的磁势（见附录 A.2）为

$$W=\frac{\mu_0}{4\pi}\frac{m\cos\theta}{r^2} \tag{7.3}$$

其中 μ_0 是磁场常数，国际单位制中其精确定义为 $4\pi\times10^{-7}N\cdot A^2$（另一个定义为 $H\cdot m^{-1}$）。偶极势是地磁场最重要的组成部分，占其总能量密度的93%。

偶极磁场 $\boldsymbol{B}$ 等于偶极势的梯度：$\boldsymbol{B}=-\nabla W$。在球坐标系中，磁场有径向分量 B_r 和方位角分量 B_θ。它们是

$$B_r=-\frac{\partial}{\partial r}\left(\frac{\mu_0}{4\pi}\frac{m\cos\theta}{r^2}\right)=\frac{\mu_0}{4\pi}\frac{2m\cos\theta}{r^3} \tag{7.4}$$

$$B_\theta=-\frac{1}{r}\frac{\partial}{\partial\theta}\left(\frac{\mu_0}{4\pi}\frac{m\cos\theta}{r^2}\right)=\frac{\mu_0}{4\pi}\frac{m\sin\theta}{r^3} \tag{7.5}$$

位于地心的磁偶极子，磁场的方位角分量 B_θ 沿水平方向。另外，如果磁偶极子与地轴重合，角度 θ 与磁纬度 β 互余。磁场的方向与水平方向的夹角 I 称为磁场的倾角（见图 7.1b 和附录 A，图 A.1）。倾角、磁场余纬度和磁场纬度之间的关系为

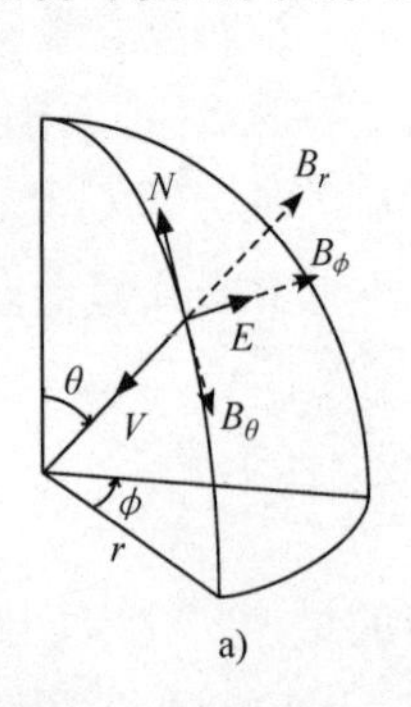

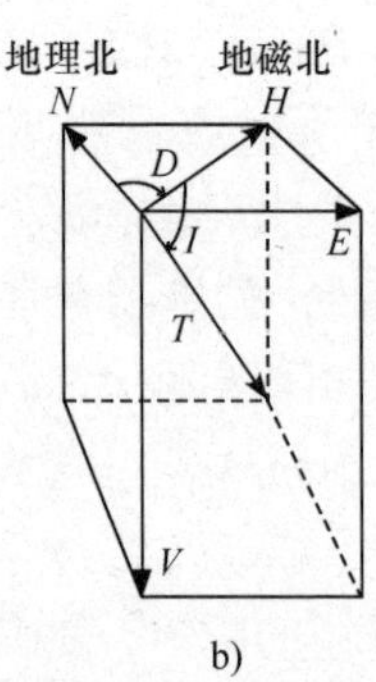

图 7.1　a）磁场的北（X）、东（Y）和垂直向下（Z）的分量与球坐标系中各分量 B_r，B_θ，B_ϕ 之间的关系；b）场可以用分量 X、Y 和 Z 来描述，或用总场（T）、磁偏角（D）和磁偏角（I）描述。磁罗盘与指向地磁北的水平分量 H 同向

$$\tan I = \frac{B_r}{B_\theta} = 2\cot\theta = 2\tan\beta \tag{7.6}$$

该方程是古地磁学基础，根据测定的定向岩石的剩磁倾角，由上式可以确定古纬度。

7.2 地磁势

麦克斯韦方程组（见附录B）总结了支配电磁现象的经验定律。对目前地磁的分析需要用到高斯定理和安培定律。

高斯定理确定通过任何闭合曲面的净磁通量为零，即不存在磁单极：磁偶极子（如回路电流）激发的磁场，即使在原子尺度上，也满足高斯定理。对应方程为

$$\nabla \cdot \boldsymbol{B} = \boldsymbol{0} \tag{7.7}$$

安培定律表明，电流在其周围空间激发磁场，并且磁感应强度 $\boldsymbol{B}$ 与产生电流的电场 $\boldsymbol{E}$ 有关：

$$\nabla \times \boldsymbol{B} = \mu_0 \sigma \boldsymbol{E} + \mu_0 \varepsilon_0 \frac{\partial \boldsymbol{E}}{\partial t} \tag{7.8}$$

方程右边第一项是与导体中自由电荷相关的电流，遵循欧姆定律；第二项是位移电流，是由束缚在母原子上的电荷的运动随时间变化产生的。参数 μ_0 是真空中的磁场常数，或磁导率；ε_0 是真空中的电场常数，或电容率；σ 是介质的电导率。

在没有磁场源的空间中（如在要测量磁场的地球表面的上方空间），可以假设没有电流或位移电流，则

$$\nabla \times \boldsymbol{B} = \boldsymbol{0} \tag{7.9}$$

因此，磁感应强度 $\boldsymbol{B}$ 可以写成一个标量势 W 的梯度：

$$\boldsymbol{B} = -\nabla W \tag{7.10}$$

将该式中 $\boldsymbol{B}$ 的表达式代入式（7.7），可以得到地球的磁势满足拉普拉斯方程

$$\nabla^2 W = 0 \tag{7.11}$$

7.2.1 地球的内部和外部场源

地球表面的地磁势有两个来源。最重要的场源来自于地球内部，剩下的部分来自于地球外部，例如电离层中的电流系统。设地球内部场源的地磁势为 W_{i}，地球外部场源的地磁势为 W_{e}。地球表面总的地磁势为

$$W = W_{\mathrm{e}} + W_{\mathrm{i}} \tag{7.12}$$

地磁势必须与地球近似球状的几何形状相一致，因此式（7.11）的解需要用球坐标系表示。拉普拉斯方程的通解如 1.16 节所述。球面上势的变化用余纬度 θ 和经度 ϕ 的球谐函数描述。势随径向距离 r 的变化包括两部分。在 r 可以取零的区域内，势与 r^n 成正比。在地球表面，该条件要适用于地球外部的场源，所以势 W_{e} 也必须和 r^n 成正比。在 r 可以非常大或无限大的区域，势与 $1/r^{n+1}$ 成正比。在地球外部和其表面上，该结论也要适用于地球内部的场源，因此 W_{i} 必须与 $1/r^{n+1}$ 成正比。对这些因素的综合考虑使得地球外部场源的磁势 W_{e} 定义如下：

$$W_{\mathrm{e}} = R\sum_{n=1}^{\infty}\sum_{m=0}^{n}\left(\frac{r}{R}\right)^{n}(G_n^m\cos(m\phi) + H_n^m\sin(m\phi))P_n^m(\cos\theta), r < R \tag{7.13}$$

类似地，地球内部场源的磁势 W_{i} 为

$$W_{\mathrm{i}} = R\sum_{n=1}^{\infty}\sum_{m=0}^{n}\left(\frac{R}{r}\right)^{n+1}(g_n^m\cos(m\phi) + h_n^m\sin(m\phi))P_n^m(\cos\theta), r > R \tag{7.14}$$

这些表达式中没有 $n=0$ 的项，因为不存在磁单极。在地球表面表达式可以简化为

$$W_{\mathrm{e}} = R\sum_{n=1}^{\infty}\sum_{m=0}^{n}(G_n^m\cos(m\phi) + H_n^m\sin(m\phi))P_n^m(\cos\theta) \tag{7.15}$$

$$W_{\mathrm{i}} = R\sum_{n=1}^{\infty}\sum_{m=0}^{n}(g_n^m\cos(m\phi) + h_n^m\sin(m\phi))P_n^m(\cos\theta) \tag{7.16}$$

1939 年科学机构在现代国际地磁学和高空大气学协会（IAGA）之前采用的惯例中，统一将部分归一化施密特多项式作为地磁势球谐

函数的基础（见1.15.2小节）。系数（g_n^m，h_n^m）和（G_n^m，H_n^m）分别称为内场和外场的高斯（或高斯-施密特）系数。它们具有磁场的量纲，且根据它们的大小可以判断内部和外部场源的重要性。

7.2.2 高斯系数的确定

地磁势是不可能直接测量的，因此高斯系数是根据地球表面或表面上方磁场的北（X）、东（Y）和垂直向下（Z）的分量的测量结果计算出来的（见图7.1a）。这些分量与其他地磁因素有关，如水平场（H）、总场（T）、磁偏角（I）和磁偏角（D），如图7.1b所示。在球坐标系中各分量为

$$X = -B_\theta = \frac{1}{r}\frac{\partial W}{\partial \theta}\bigg|_{r=R} \tag{7.17}$$

$$Y = B_\phi = \frac{-1}{r\sin\theta}\frac{\partial W}{\partial \phi}\bigg|_{r=R} \tag{7.18}$$

$$Z = -B_r = \frac{\partial W}{\partial r}\bigg|_{r=R} \tag{7.19}$$

在地球表面处，将$r=R$代入上面的微分方程，可以得到下面含有未知高斯系数的方程组：

$$X = \sum_{n=1}^{\infty}\sum_{m=0}^{n}(\{g_n^m + G_n^m\}\cos(m\phi) + \{h_n^m + H_n^m\}\sin(m\phi))\frac{\partial}{\partial\theta}P_n^m(\cos\theta) \tag{7.20}$$

$$Y = \sum_{n=1}^{\infty}\sum_{m=0}^{n}(\{g_n^m + G_n^m\}\sin(m\phi) - \{h_n^m + H_n^m\}\cos(m\phi))\frac{m}{\sin\theta}P_n^m(\cos\theta) \tag{7.21}$$

$$Z = -\sum_{n=1}^{\infty}\sum_{m=0}^{n}(\{(n+1)g_n^m - nG_n^m\}\cos(m\phi)) + \{(n+1)h_n^m - nH_n^m\}\sin(m\phi)P_n^m(\cos\theta) \tag{7.22}$$

注意到，高斯系数与磁感应强度$\boldsymbol{B}$具有相同的量纲，称为特斯拉。特斯拉是一个很大的磁场单位，因此地磁场的强度和高斯系数经常用纳特斯拉（$1\text{nT} = 10^{-9}\text{T}$）来表示。在北和东分量中，高斯系数为

$(g_n^m + G_n^m)$ 和 $(h_n^m + H_n^m)$，因此仅水平分量不能把内场和外场分开。但是，高斯系数在垂直分量中以不同的组合形式出现，通过优化可以将内场和外场分开。

理论上，求和是对无数项进行的，但实际上都是在一定阶数 N 之后被截断。系数 h_n^0 和 H_n^0 不存在，因为 $m=0$ 时 $\sin(m\phi)=0$，这些项对势没有贡献。当 $n=1$ 时，内场和外场都有三个系数，分别是 (g_1^0, g_1^1, h_1^1) 和 (G_1^0, G_1^1, H_1^1)。类似地，当 $n=2$ 时，内场和外场都有五个系数，而对于 n 阶一般有 $2(2n+1)$ 个系数。内场和外场精确到 N 阶（包含 N 阶）后，系数的总个数 S_N 为

$$\begin{aligned} S_N &= [2(1)+1]+[2(2)+1]+[2(3)+1]+\cdots+[2(N)+1] \\ &= 2(1+2+3+\cdots+N)+N \end{aligned} \tag{7.23}$$

前 N 个自然数求和的结果为 $N(N+1)/2$，内场精确到 N 阶，系数的个数为 $N(N+2)$。同理外场的 N 阶次系数的个数也一样。因此，要想将内场和外场分开，至少需要 $2N(N+2)$ 个场点的强度。

1835—1841 年，高斯和韦伯组织了一次半连续（时间间隔为 5min，24h/天）的数据采集活动，采集的数据来自分布在世界各地多达 50 个地磁观测站，尽管不均匀。高斯 1839 年对地磁场进行了第一次分析，精确到 4 阶，并确立它为内部场源的主要组成部分；外场系数小于内场系数，并且一阶近似时可以忽略。内场势由式（7.14）给出。

历史上，在地磁观测站曾经对磁场分量做过测量和记录。观测站数据的缺点是地理分布不均匀。在过去的几十年里，随着卫星数据的不断添加，使获得的数据全球覆盖率更高。现代地磁场的系数可以可靠地精确到 13 阶。这些数据作为国际地磁参考场（IGRF）的系数定期更新和公布。表 7.1 列出了一些所选场模型的系数，精确到 3 阶，这些系数分别对应于地球表面磁偶极子、四极子和八极子的成分。$n=1$ 项描述偶极子的场；高阶项 $n\geqslant 2$ 统称为非偶极场。

表7.1 偶极子（$n=1$）、四极子（$n=2$）和八极子（$n=3$）高斯-施密特系数，来自对历史磁场的分析。DGRF系数是最权威的地磁参考场系数，不需要再做进一步修正。Finlay（2010）等人给出了国际地磁参考场IGRF 2010的构造细节

	时代与来源					
	1835，高斯（1839）	1885，施密特（1895）	1922，戴森和弗纳（1923）	1965，DGRF	1985，DGRF	2010，IGRF
g_1^0	-32350	-31730	-30920	-30334	-29873	-29496.5
g_1^1	-3110	-2360	-2260	-2119	-1905	-1585.9
h_1^1	6250	5990	5920	5776	5500	4945.1
g_2^0	510	-520	-890	-1662	-2072	-2396.6
g_2^1	2920	2830	2990	2997	3044	3026.0
h_2^1	120	-720	-1240	-2016	-2197	-2707.7
g_2^2	-20	680	1440	1594	1687	1668.6
h_2^2	1570	1500	840	114	-306	-575.4
g_3^0	—	940	1140	1297	1296	1339.7
g_3^1	—	-1230	-1650	-2038	-2208	-2326.3
h_3^1	—	-300	-460	-404	-310	-160.5
g_3^2	—	1430	1200	1292	1247	1231.7
h_3^2	—	30	120	240	284	251.7
g_3^3	—	400	880	856	829	634.2
h_3^3	—	680	230	-165	-297	-536.8

7.3 地球偶极子的磁场

地球表面磁场的主要成分是磁偶极子的磁场。磁偶极子的轴相对

于地球自转轴是倾斜的，因此可以将其分为轴向磁偶极子和两个正交的赤道磁偶极子。正如我们将要看到的，将磁偶极子从地心移开会产生地磁势的高阶分量。

7.3.1 地心轴向磁偶极子

地磁势（7.14）中每一项都对应于特定磁极的磁势。用最大系数g_1^0描述的磁势为

$$W_1^0 = \frac{R^3 g_1^0}{r^2} P_1^0(\cos\theta) = \frac{R^3 g_1^0 \cos\theta}{r^2} \tag{7.24}$$

与式（7.3）对比表明，这是距磁偶极子中点距离为r处，与极轴夹角为θ处的磁势。在地球坐标系中，这是与自转轴重合并指向北极的地心磁偶极子在余纬度为θ处激发的磁势，其磁矩为

$$m = \frac{4\pi R^3}{\mu_0} g_1^0 \tag{7.25}$$

轴向磁偶极子的磁场在赤道处是水平的［见式（7.4）和式（7.5）］，其在地球表面的值为

$$B_\theta = -\frac{1}{r}\frac{\partial}{\partial\theta}\left(\frac{R^3 g_1^0 \cos\theta}{r^2}\right)\Bigg|_{r=R} = g_1^0 \sin\theta \tag{7.26}$$

在赤道处等于g_1^0。

7.3.2 地心倾斜的磁偶极子

节为$n=1$，次为$m=1$的系数也与距离平方成反比，因此g_1^1和h_1^1也必须代表磁偶极子。磁偶极子的磁势组合为

$$W_1 = R\left(\frac{R}{r}\right)^2 \left(g_1^0 P_1^0(\cos\theta) + (g_1^1 \cos\phi + h_1^1 \sin\phi) P_1^1(\cos\theta)\right) \tag{7.27}$$

$$W_1 = R\left(\frac{R}{r}\right)^2 (g_1^0 \cos\theta + g_1^1 \cos\phi \sin\theta + h_1^1 \sin\phi \sin\theta) \tag{7.28}$$

直线OP与地轴参考轴成θ角，与$\phi=0$的参考轴的夹角为ϕ，如图7.2所示。其方向余弦（α，β，γ）为

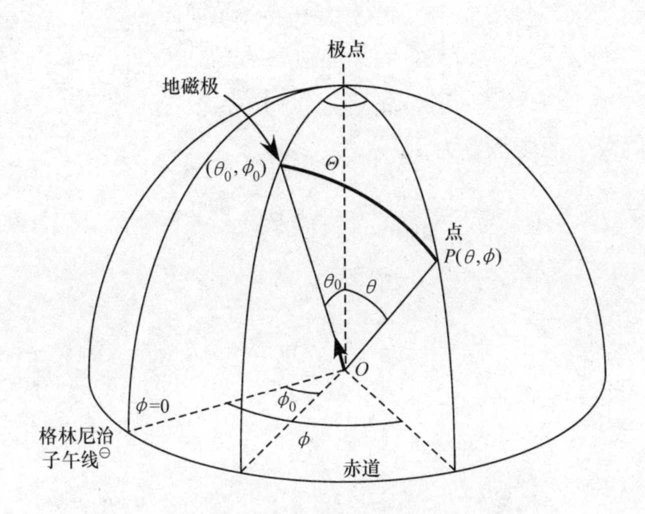

图 7.2 与倾斜地心磁偶极子的磁势计算相关的角关系

$$\begin{cases} \alpha = \sin\theta\cos\phi \\ \beta = \sin\theta\sin\phi \\ \gamma = \cos\theta \end{cases} \tag{7.29}$$

设磁偶极子相对于 z 轴的倾角为 θ_0，与 $\phi=0$ 的参考轴的夹角为 ϕ_0。其方向余弦（α_0，β_0，γ_0）为

$$\begin{cases} \alpha_0 = \sin\theta_0\cos\phi_0 \\ \beta_0 = \sin\theta_0\sin\phi_0 \\ \gamma_0 = \cos\theta_0 \end{cases} \tag{7.30}$$

如果 Θ 是 OP 与磁偶极子极轴之间的夹角，r 为到磁偶极子中心的距离，则 P 点的磁势为

$$W_1 = \frac{\mu_0 m}{4\pi r^2}\cos\Theta = \frac{\mu_0 m}{4\pi r^2}(\alpha\alpha_0 + \beta\beta_0 + \gamma\gamma_0) \tag{7.31}$$

磁偶极子的磁矩沿参考轴的分量 m（见图 7.3）为

⊖ 现称为本初子午线。——编辑注

$$\begin{cases} m_x = m\cos\theta_x = m\alpha_0 \\ m_y = m\cos\theta_y = m\beta_0 \\ m_z = m\cos\theta_0 = m\gamma_0 \end{cases} \tag{7.32}$$

倾斜磁偶极子的磁势变为

$$W_1 = \frac{\mu_0}{4\pi r^2}(\alpha m_x + \beta m_y + \gamma m_z) \tag{7.33}$$

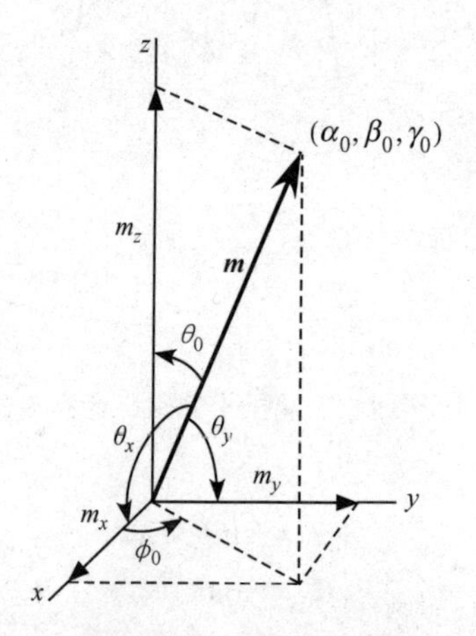

图 7.3　磁矩 $\boldsymbol{m}$ 的笛卡儿坐标轴分量和其方向余弦之间的关系，其中磁偶极子相对于地球自转轴的倾角为 θ_0，相对于赤道子午线的方位角为 ϕ_0

利用式（7.29）中的关系，倾斜磁偶极子的磁势为

$$W_1 = \frac{\mu_0}{4\pi r^2}(m_z\cos\theta + m_x\cos\phi\sin\theta + m_y\sin\phi\sin\theta) \tag{7.34}$$

令每一项与用高斯系数描述的势［式（7.28）］相等，可以明显看出 g_1^1 和 h_1^1 表示赤道平面上正交的磁偶极子。磁矩的赤道分量为

$$m_x = \frac{4\pi R^3}{\mu_0}g_1^1 \tag{7.35}$$

$$m_y = \frac{4\pi R^3}{\mu_0}h_1^1 \tag{7.36}$$

磁矩的轴向分量为

$$m_z = \frac{4\pi R^3}{\mu_0} g_1^0 \tag{7.37}$$

偶极轴与地球表面的交点称为地磁极（见图7.2）。在这些点上，磁偶极子的磁场垂直于地球表面。地磁极彼此是对跖的，因为它们位于倾斜轴相反的两端。根据式（7.30）和式（7.32）有

$$m\sin\theta_0 = \sqrt{m_x^2 + m_y^2} = \frac{4\pi}{\mu_0} R^3 \sqrt{(g_1^1)^2 + (h_1^1)^2} \tag{7.38}$$

连同轴向分量一起定义了偶极轴的倾斜角 θ_0，也是其极点的余纬度：

$$\tan\theta_0 = \frac{m\sin\theta_0}{m\cos\theta_0} = \frac{\sqrt{(g_1^1)^2 + (h_1^1)^2}}{g_1^0} \tag{7.39}$$

偶极矩的赤道平面分量 m_x 和 m_y 定义了其方位角。根据式（7.35）和式（7.36）有

$$\tan\phi_0 = \frac{\beta_0}{\alpha_0} = \frac{m_y}{m_x} = \frac{h_1^1}{g_1^1} \tag{7.40}$$

将 m_x，m_y 和 m_z 的平方求和可以获得磁矩

$$m = \frac{4\pi}{\mu_0} R^3 \sqrt{(g_1^0)^2 + (g_1^1)^2 + (h_1^1)^2} \tag{7.41}$$

2010年对地磁场的分析（Finlay等人，2010）将地磁北极定位于80.08°N、287.78°E，将地磁南极定位于80.08°S，107.78°E。地球总磁场垂直于表面的地方是磁倾极。总场用式（7.14）中的所有项表示。由于非偶极分量的磁倾极不是对跖关系，而且由于长期的变化（7.4节），地磁极的位置会随时间缓慢变化。2010年，北磁倾极在85.01°N，227.34°E，南磁倾极在南极圈之外64.43°S，137.32°E。

7.3.3 轴向偏移的轴向磁偶极子

$n=2$ 项对应于地磁场的四极子分量。但是，必须清楚，磁场的多极表达式是为了方便处理数学问题而引入的概念，它可以使我们对其细分以便参考。也就是说，在地球内部根本就不存在物理的磁偶极子，也没有四极子；地球深处复杂的电流系统会产生我们观测到的地磁现象。$n=2$ 的系数对应于磁偶极子相对于地心的偏移。如下所述。

设轴向磁偶极子沿偶极轴移动了一小段距离 d，如图7.4a所示。

P 点相对于磁偶极子中心 D 点的距离为 u，连线 DP 与偶极轴的夹角为 ψ。P 点的磁势为

$$W = \frac{\mu_0}{4\pi}\frac{m\cos\psi}{u^2} \tag{7.42}$$

连线 DP 与长度为 r 的半径 OP 之间的小夹角为 δ，对 $\triangle ODP$ 来说有 $\psi = \theta + \delta$，因此

$$\cos\psi = \cos(\theta + \delta) = \cos\theta\cos\delta - \sin\theta\sin\delta \tag{7.43}$$

$$u^2 = r^2 + d^2 - 2rd\cos\theta \approx r^2\left(1 - 2\frac{d}{r}\cos\theta\right) \tag{7.44}$$

在 $\triangle SDP$ 中，作辅助线 DS 垂直于 OP，则

$$\sin\delta = \frac{DS}{u} = \frac{d\sin\theta}{u} \tag{7.45}$$

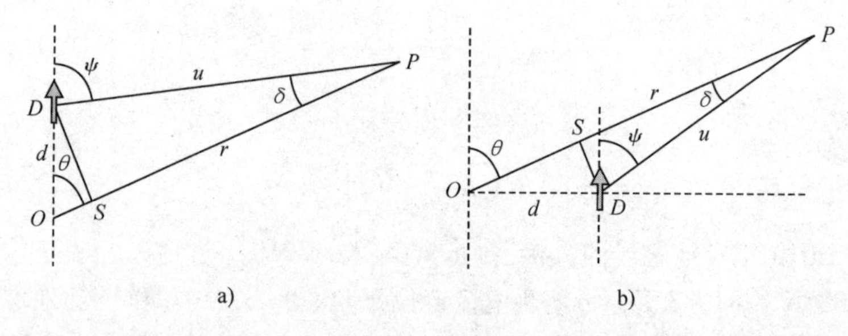

图 7.4 a）该几何图形用于计算 D 点的轴向磁偶极子在 P 点激发的磁势，其中磁偶极子沿自转轴偏离地心 O 的距离为 d；b）轴向磁偶极子在赤道面上的平移情况与前面类似

对于非常小的位移 $d \ll r$，距离 r 和 u 近似相等，因此以下关系取一阶近似：

$$\sin\delta \approx \frac{d\sin\theta}{r}, \quad \cos\delta \approx 1 \tag{7.46}$$

$$\cos\psi \approx \cos\theta - \frac{d}{r}\sin^2\theta \tag{7.47}$$

轴向位移磁偶极子的磁势可以写为

$$W \approx \frac{\mu_0 m}{4\pi r^2}\frac{(\cos\theta - d/r\sin^2\theta)}{(1 - 2d/r\cos\theta)} \tag{7.48}$$

使用二项式展开，并将 d/r 一阶之后的项截断得

$$W \approx \frac{\mu_0 m}{4\pi r^2}\left(\cos\theta - \frac{d}{r}\sin^2\theta\right)\left(1 + 2\frac{d}{r}\cos\theta\right) \tag{7.49}$$

$$W \approx \frac{\mu_0 m}{4\pi r^2}\left(\cos\theta - \frac{d}{r}\sin^2\theta + 2\frac{d}{r}\cos^2\theta\right) \tag{7.50}$$

$$W \approx \frac{\mu_0 m}{4\pi r^2}\cos\theta + \frac{\mu_0 md}{4\pi r^3}(3\cos^2\theta - 1) \tag{7.51}$$

$$W \approx \frac{\mu_0 m}{4\pi r^2}P_1^0(\cos\theta) + \frac{\mu_0(2md)}{4\pi r^3}P_2^0(\cos\theta) \tag{7.52}$$

第一项是地心轴向磁偶极子的磁势；第二项是地心四极子的磁势。磁偶极子的轴向位移等效于引入四极子项。这两项等于式（7.14）中表示磁势多极展开的 g_1^0 和 g_2^0 项。

7.3.4 赤道偏移的轴向磁偶极子

我们可以用上一节的方法来确定轴向磁偶极子中心在赤道平面内偏移产生的效果。几何图形如图 7.4b 所示，P 点的磁势与之前一样，具体为

$$W = \frac{\mu_0}{4\pi}\frac{m\cos\psi}{u^2} \tag{7.53}$$

根据△ODP 可得 $\psi = \theta - \delta$，因此

$$\cos\psi = \cos(\theta - \delta) = \cos\theta\cos\delta + \sin\theta\sin\delta \tag{7.54}$$

$$u^2 = r^2 + d^2 - 2rd\cos\left(\frac{\pi}{2} - \theta\right) \approx r^2\left(1 - 2\frac{d}{r}\sin\theta\right) \tag{7.55}$$

对于非常小的位移 $d \ll r$，距离 r 和 u 近似相等，因此取一阶近似：

$$\sin\delta \approx \frac{d\sin\theta}{r}, \quad \cos\delta \approx 1 \tag{7.56}$$

$$\cos\psi \approx \cos\theta + \frac{d}{r}\sin^2\theta \tag{7.57}$$

在△SDP 中，作 DS 垂直于 OP 得

$$\sin\delta = \frac{DS}{u} = \frac{d}{u}\sin\left(\frac{\pi}{2} - \theta\right) \approx \frac{d}{r}\cos\theta \tag{7.58}$$

使用二项式展开，并将 d/r 一阶之后的项截断，式（7.53）中赤道位移磁偶极子的磁势可以写为

$$W \approx \frac{\mu_0 m}{4\pi r^2}\left(\cos\theta + \frac{d}{r}\sin^2\theta\right)\Big/\left(1 - 2\frac{d}{r}\sin\theta\right)$$

$$\approx \frac{\mu_0 m}{4\pi r^2}\left(\cos\theta + \frac{d}{r}\sin^2\theta\right)\left(1 + 2\frac{d}{r}\sin\theta\right) \tag{7.59}$$

$$W \approx \frac{\mu_0 m}{4\pi r^2}\left(\cos\theta + 2\frac{d}{r}\sin\theta\cos\theta + \frac{d}{r}\sin^2\theta\right) \tag{7.60}$$

$$W \approx \frac{\mu_0 m}{4\pi r^2}\cos\theta + \frac{\mu_0(2md)}{4\pi r^3}\sin\theta\cos\theta + \frac{\mu_0(md)}{4\pi r^3}\sin^2\theta \tag{7.61}$$

参考表 1.2 表明，可以用连带勒让德多项式代替每一个含角度的项，则有

$$W \approx \frac{\mu_0 m}{4\pi r^2}P_1^0(\cos\theta) + \frac{\mu_0(2md/3)}{4\pi r^3}P_2^1(\cos\theta) + \frac{\mu_0(md/3)}{4\pi r^3}P_2^2(\cos\theta) \tag{7.62}$$

如前所述，主要项是中心轴向磁偶极子。附加项是由赤道位移产生的，并且等效于式（7.14）中由系数 g_2^1 和 g_2^2 决定的项。

7.3.5 最佳拟合偏心斜磁偶极子

与观测磁场拟合最好的磁偶极子是偏心非轴向磁偶极子（其中心在距地心几百公里的地方）（见 Box7.1）。为了计算磁偶极子的偏移量，需要用多极展开式中阶次 $n \leqslant 2$ 的所有项。使用 IGRF 2010 高斯系数，偏心斜磁偶极子的最佳拟合位置在 $x_0 = -400\text{km}$，$y_0 = 208\text{km}$，$z_0 = 201\text{km}$，$r_0 = 498\text{km}$ 处，即位于北太平洋赤道以北 25°N, 153°E 处（见图 7.5）。根据第四纪和最近的古地磁数据和深海岩芯（Cree 等），发现偏心磁偶极子在同一方向偏移约 200km，说明在全球范围内存在持久的非轴向分量。

重要的是要记住，地磁势的多极表示在数学上很方便。实际上并

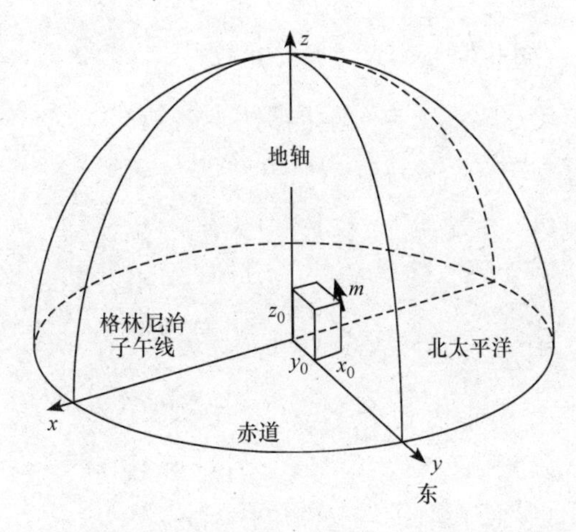

图 7.5　偏心磁偶极子 IGRF 2010 的最佳拟合位置偏移到北半球和北太平洋，磁偶极子的方向不变

不存在磁偶极子、四极子或多极子。但是，这些概念提供了一种方便的方法可将部分磁场的几何结构可视化。如上所述，磁偶极子偏离坐标中心的位移在多项式展开中产生高阶项。因此，有可能有中等数量的位移偶极子。如果每一个磁偶极子对应于一个环形电流，这种模型在物理上可能更真实，但是其数学描述是不切实际的。

Box 7.1　偏心磁偶极子

地磁场主要决定于磁偶极子，自然产生的问题是磁偶极子和当前地磁场的最佳拟合位置在哪里。洛斯在 1994 年总结了几种寻找最佳位置的方法，最常用的方法是施密特在 1934 年建立的方法，总结的方程如下（施密特，1934）。

偶极轴的倾斜由一阶高斯系数 $n=1$ 决定。最佳拟合偶极子的位置不在地心，而是移动到（x_0，y_0，z_0），其中 z_0是偶极子中心沿地轴方向的位移，x_0是沿格林尼治子午线方向的位移，y_0是与前两个方向都垂直的方向上的位移。该位移可以由 $n\leqslant 2$ 的全部高斯系数近似决定；更精确的位移要求 $n=3$ 的全部高斯系数。下面的方程表示磁偶极子中心在半径为 R 的球形地球中的位置（$n\leqslant 2$）：

$$x_0 = R(L_1 - g_1^1 E)/(3m^2)$$

$$y_0 = R(L_2 - h_1^1 E)/(3m^2)$$

$$z_0 = R(L_0 - g_1^0 E)/(3m^2)$$

$$m^2 = (g_1^0)^2 + (g_1^1)^2 + (h_1^1)^2$$

$$E = (L_0 g_1^0 + L_1 g_1^1 + L_2 h_1^1)/(4m^2)$$

$$L_0 = 2g_1^0 g_2^0 + (g_1^1 g_2^1 + h_1^1 h_2^1)\sqrt{3}$$

$$L_1 = -g_1^1 g_2^0 + (g_1^0 g_2^1 + g_1^1 g_2^2 + h_1^1 h_2^2)\sqrt{3}$$

$$L_2 = -h_1^1 g_2^0 + (g_1^0 h_2^1 - h_1^1 g_2^2 + g_1^1 h_2^2)\sqrt{3}$$

偏心斜磁偶极子中心相对于地心的位移 r_0 为

$$r_0 = \sqrt{(x_0)^2 + (y_0)^2 + (z_0)^2}$$

7:4 长期变化

高斯系数不是常数，而是随时间慢慢变化的，这种现象称为地磁场长期变化。地磁场偶极部分和非偶极部分都表现出长期变化。通过绘制磁偶极子的磁矩强度和偶极轴的方向（以地磁极的经度和纬度表示），可以用图形的方式表示磁偶极子的长期变化（见图 7.6）。磁偶极子长期变化的时间尺度约为数千年。在过去的 150 年中对地磁场进行了观测，磁偶极子的磁矩在稳步下降。在相同的时间间隔内，偶极轴的倾角几乎没有变化，但是大约自 1960 年之后一直在下降。同样地磁极的经度也一直稳定到 20 世纪中叶，但此后一直在下降，这对应于偶极轴相对于自转轴的西移。

当地磁总场减去偶极分量后，剩下部分（由 $n \geqslant 2$ 的高斯系数描述）称为非偶极场。非偶极磁场图的特征是有较大的正负异常，其幅度可能占偶极场的很大一部分。这些异常呈细胞状外形，位置和大小随时间在变化。非偶极场一部分是不动（静止）的，一部分是漂移（运动）的。最著名的特征是许多异常单元以每年约 0.3°的平均速度

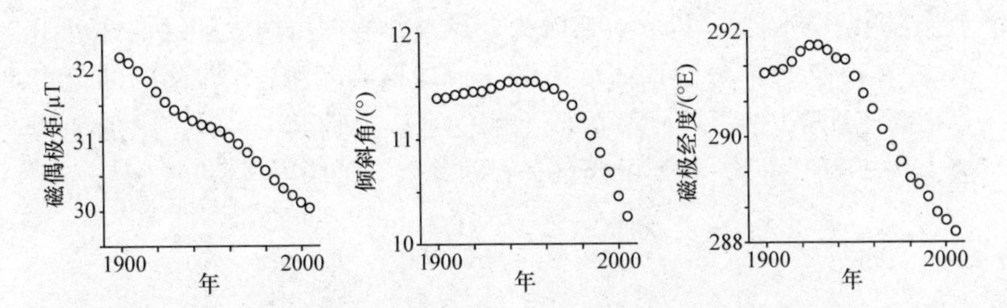

图7.6　地磁长期变化：磁偶极矩、偶极轴的倾斜角和地磁极的经度

向西漂移。

7.5 内场源的功率谱

地磁场内部场源的深度可以根据高斯系数的功率谱确定。洛斯（1966，1974）给出了与地球表面 n 阶系数相关的功率（能量密度）$\Re_n$：

$$\Re_n = (n+1)\sum_{m=0}^{n}((g_n^m)^2 + (h_n^m)^2) \tag{7.63}$$

地磁势中的 n 阶项随距离 r 的变化满足 $r^{-(n+1)}$，因此场强满足 $r^{-(n+2)}$。功率或能量密度与振幅的平方成正比，因此满足 $r^{-2(n+2)}$。如果系数 g_n^m 和 h_n^m 在半径为 r 的球面上是确定的，则距离中心较近的半径为 R 的表面上的功率谱将以比率 $(r/R)^{2(n+2)}$ 扩大。半径为 R 的表面上的功率谱为

$$\Re_n(R) = \left(\frac{r}{R}\right)^{2(n+2)} \Re_n(r) \tag{7.64}$$

$$\Re_n(R) = (n+1)\left(\frac{r}{R}\right)^{2(n+2)} \sum_{m=0}^{n}((g_n^m)^2 + (h_n^m)^2) \tag{7.65}$$

MAGSAT 卫星在 420km 的平均高度（等效于以地心为球心、半径为 $r=6791$km 的球面）上测量了磁场。大量数据使我们对谐波的分析可以精确到 $n=63$ 阶。基于 MAGSAT 卫星数据得出的高斯系数的功率谱如图 7.7 所示（下面的曲线）。$n=1$ 阶的磁偶极子项远在其他项之

上。在半对数图上，以 $n=14$ 阶为分界点，数据由两段准线性部分组成。$n\leqslant 14$ 阶那部分频谱主要来源于地球核心场源，n 较高的部分主要来源于地壳场源；$n\approx 50$ 阶以上的信号认为是噪声，噪声项的平均值为 $0.091n\mathrm{T}^2$/阶。频谱的两部分在斜率断开的附近重叠。

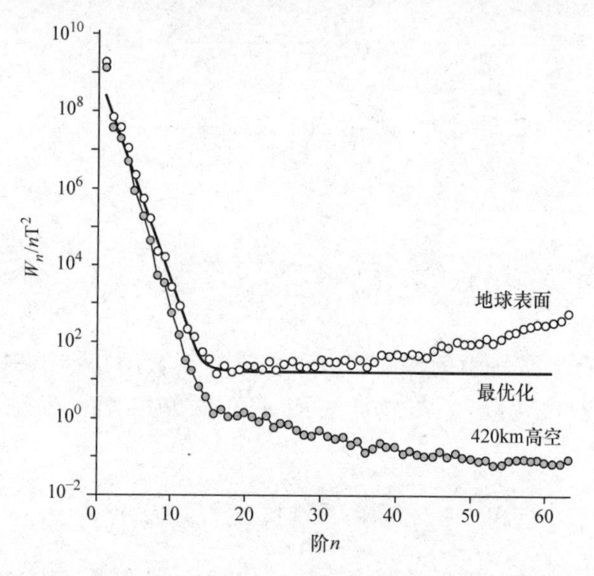

图 7.7　根据 MAGSAT 卫星在 420km 高空测量的、还原到地球表面的、与地磁场球谐分析中每个 n 阶项相关的能量强度。来源：Cain 等（1989）

图 7.7 中上方的曲线给出向下延伸到地球表面的数据（半径 $R=6371\mathrm{km}$）。注意，核心场源的曲线斜率（$n\leqslant 14$）比海拔 420km 的曲线斜率平坦。这说明如果向下连续延伸到地球表面下更深的位置，则斜率有可能变为零。当 $n>15$ 时，斜率会变为正值。这是因为向下连续延伸会优先放大更高的频率，包括被测信号中固有的噪声。去掉噪声时，地球表面向下连续的频谱几乎趋于平坦（见图 7.7 中平滑曲线）。去掉平均噪声（且没有磁偶极子项）后的数据可以通过以下方程拟合成连续曲线

$$\Re_n = 9.66\times 10^8(0.286)^n + 19.1(0.996)^n \tag{7.66}$$

一种估算磁源层或重力异常源层近似深度的方法，是假设功率谱

在该深度是“白色的”（即，功率谱的每一项都具有相同的振幅）。将该假设用于非偶极核心场，则

$$\Re_n = 9.66 \times 10^8 (0.286)^n \tag{7.67}$$

信号的强度定义是振幅的平方，所以功率谱中 n 阶项的振幅

$$B_n = \sqrt{\Re_n} = 3.108 \times 10^4 (0.535)^n \tag{7.68}$$

振幅的逐项比为

$$\frac{B_{n+1}}{B_n} = 0.535 \tag{7.69}$$

内源场功率谱中的高斯系数是由拉普拉斯方程（7.14）的解定义的。地磁势中 n 阶项振幅随径向距离的变化为

$$W_n \propto B_n \left(\frac{R}{r}\right)^{n+1} \tag{7.70}$$

那么地磁势逐项比为

$$\frac{W_{n+1}}{W_n} = \frac{B_{n+1}}{B_n}\left(\frac{R}{r}\right) = 0.535\left(\frac{R}{r}\right) \tag{7.71}$$

如果功率谱为白色，那么地磁势中所有项都相等，即 $W_n = W_{n+1}$，且

$$r = 0.535R \tag{7.72}$$

这一结果说明非偶极项（$2 \leqslant n \leqslant 14$）磁源层位于径向距离约 3400km 处。地核的半径为 3480km，因此非偶极磁源的深度在地球外核靠近地核 - 地幔的边界处。

地球表面滤掉噪声（见图 7.7 的实线）之后的功率谱在 $n \geqslant 15$ 时趋于平坦，这意味着这部分功率谱的磁源层非常接近地表，因此可能与地壳磁源有关。

7.6 内场源

吉尔伯特在 1600 年提出地球是一个巨大的、永久磁化的球体，从后来人们对岩石磁性和地球内部结构的认识来看，这个模型是不现实的。地心轴磁偶极子的磁场在磁赤道上是水平的，表面 $r = R$ 处磁场的强度为

$$B_e = \frac{\mu_0}{4\pi}\frac{m\sin(\pi/2)}{R^3} = \frac{\mu_0}{4\pi R^3}m \tag{7.73}$$

磁化强度 M 等于单位体积内的磁矩 m，所以

$$B_e = \frac{\mu_0}{4\pi R^3}\frac{4\pi R^3}{3}M = \frac{\mu_0}{3}M \tag{7.74}$$

赤道磁场等于 g_1^0（约为30000nT），平均磁化强度为70A·m^{-1}。这大大超过了最常见的强磁化岩石的磁化强度（玄武岩中 M 约为1A·m^{-1}），而且，还没有考虑到地球内部的温度很快会超过磁性矿物的居里温度，高于此温度就不可能永久磁化，所以只有薄薄的外壳才能被永久磁化。这就需要比计算值更大的磁化强度。最后，永磁体的概念也不能解释观测到的磁场的长期变化。

19 世纪早期安培和阿尔斯特德的实验表明，磁性是由电流引起的。该理论在评估地磁场是否有电磁源时是合理的。

7.6.1 电磁模型

麦克斯韦电磁方程组（见附录B）给出了在流体地核中产生地磁场的电磁模型。地球液铁外核的电导率 σ 约为 $5\times10^5\,\Omega^{-1}\cdot m^{-1}$（Stacey 和 Anderson，2001），这使其成为一个良好的导体。任何自由电荷都会迅速消散，因此库仑定律（见附录B.1）中的自由电荷密度 ρ 为零。对于角频率为 $\omega=2\pi/\tau$ 的周期变化，比较安培定律（见附录B.2）右边两项的大小，可得

$$\frac{|\partial D/\partial t|}{|J|} = \frac{\varepsilon_0|\partial E/\partial t|}{\sigma|E|} = \frac{\varepsilon_0|i\omega E|}{\sigma|E|} = \frac{2\pi\varepsilon_0}{\tau\sigma} \tag{7.75}$$

电容率 $\varepsilon_0 = 8.854\times10^{-12}\,C^2\cdot N^{-1}\cdot m^{-2}$，电导率 $\sigma = 5\times10^5\Omega^{-1}\cdot m^{-1}$。时间周期 τ 超过一年（3.15×10^7s）时，式（7.75）中的比率小于 10^{-24}。因此，可以忽略地核中的位移电流 $\partial D/\partial t$。地核麦克斯韦方程变为

$$\nabla\cdot \boldsymbol{E} = 0 \quad（库仑定律） \tag{7.76}$$

$$\nabla\times \boldsymbol{B} = \mu_0\boldsymbol{J} \quad（安培定律） \tag{7.77}$$

$$\nabla\cdot \boldsymbol{B} = 0 \quad（高斯定律） \tag{7.78}$$

$$\nabla\times \boldsymbol{E} = -\frac{\partial \boldsymbol{B}}{\partial t} \quad (\text{法拉第定律}) \tag{7.79}$$

对式（7.77）两边取旋度可得

$$\nabla\times(\nabla\times \boldsymbol{B}) = \mu_0\sigma(\nabla\times \boldsymbol{E}) \tag{7.80}$$

将式（7.79）的右边代入上式可得

$$\nabla\times(\nabla\times \boldsymbol{B}) = -\mu_0\sigma\frac{\partial \boldsymbol{B}}{\partial t} \tag{7.81}$$

根据式（1.34），将上式左边展开，可得

$$\nabla(\nabla\cdot \boldsymbol{B}) - \nabla^2\boldsymbol{B} = -\mu_0\sigma\frac{\partial \boldsymbol{B}}{\partial t} \tag{7.82}$$

根据高斯定理，第一项可以舍去，则

$$\nabla^2\boldsymbol{B} = \mu_0\sigma\frac{\partial \boldsymbol{B}}{\partial t} \tag{7.83}$$

$$\frac{\partial \boldsymbol{B}}{\partial t} = \frac{1}{\mu_0\sigma}\nabla^2\boldsymbol{B} = \eta_{\mathrm{m}}\nabla^2\boldsymbol{B} \tag{7.84}$$

该微分方程与扩散方程（6.66）的形式相同，参数 $\eta_m = 1/(\mu_0\sigma)$ 称为磁扩散系数。

磁场 $\boldsymbol{B}$ 必须满足高斯定理，其解为

$$\boldsymbol{B} = -\nabla W + \nabla\times \boldsymbol{A} \tag{7.85}$$

在这个解中，标量势 W 是拉普拉斯方程的常见解，而 $\boldsymbol{A}$ 是矢量势，根据矢量恒等式［参见式（1.33）］可知矢量旋度的散度总是零，所以必须加上它。标量势可用于无电流区域的磁场（例如用高斯系数描述地磁场）。矢量势适用于描述由电流产生的磁场。如果我们把这个解代入式（7.84），可得

$$\frac{\partial}{\partial t}(-\nabla W + \nabla\times \boldsymbol{A}) = \eta_{\mathrm{m}}\nabla^2(-\nabla W + \nabla\times \boldsymbol{A}) \tag{7.86}$$

$$\nabla\left(\frac{\partial W}{\partial t} - \eta_{\mathrm{m}}\nabla^2 W\right) = \frac{\partial}{\partial t}(\nabla\times \boldsymbol{A}) - \eta_{\mathrm{m}}\nabla^2(\nabla\times \boldsymbol{A}) \tag{7.87}$$

如果方程两边都设为零，则该方程两边表达式与热传导方程具有相同的形式。其解是关于时间和空间的函数，在适当的边界条件下，可通过分离变量得到。

在三维问题中，上述问题可能会很复杂，但是我们可以通过考虑

一维情况得到一个数量级的解。设标量方程只与 x 和 t 有关

$$\frac{\partial W}{\partial t} = \eta_{\mathrm{m}} \frac{\partial^2 W}{\partial x^2} \tag{7.88}$$

这是与热传导方程（见 6.6.2 节）等价的磁传导方程。一个可能的解为

$$W = W_0 \sin\left(2\pi n \frac{x}{L}\right) \cdot \exp(-t/\tau) \tag{7.89}$$

其中 L 是问题的特征长度。例如，它可能与外核的大小相当。磁势 W 呈指数衰减，τ 是弛豫时间，在此时间内磁场衰减到初始值的 1/e。将该解代入式（7.88）并取关于距离的基本模式（$n=1$），可得

$$-\frac{1}{\tau}W = -\frac{4\pi^2 \eta_{\mathrm{m}}}{L^2}W \tag{7.90}$$

根据地核的其他参数，可得其弛豫时间

$$\tau = \frac{\mu_0 \sigma L^2}{4\pi^2} \tag{7.91}$$

地核的电导率约为 $5\times10^5\,\Omega^{-1}\cdot\mathrm{m}^{-1}$，$\mu_0 = 4\pi\times10^{-7}\,\mathrm{N}\cdot\mathrm{A}^{-2}$，因此，取特征长度 $L=2000\mathrm{km}$ 时，弛豫时间 τ 为 $6.4\times10^{10}\mathrm{s}$ 或约 2000 年。指数函数在 5τ 的时间内衰减到初始值的 1% 以下，因此纯电磁模型产生的磁场将在大约 10000 年后消失。古岩石的磁化强度表明，自前寒武纪以来，地球就存在一个磁场，即 10^9 年左右的时间，因此电磁模型解释地磁场是不充分的。符合要求的模型必须能够维持这么长时间的磁场。

进而需要进一步优化模型，使其能再生磁场并防止其扩散。这是由导电地核流体的物理运动提供的，它可与核内的磁感线相互作用。这种机制类似于发电机，在发电机中，线圈在磁场中运动，就会在导线中产生电流。由导电地核流体的运动产生地磁场的过程称为发电机模型。

7.6.2 磁流体动力学模型

当电荷 q 在磁场 $\boldsymbol{B}$ 中以速度 $\boldsymbol{v}$ 移动时，它会受到洛伦兹力 $\boldsymbol{F}$ 的作用，该力与磁场和运动方向垂直（见附录 A.3）：

$$\boldsymbol{F} = q(\boldsymbol{v}\times\boldsymbol{B}) \tag{7.92}$$

在地核内部条件下，这产生了一个额外的电场 $\boldsymbol{E}_{\mathrm{L}}$，即

$$\boldsymbol{E}_{\mathrm{L}} = \frac{\boldsymbol{F}}{q} = \boldsymbol{v}\times\boldsymbol{B} \tag{7.93}$$

地核物质所处的总电场现在为 $\boldsymbol{E}_{\mathrm{t}}=\boldsymbol{E}+\boldsymbol{E}_{\mathrm{L}}$，根据欧姆定律可得

$$\boldsymbol{J} = \sigma\boldsymbol{E}_{\mathrm{t}} = \sigma(\boldsymbol{E}+\boldsymbol{E}_{\mathrm{L}}) = \sigma(\boldsymbol{E}+\boldsymbol{v}\times\boldsymbol{B}) \tag{7.94}$$

式（7.77）的安培定律变为

$$\nabla\times\boldsymbol{B} = \mu_0\boldsymbol{J} = \mu_0\sigma(\boldsymbol{E}+\boldsymbol{v}\times\boldsymbol{B}) \tag{7.95}$$

加上附加项，与处理电磁模型一样，对方程两边取旋度得

$$\nabla\times(\nabla\times\boldsymbol{B}) = \mu_0\sigma((\nabla\times\boldsymbol{E})+(\nabla\times\boldsymbol{v}\times\boldsymbol{B})) \tag{7.96}$$

$$\nabla(\nabla\cdot\boldsymbol{B}) - \nabla^2\boldsymbol{B} = \mu_0\sigma\left(-\frac{\partial\boldsymbol{B}}{\partial t}+\nabla\times\boldsymbol{v}\times\boldsymbol{B}\right) \tag{7.97}$$

根据高斯定理可知方程左边第一项为零，则剩下的项满足

$$\frac{\partial\boldsymbol{B}}{\partial t} = \eta_{\mathrm{m}}\nabla^2\boldsymbol{B} + (\nabla\times\boldsymbol{v}\times\boldsymbol{B}) \tag{7.98}$$

这就是所谓的磁流体动力学感应方程。如前所述，常数 η_{m} 是磁扩散系数。由于右边的附加项，磁场不再随时间呈指数衰减。第一项描述了磁场通过扩散衰减的趋势；第二项提供了额外的能量，使磁场从其与导电流体运动的相互作用中再生出来。右边两项的比率为磁雷诺数 R_{m}，定义为

$$R_{\mathrm{m}} = \frac{|\nabla\times\boldsymbol{v}\times\boldsymbol{B}|}{|\eta_{\mathrm{m}}\nabla^2\boldsymbol{B}|} \tag{7.99}$$

磁雷诺数的定义与流体力学中类似，是决定层流或湍流优势的流体特性。在低雷诺数下，黏性力占优势，产生层流；在高雷诺数下，惯性力导致湍流，其稳定性较差，并以随机涡流为典型。对于磁雷诺数 $R_{\mathrm{m}} \ll 1$，磁场仅通过欧姆耗散扩散，如前一节讨论的电磁模型所述。如果 $R_{\mathrm{m}} \gg 1$，则磁感应线由导电的流体约束着，且流体运动在磁场的产生中占主导地位。

我们可以用量纲分析的方法估算地核中 R_{m} 的大小，梯度的量纲是 $[\mathrm{L}]^{-1}$，用 $[\mathrm{B}]$ 表示磁场的量纲，磁扩散系数 $\eta_{\mathrm{m}}=1/(\mu_0\sigma)$。因此

$$R_m = \frac{|\nabla\times \boldsymbol{v}\times \boldsymbol{B}|}{\eta_m|\nabla^2\boldsymbol{B}|} \approx \frac{\mu_0\sigma[\mathrm{L}]^{-1}[\mathrm{v}][\mathrm{B}]}{[\mathrm{L}]^{-2}[\mathrm{B}]} \tag{7.100}$$

$$R_m = \mu_0\sigma vL \tag{7.101}$$

v 和 L 的大小还不清楚。L 是假设的典型地核运动的待定长度；我们可以使用与之前相同的值，即 $L=2000\text{km}$。导电流体的速度 v 可根据磁场西移的特征估算，约为 10 ~ 20km · 年$^{-1}$，即 $v\approx 0.3$ ~ 0.6mm · s^{-1}。这使得磁雷诺数约为 250 ~ 500。地核的缓慢运动会使 $R_m \gg 1$，所以在一阶近似中，可以忽略扩散项，则方程可以写为

$$\frac{\partial \boldsymbol{B}}{\partial t} = \nabla\times \boldsymbol{v}\times \boldsymbol{B} \tag{7.102}$$

对于电导率无限大的材料，这个方程是完全正确的，但是地核的电导率是有限大的，这就意味着磁通量有一些泄漏。然而，由无限大电导率的假设可以更深入地了解地磁场的产生。

7.6.3 磁通量冻结定理

设 S 是 t 时刻导电流体中闭合环路 L 所围面积，$\boldsymbol{B}(t)$ 为穿过面积 S 的磁场（见图 7.8）。如果 d$\boldsymbol{S}$ 是面积上的面元，穿过面积 S 的磁通量 Φ_0 为

$$\Phi_0 = \int_S \boldsymbol{B}(t)\cdot \mathrm{d}\boldsymbol{S} \tag{7.103}$$

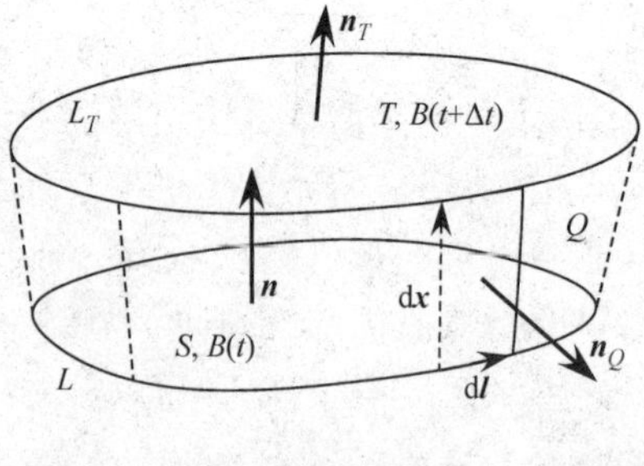

图 7.8 “磁通量冻结定理”的推导结构图。在 t 时刻，磁场 $\boldsymbol{B}(t)$ 以速度 $\boldsymbol{v}$ 通过导电流体中的截面 S；在 $t+\Delta t$ 时刻，磁场变为 $\boldsymbol{B}(t+\Delta t)$，截面面积变为 T。相对于封闭的体积，曲面 T 和 Q 的外法线方向分别为 $\boldsymbol{n}_T$ 和 $\boldsymbol{n}_Q$；曲面 S 的内法线方向为 $\boldsymbol{n}$

假设导电流体以速度$\boldsymbol{v}$运动。在一小段时间间隔 Δt 内，回路面积发生的位移为 $\mathrm{d}\boldsymbol{x}=\boldsymbol{v}\Delta t$。这定义了一个总表面积为 A、体积为 V 的圆柱体：①以回路 L 所围面积 S 为底面，②以回路 L_T 所围面积 T 为顶面，③侧面的面积为 Q。在运动时间 Δt 内，磁场变为 $\boldsymbol{B}(t+\Delta t)$。通过上表面 T 的磁通量 Φ_2 为

$$\Phi_2=\int_T \boldsymbol{B}(t+\Delta t)\cdot\mathrm{d}\boldsymbol{S} \tag{7.104}$$

把散度定理（见1.6节）和磁场的高斯定理应用于穿过体积 V 的磁场 $\boldsymbol{B}$。则

$$\int_A \boldsymbol{B}\cdot\mathrm{d}\boldsymbol{S}=\int_V(\nabla\cdot\boldsymbol{B})\mathrm{d}V=0 \tag{7.105}$$

方程左边的积分是磁场通过包围体积 V 的所有表面的磁通量。它可以写成通过上下底面的磁通量加上通过侧面的磁通量之和：因此，在 $t+\Delta t$ 时刻，

$$-\int_S \boldsymbol{B}(t+\Delta t)\cdot\mathrm{d}\boldsymbol{S}+\int_T \boldsymbol{B}(t+\Delta t)\cdot\mathrm{d}\boldsymbol{S}+\int_Q \boldsymbol{B}(t+\Delta t)\cdot\mathrm{d}\boldsymbol{S}=0 \tag{7.106}$$

第一项中的负号是必要的，因为每个表面的法向都是向外的，但是我们定义了磁场的通量是向内穿入 S，向外穿出 T。整理后得到穿过顶面 T 的通量为

$$\Phi_2=\int_T \boldsymbol{B}(t+\Delta t)\cdot\mathrm{d}\boldsymbol{S}=\int_S \boldsymbol{B}(t+\Delta t)\cdot\mathrm{d}\boldsymbol{S}-\int_Q \boldsymbol{B}(t+\Delta t)\cdot\mathrm{d}\boldsymbol{S} \tag{7.107}$$

磁通量的变化有两个原因：一是磁场随时间的变化，二是磁场通过的表面积的变化。如果时间间隔 Δt 很短，我们可以把右边第一项取到一阶近似

$$\boldsymbol{B}(t+\Delta t)=\boldsymbol{B}(t)+\frac{\partial\boldsymbol{B}(t)}{\partial t}\Delta t \tag{7.108}$$

将此式代入式（7.107）可得

$$\Phi_2 = \int_S \boldsymbol{B}(t) \cdot \mathrm{d}\boldsymbol{S} + \Delta t \int_S \frac{\partial \boldsymbol{B}(t)}{\partial t} \cdot \mathrm{d}\boldsymbol{S} - \int_Q \boldsymbol{B}(t + \Delta t) \cdot \mathrm{d}\boldsymbol{S} \tag{7.109}$$

通过运动回路面积的磁通量变化为

$$\Delta\Phi = \Phi_2 - \Phi_0 = \Delta t \int_S \frac{\partial \boldsymbol{B}(t)}{\partial t} \cdot \mathrm{d}\boldsymbol{S} - \int_Q \boldsymbol{B}(t + \Delta t) \cdot \mathrm{d}\boldsymbol{S} \tag{7.110}$$

现在需要计算通过侧面的通量。在时间间隔 Δt 内，位移与该处速度矢量的方向平行，则 $\mathrm{d}\boldsymbol{x} = \boldsymbol{v}\Delta t$。该位移与沿回路 L 方向的增量 $\mathrm{d}\boldsymbol{l}$ 一起定义了侧面 Q 上的一个面元

$$\mathrm{d}\boldsymbol{S} = \mathrm{d}\boldsymbol{l} \times \mathrm{d}\boldsymbol{x} = (\mathrm{d}\boldsymbol{l} \times \boldsymbol{v})\Delta t \tag{7.111}$$

因此，通过侧面 Q 的磁通量为

$$\int_Q \boldsymbol{B}(t + \Delta t) \cdot \mathrm{d}\boldsymbol{S} = \Delta t \int_Q \boldsymbol{B}(t + \Delta t) \cdot (\mathrm{d}\boldsymbol{l} \times \boldsymbol{v}) \tag{7.112}$$

可以用式（1.18）中的矢量恒等式改变积分变量。对 Q 的面积分转换为沿 $\mathrm{d}\boldsymbol{l}$ 的线积分，积分路径为闭合回路 L：

$$\int_Q \boldsymbol{B}(t + \Delta t) \cdot \mathrm{d}\boldsymbol{S} = \Delta t \int_L (\boldsymbol{v} \times \boldsymbol{B}(t + \Delta t)) \cdot \mathrm{d}\boldsymbol{l} \tag{7.113}$$

用式（7.108）中的 $\boldsymbol{B}(t)$ 表示 $\boldsymbol{B}(t+\Delta t)$，并对时间求导：

$$\begin{aligned}\int_Q \boldsymbol{B}(t + \Delta t) \cdot \mathrm{d}\boldsymbol{S} &= \Delta t \int_L \left(\boldsymbol{v} \times \left(\boldsymbol{B}(t) + \frac{\partial \boldsymbol{B}(t)}{\partial t}\Delta t\right)\right) \cdot \mathrm{d}\boldsymbol{l} \\ &= \Delta t \int_L \left(\boldsymbol{v} \times \boldsymbol{B}(t)\right) \cdot \mathrm{d}\boldsymbol{l} + (\Delta t)^2 \int_L \left(\boldsymbol{v} \times \frac{\partial \boldsymbol{B}(t)}{\partial t}\right) \cdot \mathrm{d}\boldsymbol{l}\end{aligned} \tag{7.114}$$

将该表达式代入式（7.110）可得通量在时间 Δt 内的变化：

$$\Delta\Phi = \Delta t \int_S \frac{\partial \boldsymbol{B}(t)}{\partial t} \cdot \mathrm{d}\boldsymbol{S} - \Delta t \int_L \left(\boldsymbol{v} \times \boldsymbol{B}(t)\right) \cdot \mathrm{d}\boldsymbol{l} - (\Delta t)^2 \int_L \left(\boldsymbol{v} \times \frac{\partial \boldsymbol{B}(t)}{\partial t}\right) \cdot \mathrm{d}\boldsymbol{l} \tag{7.115}$$

方程两边同除以 Δt，可得

$$\frac{\Delta\Phi}{\Delta t}=\int_S\frac{\partial\boldsymbol{B}(t)}{\partial t}\cdot\mathrm{d}S-\int_L(\boldsymbol{v}\times\boldsymbol{B}(t))\cdot\mathrm{d}\boldsymbol{l}-\Delta t\int_L\left(\boldsymbol{v}\times\frac{\partial\boldsymbol{B}(t)}{\partial t}\right)\cdot\mathrm{d}\boldsymbol{l} \tag{7.116}$$

当Δt趋于零时，磁通量变化率是该表达式的极限，最后一项变为零，则

$$\frac{\mathrm{d}\Phi}{\mathrm{d}t}=\lim_{\Delta t=0}\left(\frac{\Delta\Phi}{\Delta t}\right)=\int_S\frac{\partial\boldsymbol{B}(t)}{\partial t}\cdot\mathrm{d}\boldsymbol{S}-\int_L(\boldsymbol{v}\times\boldsymbol{B}(t))\cdot\mathrm{d}\boldsymbol{l} \tag{7.117}$$

应用斯托克斯定理（见1.7节），对闭合回路L的线积分可以转化为对开放有界曲面S的积分：

$$\int_L(\boldsymbol{v}\times\boldsymbol{B}(t))\cdot\mathrm{d}\boldsymbol{l}=\int_S(\nabla\times\boldsymbol{v}\times\boldsymbol{B}(t))\cdot\mathrm{d}\boldsymbol{S} \tag{7.118}$$

因此，通过闭合回路L所围面积的磁通量变化率为

$$\frac{\mathrm{d}\Phi}{\mathrm{d}t}=\int_S\left[\frac{\partial\boldsymbol{B}(t)}{\partial t}-\left(\nabla\times\boldsymbol{v}\times\boldsymbol{B}(t)\right)\right]\cdot\mathrm{d}\boldsymbol{S} \tag{7.119}$$

如果运动流体的电导率无限大，则应用式（7.102）中的近似，括号中的表达式为零。因此

$$\frac{\mathrm{d}\Phi}{\mathrm{d}t}=0 \tag{7.120}$$

则

$$\Phi=\int_S\boldsymbol{B}(t)\cdot\mathrm{d}\boldsymbol{S}=\text{const} \tag{7.121}$$

这一结果表明，导电流体的电导率为无限大时，通过流体的磁通量不随其运动而变化。这就是所谓的磁通量冻结定理。它是1943年由瑞典物理学家阿尔芬针对导电等离子体（如太阳风）建立的。该定理可以用于任何具有高磁雷诺数的导电流体的近似，例如地球的液核。它描述了理想情况下，磁感线是如何受高电导率导电流体约束，并随流体移动的。因此，地核内流体的运动，特别是热驱动和成分驱动的对流，为磁场的自我维持提供了能量来源和反馈机制。

进一步阅读

Campbell, W. H. (2003). *Introduction to Geomagnetic Fields*. Cambridge: Cambridge University Press, 337 pp.

Gubbins, D. and Herrero-Bervera, E. (2007). *Encyclopedia of Geomagnetism and Paleomagnetism*. Dordrecht: Springer, 1,054 pp.

Merrill, R. T., McElhinny, M. W., and McFadden, P. L. (1996). *The Magnetic Field of the Earth: Paleomagnetism, the Core, and the Deep Mantle*. San Diego, CA: Academic Press, 527 pp.

第8章 地震学基础

我们对地球内部结构的认识是通过对地震波在地球中传播时间的详细分析而获得的。内部分层的标准模型——PREM，最初的参考地球模型（Dziewonski 和 Anderson，1981）——给出了地震速度、密度、压力和弹性参数随深度的变化关系。本章讨论地震波速度与弹性传输介质特性之间的关系。

地震波是通过地质材料的无穷小弹性位移产生并传播的。弹性位移是可逆的，也就是说，在干扰力撤除后，材料会恢复到原来的状态。材料的弹性性质和密度决定了可以穿过它的波的类型，以及波的传播速度。

8.1 弹性形变

弹性形变遵循胡克定律，胡克定律是17世纪根据经验观测得出的结论。这些可以通过长为 x 和截面积为 A 的杆的形变来说明，在力 F 的作用下，杆的形变量为 δx（见图8.1）。在弹性形变中，长度的增量比（$\delta x/x$）与作用力 F 成正比，与其截面积 A 成反比：

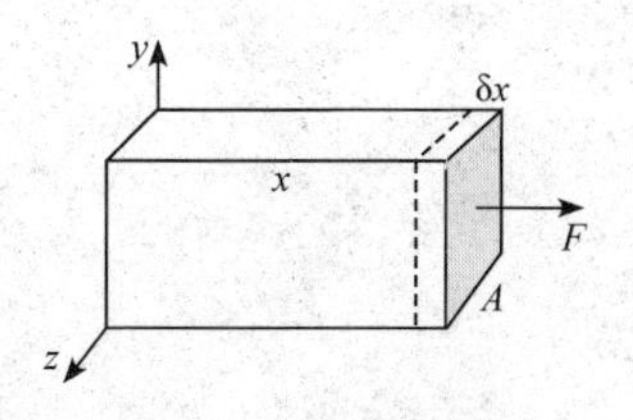

图8.1　长为 x、截面积为 A 的杆在力 F 作用下的拉伸

$$\frac{\delta x}{x} \propto \frac{F}{A} \tag{8.1}$$

应力和应变是针对连续介质的小体积极限情况而定义的，即当体积趋于零（长度 x 和横截面面积 A 都变得非常小）时，单位面积上所承受力（F/A）的极限是应力 σ，具有压强的单位（Pa）：

$$\sigma = \lim_{A \to 0}\left(\frac{F}{A}\right) \tag{8.2}$$

长度增量比（$\delta x/x$）的极限是应变 ε，它是无量纲的：

$$\varepsilon = \lim_{x \to 0}\left(\frac{\delta x}{x}\right) \tag{8.3}$$

胡克定律说明，在弹性形变中，应力和应变是成比例的：

$$\sigma \propto \varepsilon \tag{8.4}$$

该定律描述了材料的初始形变；应力－应变是线性关系，这种形变称为完全弹性形变。如果应力持续增加，线性关系被破坏，但仍然是弹性的，且不会产生永久形变（见图 8.2）。最终达到弹性极限，产生永久形变并最终被破坏，地震波在弹性形变范围内传播。

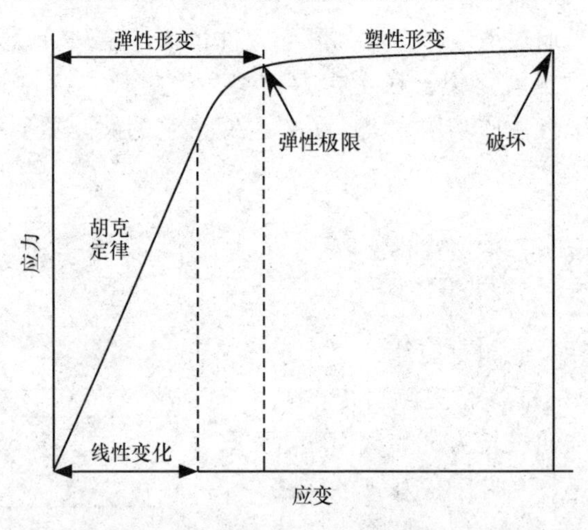

图 8.2　假设的应力－应变关系，展示了弹性和塑性形变区域，以及胡克定律适用的线性范围

8.2 应力

作用在弹性物体上的力可以分为体积力（如重力、离心力）和表面力（如压力、张力和剪切力），在密度为 ρ 的均匀连续物体内部取一个表面积为 S 的小体积 δV。作用在 δV 上的体积力（包括惯性力）

使 δV 和整个物体产生加速度。δV 周围的物质对其表面 S 施加向内的力；为了保持平衡，S 同时也会受到等大反向的表面力。表面力可以使小体积发生形变，并定义物体内的应力状态。

以小长方体为例说明应力分量的定义。设 F_1，F_2 和 F_3 分别是力 $\boldsymbol{F}$ 在正交笛卡儿坐标轴 x_1，x_2 和 x_3 上的分力。力 $\boldsymbol{F}$ 作用在小长方体上（其边分别平行于三个坐标轴，见图 8.3）。$\boldsymbol{F}$ 的每个分量的方向与小长方体的一个表面垂直，与另外两个表面平行。每个表面的方向都指向外法线方向，并且分别对应于表面 A_1，A_2 和 A_3。

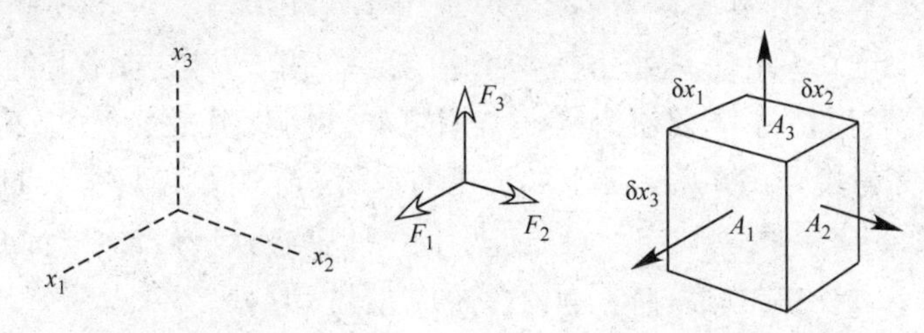

图 8.3　计算应力分量所涉及的物理量的定义，即分别作用于小长方体表面 A_1，A_2 和 A_3 的作用力的分量 F_1，F_2 和 F_3 的定义

垂直作用于表面 A_1 的分力 F_1 产生法向应力，表示为 σ_{11}。与表面 A_1 平行的分力 F_2 和 F_3 产生剪切应力 σ_{12} 和 σ_{13}。作用在表面 A_1 上的三个应力分量定义为

$$\sigma_{11} = \lim_{A_1 \to 0}\left(\frac{F_1}{A_1}\right),\quad \sigma_{12} = \lim_{A_1 \to 0}\left(\frac{F_2}{A_1}\right),\quad \sigma_{13} = \lim_{A_1 \to 0}\left(\frac{F_3}{A_1}\right) \tag{8.5}$$

类似地，力 $\boldsymbol{F}$ 作用于表面 A_2 产生法向应力 σ_{22} 及剪切应力 σ_{21} 和 σ_{23}，而作用在表面 A_3 上产生法向应力 σ_{33} 及剪切应力 σ_{31} 和 σ_{32}（见图 8.4）。9 个分量 σ_{kn}（$k=1, 2, 3$；$n=1, 2, 3$）构成应力张量的元素，写成矩阵的形式为

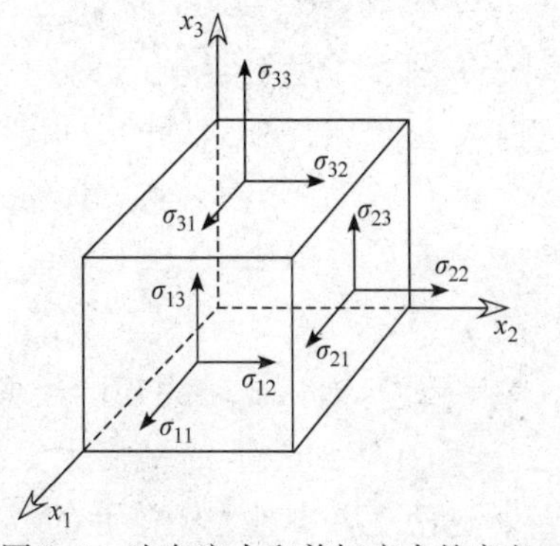

图 8.4　法向应力和剪切应力的定义

$$\sigma_{kn} = \begin{pmatrix} \sigma_{11} & \sigma_{12} & \sigma_{13} \\ \sigma_{21} & \sigma_{22} & \sigma_{23} \\ \sigma_{31} & \sigma_{32} & \sigma_{33} \end{pmatrix} \tag{8.6}$$

在各种情况下，应力元素的第一个下标表示表面的方向，第二个下标表示作用在表面上的分力。

8.2.1 应力张量的对称性

设小长方体的边长为 δx_1，δx_2，δx_3 且分别与三个坐标轴平行（见图 8.5）。为了使其处于静平衡状态，作用在小长方体上的合力（将使其发生位移）必须为零，力矩之和（将使其旋转）也必须为零。首先考虑作用在两个面上的力矩的平衡。作用在与 x_1 垂直的表面（见图 8.5a）上的剪切应力对通过小长方体中心且与 x_3 轴平行的轴线产生的力矩（保留到一阶，忽略二阶项 δx_1^2）为

$$\left(\sigma_{12} + \frac{\partial \sigma_{12}}{\partial x_1}\delta x_1\right)A_1 \frac{\delta x_1}{2} + \sigma_{12}A_1 \frac{\delta x_1}{2} = \sigma_{12}\delta x_1 \quad A_1 = \sigma_{12}\delta x_1 \delta x_2 \delta x_3$$

$$= \sigma_{12}\delta V \tag{8.7}$$

作用在与 x_2 垂直的表面（见图 8.5b）上的剪切应力对 x_3 轴产生另外一个力矩。其方向与第一个力偶方向相反，大小（还是保留到一阶）等于

$$\left(\sigma_{21} + \frac{\partial \sigma_{21}}{\partial x_2}\delta x_2\right)A_2 \frac{\delta x_2}{2} + \sigma_{21}A_2 \frac{\delta x_2}{2} = \sigma_{21}\delta x_2 A_2 = \sigma_{21}\delta V \tag{8.8}$$

相对于 x_3 轴的合力矩为式（8.7）和式（8.8）之差。为了使小长方体处于平衡状态，对 x_3 轴的力矩之和必须为零；因此

$$(\sigma_{12} - \sigma_{21})\delta V = 0 \tag{8.9}$$

上式必须对任意小体积元 δV 都成立，因此

$$\sigma_{12} = \sigma_{21} \tag{8.10}$$

相对于 x_1 轴和 x_2 轴力矩的类似计算分别表明，$\sigma_{23} = \sigma_{32}$ 和 $\sigma_{31} = \sigma_{13}$。作用在体积元上的平衡力矩要求应力张量具有对称性（$\sigma_{kn} = \sigma_{nk}$），这使矩阵中独立矩阵元的数目减少到 6 个。

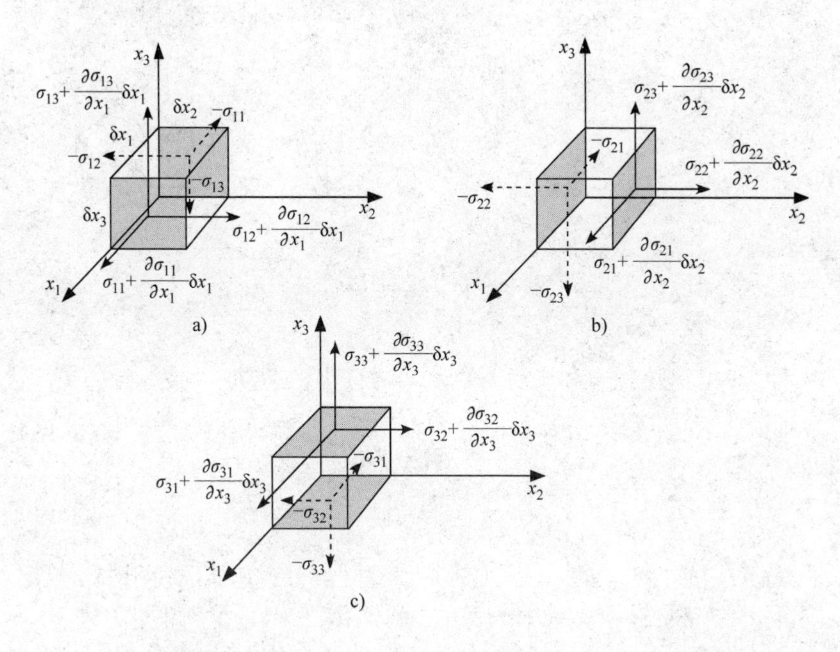

图 8.5　作用在小长方体表面上的应力，方向沿 a）x_1轴，b）x_2轴，c）x_3轴

8.2.2　运动方程

设小长方体的位移 $\boldsymbol{u}=u_n\boldsymbol{e}_n$，其中 $\boldsymbol{e}_n$是位移方向上的单位矢量。作用在小长方体上的所有力使其产生的加速度 $\boldsymbol{a}=a_n\boldsymbol{e}_n$，其中

$$a_n = \frac{\partial^2 u_n}{\partial t^2} \tag{8.11}$$

如果小长方体中的材料密度为 ρ，体积为 δV，那么它的质量 m 等于 $\rho\delta V$。设小长方体单位质量的受力具有分量 F_1，F_2和 F_3。沿 x_1轴的合力是分别作用在表面 A_1（见图 8.5a）上的法向应力以及表面 A_2（见图 8.5b）和 A_3（见图 8.5c）上的剪切应力共同产生的。x_1方向上表面力的合力为

$$\left(\sigma_{11}+\frac{\partial\sigma_{11}}{\partial x_1}\delta x_1-\sigma_{11}\right)A_1+\left(\sigma_{21}+\frac{\partial\sigma_{21}}{\partial x_2}\delta x_2-\sigma_{21}\right)A_2+$$
$$\left(\sigma_{31}+\frac{\partial\sigma_{31}}{\partial x_3}\delta x_3-\sigma_{31}\right)A_3$$
$$=\frac{\partial\sigma_{11}}{\partial x_1}\delta x_1(\delta x_2\delta x_3)+\frac{\partial\sigma_{21}}{\partial x_2}\delta x_2(\delta x_3\delta x_1)+\frac{\partial\sigma_{31}}{\partial x_3}\delta x_3(\delta x_1\delta x_2)$$
$$=\left(\frac{\partial\sigma_{11}}{\partial x_1}+\frac{\partial\sigma_{21}}{\partial x_2}+\frac{\partial\sigma_{31}}{\partial x_3}\right)\delta V \tag{8.12}$$

由于惯性力、体积力和表面力导致 x_1 方向上的运动方程为

$$ma_1=mF_1+\left(\frac{\partial\sigma_{11}}{\partial x_1}+\frac{\partial\sigma_{21}}{\partial x_2}+\frac{\partial\sigma_{31}}{\partial x_3}\right)\delta V \tag{8.13}$$

$$\rho a_1=\rho F_1+\left(\frac{\partial\sigma_{11}}{\partial x_1}+\frac{\partial\sigma_{21}}{\partial x_2}+\frac{\partial\sigma_{31}}{\partial x_3}\right) \tag{8.14}$$

根据沿 x_2 方向和 x_3 方向的合力，可以得到类似表达式。使用求和约定(其中重复下标表示对 $k=1$，2 和 3 的求和)，可以得到张量方程

$$\rho a_n=\rho F_n+\frac{\partial\sigma_{kn}}{\partial x_k} \tag{8.15}$$

如果忽略小长方体单位质量的力 F_n，并将式（8.11）中加速度表达式代入式（8.15)，那么该方程可以简化为齐次运动方程

$$\rho\frac{\partial^2 u_n}{\partial t^2}=\frac{\partial\sigma_{kn}}{\partial x_k} \tag{8.16}$$

8.3 应变

如图 8.6 所示，设任意物体上一点 P 的位置矢量为 $\boldsymbol{x}$，物体上另一点 Q 相对于 P 点的位置 $\boldsymbol{y}$ 无穷小。在物体的一般位移中，P 点通过矢量 $\boldsymbol{u}$ 移到 P_1 点，Q 点通过矢量 $\boldsymbol{v}$ 移到 Q_1 点。如果位移之差为 $\mathrm{d}\boldsymbol{u}$，那么

$$\boldsymbol{v}=\boldsymbol{u}+\mathrm{d}\boldsymbol{u}=\boldsymbol{u}+\frac{\partial\boldsymbol{u}}{\partial x_1}y_1+\frac{\partial\boldsymbol{u}}{\partial x_2}y_2+\frac{\partial\boldsymbol{u}}{\partial x_3}y_3 \tag{8.17}$$

其中 y_1，y_2 和 y_3 分别是 $\boldsymbol{y}$ 在坐标 x_1，x_2 和 x_3 方向上的分量。用张量记为

$$v_k = u_k + \mathrm{d}u_k = u_k + \frac{\partial u_k}{\partial x_n} y_n \tag{8.18}$$

如果先减去 $\frac{1}{2}\partial u_n/\partial x_k$，再加上 $\frac{1}{2}\partial u_n/\partial x_k$，该方程不变，则有

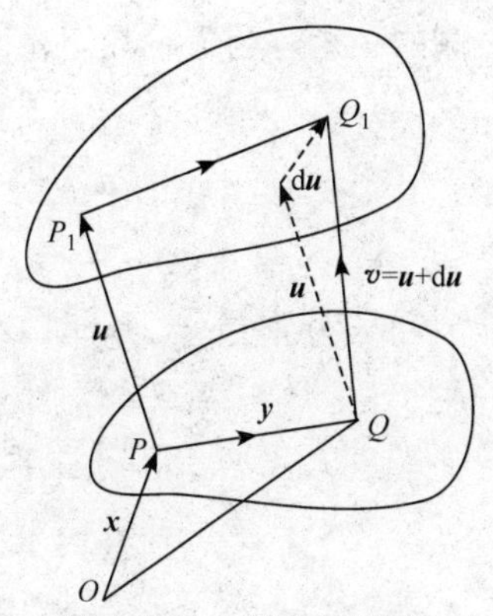

图 8.6　介质中点的一般位移图示。点 P 通过矢量 $\boldsymbol{u}$ 移到新位置 P_1，Q 通过矢量 $\boldsymbol{v}$ 移到新位置 Q_1

$$v_k = u_k + \frac{1}{2}\left(\frac{\partial u_k}{\partial x_n} - \frac{\partial u_n}{\partial x_k}\right) y_n + \frac{1}{2}\left(\frac{\partial u_k}{\partial x_n} + \frac{\partial u_n}{\partial x_k}\right) y_n \tag{8.19}$$

$$v_k = u_k + \varphi_{kn} y_n + \varepsilon_{kn} y_n \tag{8.20}$$

方程右边第一项表示整个物体通过矢量 $\boldsymbol{u}$ 的刚体平移，物体内部没有形变。方程右边第二项中含有张量 φ_{kn}，其元素为

$$\varphi_{kn} = \frac{1}{2}\left(\frac{\partial u_k}{\partial x_n} - \frac{\partial u_n}{\partial x_k}\right) \tag{8.21}$$

与式（1.27）和 Box 1.1 相比较表明 φ_{kn} 是绕 $\boldsymbol{u}=\boldsymbol{0}$ 旋转的分量，即 P 点。元素 $\varphi_{kk}=0$，$\varphi_{kn}=-\varphi_{nk}$，张量具有反对称性，且对角线元素均为零：

$$\varphi_{kn} = \begin{pmatrix} 0 & \varphi_{12} & \varphi_{13} \\ -\varphi_{12} & 0 & \varphi_{23} \\ -\varphi_{13} & -\varphi_{23} & 0 \end{pmatrix} \tag{8.22}$$

该张量和相对位置矢量 y_n 的乘积用矩阵表示为

$$\varphi_{kn} y_n = \begin{pmatrix} 0 & \varphi_{12} & \varphi_{13} \\ -\varphi_{12} & 0 & \varphi_{23} \\ -\varphi_{13} & -\varphi_{23} & 0 \end{pmatrix} \begin{pmatrix} y_1 \\ y_2 \\ y_3 \end{pmatrix} = \begin{pmatrix} \varphi_{12} y_2 + \varphi_{13} y_3 \\ -\varphi_{12} y_1 + \varphi_{23} y_3 \\ -\varphi_{13} y_1 - \varphi_{23} y_2 \end{pmatrix} \tag{8.23}$$

此方程右侧的列矩阵与矢量具有相同的分量

$$\begin{vmatrix} \boldsymbol{e}_1 & \boldsymbol{e}_2 & \boldsymbol{e}_3 \\ -\varphi_{23} & \varphi_{13} & -\varphi_{12} \\ y_1 & y_2 & y_3 \end{vmatrix} = \boldsymbol{\varphi} \times \boldsymbol{y} \tag{8.24}$$

这里 $\boldsymbol{e}_1$，$\boldsymbol{e}_2$ 和 $\boldsymbol{e}_3$ 分别是 x_1，x_2 和 x_3 轴上的单位矢量。矢量 $\boldsymbol{\varphi}$ 表示旋转，$\boldsymbol{y}$ 表示物体上任一点 Q 相对于 O 点的位置，因此，$\boldsymbol{\varphi} \times \boldsymbol{y}$ 表示物体绕旋轴（过 P 点）无限小的刚体转动。其分量为（$-\varphi_{23}$，φ_{13}，$-\varphi_{12}$）。与式（8.21）一样，也可以写成

$$\boldsymbol{\varphi} = \left(\frac{\partial u_3}{\partial x_2} - \frac{\partial u_2}{\partial x_3}\right)\boldsymbol{e}_1 + \left(\frac{\partial u_1}{\partial x_3} - \frac{\partial u_3}{\partial x_1}\right)\boldsymbol{e}_2 + \left(\frac{\partial u_2}{\partial x_1} - \frac{\partial u_1}{\partial x_2}\right)\boldsymbol{e}_3 \tag{8.25}$$

$$\boldsymbol{\varphi} = \begin{vmatrix} \boldsymbol{e}_1 & \boldsymbol{e}_2 & \boldsymbol{e}_3 \\ \partial/\partial x_1 & \partial/\partial x_2 & \partial/\partial x_3 \\ u_1 & u_2 & u_3 \end{vmatrix} = \nabla \times \boldsymbol{u} \tag{8.26}$$

刚体转动是整个物体不发生形变的位移。刚体的平移 $\boldsymbol{u}$ 和转动 $\boldsymbol{\varphi}$ 都不参与地震波的传播。

式（8.20）中 ε_{kn} 是应变张量。它描述了一种形变，在这种形变中，物体的不同部分发生相对位移。只要这些位移很小，形变是弹性的，其应变就可以用一个（3×3）阶应变矩阵来描述，其一般项由式（8.19）定义：

$$\varepsilon_{kn} = \frac{1}{2}\left(\frac{\partial u_k}{\partial x_n} + \frac{\partial u_n}{\partial x_k}\right) \tag{8.27}$$

从该定义中可以明显看出，互换下标不会改变一般项；即应变矩阵是对称的（$\varepsilon_{kn} = \varepsilon_{nk}$）。应变矩阵的对角项（$\varepsilon_{kk}$）表示法向应变，对应于物体拉伸的变化，非对角项表示剪切应变，由物体的角变形引起。

8.3.1 法向应变

设物体上有彼此靠近的两点，其位置分别是 x_1 和（$x_1 + \delta x_1$）（见图 8.7a）。如果物体沿 x_1 轴方向拉伸（见图 8.7b），则两点的位移分别是 u_1 和（$u_1 + \delta u_1$）。根据麦克劳林级数或泰勒级数，可得

$$(u_1 + \delta u_1) = u_1 + \frac{\partial u_1}{\partial x_1}\delta x_1 + \frac{1}{2}\frac{\partial^2 u_1}{\partial x_1^2}(\delta x_1)^2 + \cdots \tag{8.28}$$

如果位移无穷小，可以在一阶截断幂级数，得到

$$\delta u_1 = \frac{\partial u_1}{\partial x_1}\delta x_1 \tag{8.29}$$

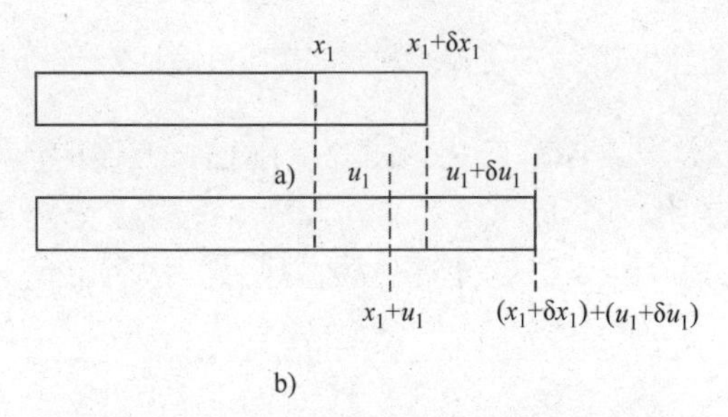

图 8.7　沿 x_1 轴方向拉伸的法向应变的定义

两点间的初始距离为 δx_1，拉伸后的距离变为（$\delta x_1 + \delta u_1$）。平行于 x_1 轴法向应变 ε_{11}，是平行于 x_1 轴的无穷小位移引起的长度增量比，因此

$$\varepsilon_{11} = \lim_{\delta x_1 \to 0} \frac{(\delta x_1 + \delta u_1) - \delta x_1}{\delta x_1} = \frac{\partial u_1}{\partial x_1} \tag{8.30}$$

用类似的方法可以定义 x_2 和 x_3 方向的法向应变。如果 x_k 通过无穷小位移到达 $x_k + u_k$，则产生法向应变 ε_{kk} 为

$$\varepsilon_{kk} = \frac{\partial u_k}{\partial x_k} \tag{8.31}$$

对于弹性物体，法向应变不是相互独立的。如图 8.8 所示中物体形状的变化，当沿 x_1 方向拉伸时，它沿 x_2 和 x_3 方向变薄。横向应变 ε_{22} 和 ε_{33} 与纵向拉伸应变 ε_{11} 相差一个负号，但大小与拉伸应变 ε_{11} 成正比，因此可以表示为

$$\frac{\varepsilon_{22}}{\varepsilon_{11}} = \frac{\varepsilon_{33}}{\varepsilon_{11}} = -\nu \tag{8.32}$$

比例常数 ν 为泊松比，取值范围介于 0（无横向收缩）和最大值 0.5（不可压缩液体）之间。在地球内部，ν 的值在 0.24 和 0.27 之间。

$\nu=0.25$ 的物体称为理想泊松体。

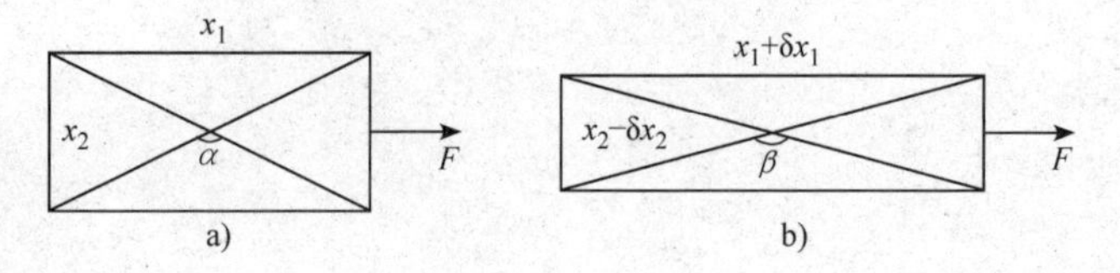

图 8.8　纵向拉伸而引起的矩形截面对角线之间的横向收缩和角度变化的图示

法向应变会导致体积变化。图 8.5 中小长方体的体积 $V=\delta x_1\delta x_2\delta x_3$。由于发生无穷小位移 δu_1，δu_2，δu_3，边缘分别增加到 $\delta x_1+\delta u_1$，$\delta x_2+\delta u_2$ 和 $\delta x_3+\delta u_3$。体积分数的变化为

$$\frac{\delta V}{V}=\frac{(\delta x_1+\delta u_1)(\delta x_2+\delta u_2)(\delta x_3+\delta u_3)-\delta x_1\delta x_2\delta x_3}{\delta x_1\delta x_2\delta x_3}$$

$$=\left(\frac{\delta x_1+\delta u_1}{\delta x_1}\right)\left(\frac{\delta x_2+\delta u_2}{\delta x_2}\right)\left(\frac{\delta x_3+\delta u_3}{\delta x_3}\right)-1 \tag{8.33}$$

对于小 V，体积分数变化的极限定义为膨胀度 θ。如式（8.30）所述，$\delta u_1/\delta x_1$，$\delta u_2/\delta x_2$ 和 $\delta u_3/\delta x_3$ 的极限值分别为纵向应变 ε_{11}，ε_{22} 和 ε_{33}。因此

$$\theta=\lim_{V\to 0}\frac{\delta V}{V}=(1+\varepsilon_{11})(1+\varepsilon_{22})(1+\varepsilon_{33})-1 \tag{8.34}$$

该 θ 表达式包含应变的二阶和三阶积，可以忽略不计，因此

$$\theta=\varepsilon_{11}+\varepsilon_{22}+\varepsilon_{33}=\frac{\partial u_1}{\partial x_1}+\frac{\partial u_2}{\partial x_2}+\frac{\partial u_3}{\partial x_3} \tag{8.35}$$

以 $\boldsymbol{u}$ 为位移矢量，膨胀度 θ 等于

$$\theta=\nabla\cdot\boldsymbol{u} \tag{8.36}$$

使用张量表示法和一个重复下标所暗含的求和约定

$$\theta=\varepsilon_{kk}=\frac{\partial u_k}{\partial x_k} \tag{8.37}$$

8.3.2　剪切应变

应力分量（σ_{12}，σ_{23}，σ_{31}）作用在参考长方体（见图8.4）的表面上，产生剪切应变，表现为物体各部分之间的角度关系的变化，法

向应力也可以产生这样的结果。例如，矩形截面（见图 8.8）内对角线之间的角度 α 和 β 在拉伸前后是不相等的，即纵向拉伸同时产生剪切应变和法向应变。

考虑 x_1-x_2 平面上剪切应力引起的矩形 $A_0B_0C_0D_0$ 的二维形变（见图 8.9）。A_0 点沿 x_1 轴的位移量为 u_1，沿 x_2 轴的位移量为 u_2。剪切应变引起 D_0 点（A_0 点上方垂直距离为 δx_2 处）沿 x_1 轴位移量为 $(\partial u_1/\partial x_2)\delta x_2$。这将使 AD 所在侧面顺时针旋转一个小角度 ϕ_2。对于无穷小位移

$$\phi_2 = \tan\phi_2 = \frac{(\partial u_1/\partial x_2)\delta x_2}{\delta x_2} = \frac{\partial u_1}{\partial x_2} \tag{8.38}$$

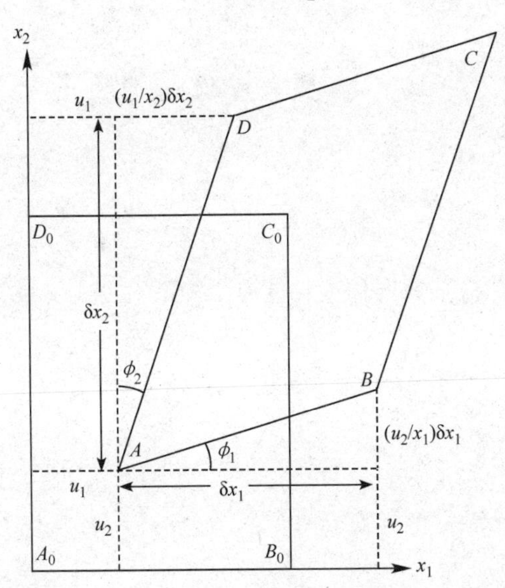

图 8.9　x_1-x_2 平面上二维剪切应变引起的位移

同理，B_0 点（本来在距 A_0 水平距离为 δx_2 处）沿 x_2 轴的位移量为 $(\partial u_2/\partial x_1)\delta x_1$，使 AB 所在侧面逆时针旋转的小角度 ϕ_1 为

$$\phi_1 = \tan\phi_1 = \frac{(\partial u_2/\partial x_1)\delta x_1}{\delta x_1} = \frac{\partial u_2}{\partial x_1} \tag{8.39}$$

式（8.27）中定义的剪切应变分量 ε_{12} 是

$$\varepsilon_{12}=\frac{1}{2}\left(\frac{\partial u_2}{\partial x_1}+\frac{\partial u_1}{\partial x_2}\right)=\frac{1}{2}(\phi_1+\phi_2) \tag{8.40}$$

互换下标 1 和 2 产生剪切应变分量 ε_{21}，它与 ε_{12} 相等。x_1-x_2 平面总形变为

$$\phi_1+\phi_2=\varepsilon_{12}+\varepsilon_{21}=2\varepsilon_{12}=2\varepsilon_{21} \tag{8.41}$$

同理，应变分量 $\varepsilon_{23}=(\varepsilon_{32})$，$\varepsilon_{31}=(\varepsilon_{13})$ 分别用于表示 x_2-x_3 平面和 x_3-x_1 平面的角形变。因此剪切应变

$$\begin{cases}\varepsilon_{12}=\varepsilon_{21}=\dfrac{1}{2}\left(\dfrac{\partial u_2}{\partial x_1}+\dfrac{\partial u_1}{\partial x_2}\right)\\ \varepsilon_{23}=\varepsilon_{32}=\dfrac{1}{2}\left(\dfrac{\partial u_3}{\partial x_2}+\dfrac{\partial u_2}{\partial x_3}\right)\\ \varepsilon_{31}=\varepsilon_{13}=\dfrac{1}{2}\left(\dfrac{\partial u_1}{\partial x_3}+\dfrac{\partial u_3}{\partial x_1}\right)\end{cases} \tag{8.42}$$

用张量形式表示为

$$\varepsilon_{kn}=\varepsilon_{nk}=\frac{1}{2}\left(\frac{\partial u_n}{\partial x_k}+\frac{\partial u_k}{\partial x_n}\right) \tag{8.43}$$

纵向应变和剪切应变共同构成对称应变矩阵

$$\varepsilon_{kn}=\begin{pmatrix}\varepsilon_{11} & \varepsilon_{12} & \varepsilon_{13}\\ \varepsilon_{21} & \varepsilon_{22} & \varepsilon_{23}\\ \varepsilon_{31} & \varepsilon_{32} & \varepsilon_{33}\end{pmatrix} \tag{8.44}$$

矩阵元表示应变张量 ε_{kn}（$k=1, 2, 3$；$n=1, 2, 3$），因为具有对称性，所以有 6 个独立的元素。

8.4 完全弹性应力 - 应变关系

胡克定律描述了由无穷小应变引起的完全弹性形变。应变分量是应力分量的线性函数。根据线性相关性可以定义弹性模量，即每一对应力和应变之间的比例常数都是一个弹性模量。在合适的形变中，弹性模量、剪切模量及体积模量与应力和应变张量的不同元素相对应。

1. 弹性模量

每个法向应力σ_{kk}与相应的法向应变ε_{kk}成正比，因此

$$\sigma_{kk} = E\varepsilon_{kk} \tag{8.45}$$

比例常数E就是弹性模量。伴随纵向拉伸的横向收缩用泊松比ν来描述（见式（8.32））。

2. 剪切模量（或刚性模量）

平面内的剪切应变ε_{kn}（即总角变形）与剪切应力σ_{kn}成正比。式（8.41）定义了剪切应变，因此对于$k \neq n$，则有

$$\sigma_{kn} = 2\mu\varepsilon_{kn} \tag{8.46}$$

比例常数μ就是刚性（或剪切）模量。

3. 体积模量（或不可压缩性）

体积模量K是测量引起体积变化所需压强变化的量度。在静水压p（定义方向向内，相当于负应力）的作用下物体的体积会发生变化。体积分数变化是膨胀度θ，它与主应变有关，如式（8.34）~式(8.37)中所述。在静水条件下没有剪切应力（$\sigma_{kn}=0$），且法向应力相等（$\sigma_{kk} = -p$）。压强与膨胀度成正比，比例常数是K。因此，有以下简单的关系：

$$p = -K\theta = -K\frac{\partial u_k}{\partial x_k} = -K\nabla \cdot \boldsymbol{u} \tag{8.47}$$

8.4.1 拉梅常数

x_1方向的长度变化包括由σ_{11}引起的拉伸及由σ_{22}和σ_{33}引起的x_2和x_3方向的横向收缩。法向应变等于σ_{11}/E，且根据式（8.32），横向收缩引起的纵向应变分别是$-\nu\sigma_{22}/E$和$-\nu\sigma_{33}/E$。因此，对于x_1方向有

$$\varepsilon_{11} = \frac{\sigma_{11}}{E} - \nu\frac{\sigma_{22}}{E} - \nu\frac{\sigma_{33}}{E} \tag{8.48}$$

对于x_2和x_3方向，可得类似方程。把每个方程两边都乘以E得

$$\begin{cases} E\varepsilon_{11} = \sigma_{11} - \nu\sigma_{22} - \nu\sigma_{33} \\ E\varepsilon_{22} = \sigma_{22} - \nu\sigma_{33} - \nu\sigma_{11} \\ E\varepsilon_{33} = \sigma_{33} - \nu\sigma_{11} - \nu\sigma_{22} \end{cases} \tag{8.49}$$

将这些方程左右分别相加可得

$$E(\varepsilon_{11} + \varepsilon_{22} + \varepsilon_{33}) = (\sigma_{11} + \sigma_{22} + \sigma_{33})(1 - 2\nu) \tag{8.50}$$

$$E\theta = (\sigma_{11} + \sigma_{22} + \sigma_{33})(1 - 2\nu) \tag{8.51}$$

这个公式可以改写为σ_{11}的方程：

$$\sigma_{11} = \frac{E}{1 - 2\nu}\theta - (\sigma_{22} + \sigma_{33}) \tag{8.52}$$

从式（8.49）的第一个方程可得到（$\sigma_{22} + \sigma_{33}$）的另一个表达式

$$(\sigma_{22} + \sigma_{33}) = -\frac{E\varepsilon_{11} - \sigma_{11}}{\nu} \tag{8.53}$$

将该表达式代入式（8.52）可得

$$\sigma_{11} = \frac{E}{1 - 2\nu}\theta + \frac{E\varepsilon_{11} - \sigma_{11}}{\nu} \tag{8.54}$$

$$\nu\sigma_{11} = \frac{E\nu}{1 - 2\nu}\theta + E\varepsilon_{11} - \sigma_{11} \tag{8.55}$$

$$\sigma_{11} = \frac{E\nu}{(1 - 2\nu)(1 + \nu)}\theta + \frac{E}{1 + \nu}\varepsilon_{11} \tag{8.56}$$

θ 和 ε_{11}的系数分别是拉梅常数 λ 和 μ：

$$\lambda = \frac{E\nu}{(1 - 2\nu)(1 + \nu)} \tag{8.57}$$

$$2\mu = \frac{E}{1 + \nu} \tag{8.58}$$

法向应力和法向应变之间的关系可以用拉梅常数表示为

$$\sigma_{11} = \lambda\theta + 2\mu\varepsilon_{11} \tag{8.59}$$

根据式（8.49）中任何一个方程也会得到类似的结果，因此通常法向应力和应变的关系为

$$\sigma_{kk} = \lambda\theta + 2\mu\varepsilon_{kk} \tag{8.60}$$

拉梅常数 μ 等于剪切模量，这可以通过独立地建立弹性模量、剪切模量和泊松比来解释（见 Box 8.1），从而得出与式（8.58）相同的

方程。式（8.46）定义剪切模量为剪切应力 σ_{kn} 与剪切应变 ε_{kn} 的比率。使用克罗内克δ符号，可以写出更一般的关系

$$\sigma_{kn} = \lambda\theta\delta_{kn} + 2\mu\varepsilon_{kn} \tag{8.61}$$

Box 8.1　剪切模量、弹性模量和泊松比之间的关系

如图B8.1.1a所示，考虑一个具有正方形横截面的物体，其仅在 $x_1 - x_2$ 平面上承受法向应力（即 $\sigma_{33} = 0$）。设与横截面垂直的各侧面积为 A，p 为法向应力 σ_{11} 和 σ_{22} 的平均值，并设 σ 为 p 与各面的应力差。因此

$$\sigma = \sigma_{11} - p = p - \sigma_{22} \tag{1}$$

沿 x_1 轴向外的应力差 σ 会使物体拉伸，而沿 x_2 轴向内的应力差 $-\sigma$ 引起收缩（见图B8.1.1b）。截面形状的改变会导致其内部的角形变。因此法向应力会同时引起法向应变和剪切应变。

沿 x_1 方向向外的力为（σA），在其对角线上的分量为 $\sigma A/\sqrt{2}$（见图B8.1.2a）；同样，在 x_2 方向上向内的力在对角线方向上也有分量 $\sigma A/\sqrt{2}$。因此，沿对角线方向的合力为 $\sqrt{2}\sigma A$。与横截面垂直的侧面面积为 A，因此包含对角线的法向截面面积为 $\sqrt{2}A$，沿对角线的剪切应力等于 σ。

开始时两对角线间的夹角为直角，但变形后其夹角改变了 φ（见图B8.1.2b），如8.3.2节所定义的，该角为 $x_1 - x_2$ 平面的剪切应变。考虑△BCD 中的角度和边长，如果正方形横截面的原始边长为 s（见图B8.1.2a），则沿着 x 轴的边长拉伸到 $s(1 + \varepsilon_{11})$，而与该边垂直的边收缩为 $s(1 + \varepsilon_{22})$。∠BCD 的正切为 DB/BC；因此

$$\tan\left(\frac{\pi}{4} - \frac{\varphi}{2}\right) = \frac{s(1 + \varepsilon_{22})/2}{s(1 + \varepsilon_{11})/2} = \frac{1 + \varepsilon_{22}}{1 + \varepsilon_{11}} \tag{2}$$

根据三角函数公式，可得两角之差的正切

$$\tan\left(\frac{\pi}{4} - \frac{\varphi}{2}\right) = \frac{\tan(\pi/4) - \tan(\varphi/2)}{1 + \tan(\pi/4)\tan(\varphi/2)} = \frac{1 - \tan(\varphi/2)}{1 + \tan(\varphi/2)} \tag{3}$$

式（2）和式（3）相等，所以

$$\frac{1+\varepsilon_{22}}{1+\varepsilon_{11}}=\frac{1-\tan(\varphi/2)}{1+\tan(\varphi/2)} \tag{4}$$

式（8.46）中，令 $\sigma_{33}=0$，并用形变应力差代替法向应力，可以写出 ε_{11} 和 ε_{22} 的表达式

$$\varepsilon_{11}=\frac{\sigma_{11}}{E}-\nu\frac{\sigma_{22}}{E}=\frac{\sigma}{E}-\nu\frac{(-\sigma)}{E}=\frac{\sigma}{E}(1+\nu) \tag{5}$$

$$\varepsilon_{22}=\frac{\sigma_{22}}{E}-\nu\frac{\sigma_{11}}{E}=\frac{(-\sigma)}{E}-\nu\frac{\sigma}{E}=-\frac{\sigma}{E}(1+\nu) \tag{6}$$

现在将这些表达式代入式（4），注意到 φ 非常小，因此可以用角度本身代替其正切值

$$\frac{1-\dfrac{\sigma}{E}(1+\nu)}{1+\dfrac{\sigma}{E}(1+\nu)}=\frac{1-\varphi/2}{1+\varphi/2} \tag{7}$$

$$\frac{\varphi}{2}=\frac{\sigma}{E}(1+\nu) \tag{8}$$

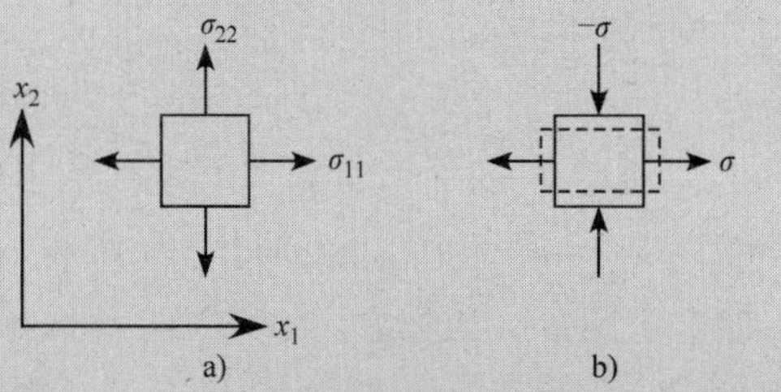

图 B8.1.1　a）x_1-x_2 平面上的法向应力 σ_{11} 和 σ_{22}；
b）应力偏差 $\pm\sigma$，等于法向应力与其平均值之差

剪切模量 μ 是剪切应力和剪切应变之比。在这种情况下，形变应力 σ 和角变形 φ 之比为

$$\mu=\frac{\sigma}{\varphi} \tag{9}$$

因此，从式（8）可以得到剪切模量μ、弹性模量E和泊松比ν的下列关系：

$$\mu = \frac{E}{2(1+\nu)} \tag{10}$$

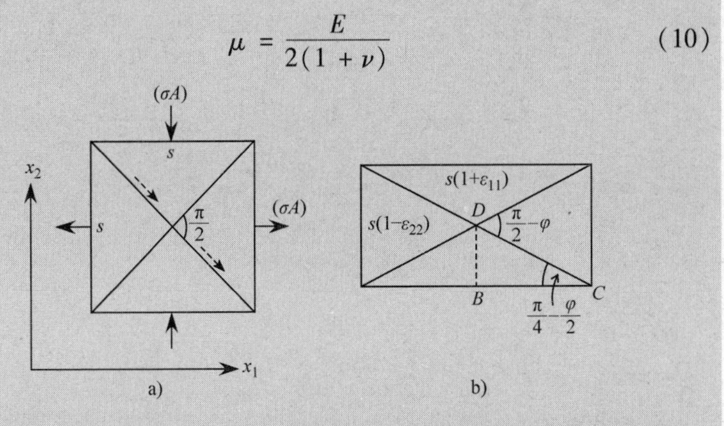

图 B8.1.2　a）形变之前正方形截面向内和向外的应力差（σA）；b）边长、法向应变，以及由于应力差引起的对角线之间夹角的变化

8.5　地震波方程

为了描述地震波在地球中的传播，必须做一些简化假设。首先，忽略介质的非均匀性。假设介质是均匀且各向同性的。这样就可以使用式（8.16）中导出的齐次运动方程来描述介质粒子的位移。其次，假设介质是完全弹性的，故只考虑介质粒子的无穷小位移。应力和应变的关系由式（8.61）决定。运动方程变为

$$\rho \frac{\partial^2 u_n}{\partial t^2} = \frac{\partial}{\partial x_k}(\lambda\theta\delta_{kn} + 2\mu\varepsilon_{kn}) \tag{8.62}$$

接下来假设拉梅常数μ和λ不随位置而变化，因此可以看作常数。这实际上意味着介质中没有速度梯度。令$\theta=\varepsilon_{nn}$，根据克罗内克符号δ定义可得

$$\rho = \frac{\partial^2 u_n}{\partial t^2} = \lambda \frac{\partial \varepsilon_{nn}}{\partial x_n} + 2\mu \frac{\partial \varepsilon_{kn}}{\partial x_k} \tag{8.63}$$

将式（8.37）中 ε_{nn}的定义和式（8.43）中 ε_{kn}的定义代入式（8.63）可得

$$\rho \frac{\partial^2 u_n}{\partial t^2} = \lambda \frac{\partial}{\partial x_n}\left(\frac{\partial u_k}{\partial x_k}\right) + \mu \frac{\partial}{\partial x_k}\left(\frac{\partial u_n}{\partial x_k} + \frac{\partial u_k}{\partial x_n}\right) \tag{8.64}$$

$$\rho \frac{\partial^2 u_n}{\partial t^2} = \lambda \frac{\partial}{\partial x_n}\frac{\partial u_k}{\partial x_k} + \mu \frac{\partial^2 u_n}{\partial x_k^2} + \mu \frac{\partial}{\partial x_k}\frac{\partial u_k}{\partial x_n} \tag{8.65}$$

注意，最后一项中求导顺序可以互换，不会改变其含义，即

$$\frac{\partial}{\partial x_k}\frac{\partial u_k}{\partial x_n} = \frac{\partial^2 u_k}{\partial x_k \partial x_n} = \frac{\partial}{\partial x_n}\frac{\partial u_k}{\partial x_k} \tag{8.66}$$

整理并简化可得

$$\rho \frac{\partial^2 u_n}{\partial t^2} = (\lambda + \mu) \frac{\partial}{\partial x_k}\left(\frac{\partial u_k}{\partial x_n}\right) + \mu \frac{\partial^2 u_n}{\partial x_k^2} \tag{8.67}$$

该方程用符号可表示为

$$\rho \frac{\partial^2 \boldsymbol{u}}{\partial t^2} = (\lambda + \mu) \nabla(\nabla \cdot \boldsymbol{u}) + \mu \nabla^2 \boldsymbol{u} \tag{8.68}$$

根据式（1.34）中的矢量恒等式，可以得到$\nabla^2 \boldsymbol{u}$ 的表达式：

$$\nabla^2 \boldsymbol{u} = \nabla(\nabla \cdot \boldsymbol{u}) - \nabla \times (\nabla \times \boldsymbol{u}) \tag{8.69}$$

齐次运动方程变为

$$\rho \frac{\partial^2 \boldsymbol{u}}{\partial t^2} = (\lambda + \mu) \nabla(\nabla \cdot \boldsymbol{u}) + \mu(\nabla(\nabla \cdot \boldsymbol{u}) - \nabla \times (\nabla \times \boldsymbol{u})) \tag{8.70}$$

$$\rho \frac{\partial^2 \boldsymbol{u}}{\partial t^2} = (\lambda + 2\mu) \nabla(\nabla \cdot \boldsymbol{u}) - \mu(\nabla \times (\nabla \times \boldsymbol{u})) \tag{8.71}$$

这是处理各向同性均匀介质中弹性波的起点。

矿物本身是各向异性的，其性质由晶体结构决定。然而，在一个足够大的组合中，我们可以认为晶体的随机排列使材料在宏观上是各向同性的，并证明了地球内部这种假设是正确的。均匀性假设是不现实的。例如，密度和弹性参数决定地震扰动能否随深度变化，但也可能在既定深度发生横向变化。然而，通过将非均匀介质划分为更小的单元（如平行水平层或小块）并假设每个单元是均匀的，可以对其进行可接受的建模。然后可以通过合理地选择每个单元的厚度、密度和

弹性参数来近似实际条件。

地震信号通过介质弹性位移传播的假设仅在距震源一定距离处成立。在地震或爆炸中，震源周围的介质立刻会被破坏，粒子位移大且回不到原来的平衡位置，形变是滞弹性的。但是式（8.71）下的弹性条件适用于远离震源的地震扰动。

为了进一步研究地震体波的运动方程，我们分别在式（8.71）两边取散度和旋度，得到对主次地震波的描述。

8.5.1 主地震波（P波）

首先对式（8.71）两边取散度：

$$\rho\frac{\partial^2(\nabla\cdot\boldsymbol{u})}{\partial t^2}=(\lambda+2\mu)\nabla\cdot\nabla(\nabla\cdot\boldsymbol{u})-\mu(\nabla\cdot\nabla\times(\nabla\times\boldsymbol{u}))\tag{8.72}$$

矢量恒等式（1.33）说明任何矢量 $\boldsymbol{a}$ 的旋度的散度为零，即 $\nabla\cdot(\nabla\times\boldsymbol{a})=0$。因此，右边第二项是零，则

$$\rho\frac{\partial^2(\nabla\cdot\boldsymbol{u})}{\partial t^2}=(\lambda+2\mu)\nabla^2(\nabla\cdot\boldsymbol{u})\tag{8.73}$$

式（8.36）中的膨胀度 θ，即体积变化分数，它等于位移矢量 $\boldsymbol{u}$ 的散度，因此

$$\rho\frac{\partial^2\theta}{\partial t^2}=(\lambda+2\mu)\nabla^2\theta\tag{8.74}$$

$$\frac{\partial^2\theta}{\partial t^2}=\alpha^2\nabla^2\theta\tag{8.75}$$

其中

$$\alpha^2=\frac{\lambda+2\mu}{\rho}\tag{8.76}$$

对照式（8.75）的两边，很容易看出 α 具有速度的量纲，它是体积变化（膨胀）在介质中传播的速度。扰动是一系列压缩和膨胀，其传播速度为 α。相应的地震波是主波（或P波），之所以叫作P波，是因为它是地震记录中第一个到达的波。

体积模量、弹性模量和泊松比都可以用拉梅常数单独表示（见

Box 8.2）。根据体积模量和拉梅常数之间的关系可以将式（8.76）写成

$$\alpha^2 = \frac{1}{\rho}\left(\lambda + \frac{2}{3}\mu + \frac{4}{3}\mu\right) = \frac{1}{\rho}\left(K + \frac{4}{3}\mu\right) \tag{8.77}$$

P 波的速度取决于体积模量（或不可压缩性）和剪切模量。因此，P 波可以在液相（剪切模量 μ 为零）中传播。

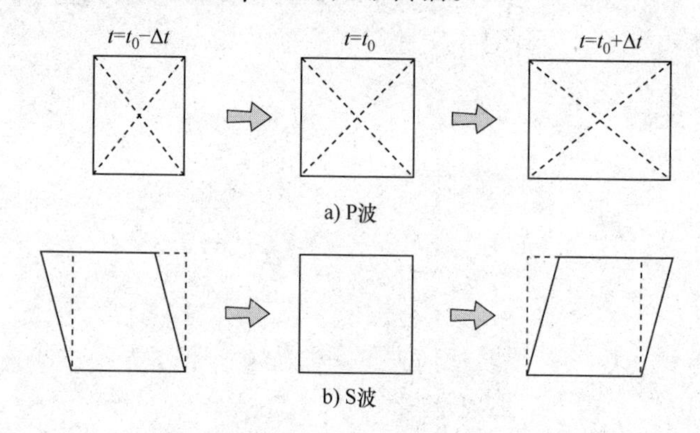

图 8.10　a）纵波（P 波）通过时体积和对角线之间夹角的变化；
b）横波（S 波）通过时由于剪切应力而导致的形状变化示意图

一维压缩的传播如图 8.10a 所示，该图画出了 t_0 时刻的未变形体积与其前一时刻 $t_0 - \Delta t$ 的压缩体积以及后一时刻 $t_0 + \Delta t$ 的膨胀体积。原始正方形对角线之间角度的变化表明，压缩波中的形变也具有剪切形变。

Box 8.2　弹性参数和拉梅常数

1. 体积模量 *K*

体积模量描述了材料在法向应力 σ_{11}，σ_{22}，σ_{33} 作用下的体积形状变化。根据胡克定律，每个法向应力的式子为

$$\begin{cases} \sigma_{11} = \lambda\theta + 2\mu\varepsilon_{11} \\ \sigma_{22} = \lambda\theta + 2\mu\varepsilon_{22} \\ \sigma_{33} = \lambda\theta + 2\mu\varepsilon_{33} \end{cases} \tag{1}$$

将这些式子两边分别相加，得

$$\sigma_{11}+\sigma_{22}+\sigma_{33}=3\lambda\theta+2\mu(\varepsilon_{11}+\varepsilon_{22}+\varepsilon_{33}) \tag{2}$$

膨胀度 θ 定义为

$$\theta=\varepsilon_{11}+\varepsilon_{22}+\varepsilon_{33} \tag{3}$$

在静平衡条件下，$\sigma_{11}=\sigma_{22}=\sigma_{33}=-p$。代入式（2）并整理可得

$$-3p=3\lambda\theta+2\mu\theta \tag{4}$$

体积模量的定义为 $K=-p/\theta$。因此，

$$K=\lambda+\frac{2}{3}\mu \tag{5}$$

2. 弹性模量 *E*

当对材料施加单轴正应力时，会产生与应力成正比的纵向拉伸或压缩。比例常数是弹性模量。设所施加应力沿 x_1 轴，则 $\sigma_{yy}=\sigma_{zz}=0$。对每个轴应用胡克定律，则有

$$\begin{cases}\sigma_{11}=\lambda\theta+2\mu\varepsilon_{11}\\ 0=\lambda\theta+2\mu\varepsilon_{22}\\ 0=\lambda\theta+2\mu\varepsilon_{33}\end{cases} \tag{6}$$

将这些式子两边分别相加，得

$$\sigma_{11}=3\lambda\theta+2\mu(\varepsilon_{11}+\varepsilon_{22}+\varepsilon_{33})=3\lambda\theta+2\mu\theta \tag{7}$$

$$\theta=\frac{\sigma_{11}}{(3\lambda+2\mu)} \tag{8}$$

代入式（6）的第一式中，则

$$\sigma_{11}=\lambda\frac{\sigma_{11}}{3\lambda+2\mu}+2\mu\varepsilon_{11} \tag{9}$$

合并整理得

$$\sigma_{11}\left(1-\frac{\lambda}{3\lambda+2\mu}\right)=2\mu\varepsilon_{11} \tag{10}$$

$$\sigma_{11}=\mu\left(\frac{3\lambda+2\mu}{\lambda+\mu}\right)\varepsilon_{11} \tag{11}$$

弹性模量的定义为 $E=\sigma_{11}/\varepsilon_{11}$，因此

$$E = \mu\left(\frac{3\lambda + 2\mu}{\lambda + \mu}\right) \tag{12}$$

3. 泊松比 ν

式（8.57）和式（8.58）分别给出了拉梅常数的定义

$$\lambda = \frac{E\nu}{(1-2\nu)(1+\nu)} = \frac{E}{(1+\nu)}\frac{\nu}{(1-2\nu)} \tag{13}$$

$$2\mu = \frac{E}{1+\nu} \tag{14}$$

联立这两个式子，可得

$$\lambda = 2\mu\frac{\nu}{1-2\nu} \tag{15}$$

根据拉梅常数，泊松比 ν 为

$$\nu = \frac{\lambda}{2(\lambda + \mu)} \tag{16}$$

8.5.2 地震二次波（S 波）

接下来，对式（8.71）两边取旋度得

$$\rho\frac{\partial^2(\nabla\times\boldsymbol{u})}{\partial t^2} = (\lambda + 2\mu)(\nabla\times\nabla(\nabla\cdot\boldsymbol{u})) - \mu(\nabla\times\nabla\times(\nabla\times\boldsymbol{u})) \tag{8.78}$$

再次使用矢量恒等式来简化方程。式（1.32）表示任何标量函数 f 梯度的旋度为零，即 $\nabla\times\nabla f = 0$。因此式（8.78）右边的第一项为零。于是有

$$\rho\frac{\partial^2(\nabla\times\boldsymbol{u})}{\partial t^2} = -\mu(\nabla\times\nabla\times(\nabla\times\boldsymbol{u})) \tag{8.79}$$

再利用矢量恒等式（1.34），可得

$$\rho\frac{\partial^2(\nabla\times\boldsymbol{u})}{\partial t^2} = -\mu\nabla(\nabla\cdot(\nabla\times\boldsymbol{u})) + \mu\nabla^2(\nabla\times\boldsymbol{u}) \tag{8.80}$$

矢量旋度的散度等于零，因此

$$\rho\frac{\partial^2(\nabla\times\boldsymbol{u})}{\partial t^2} = \mu\nabla^2(\nabla\times\boldsymbol{u}) \tag{8.81}$$

$$\frac{\partial^2(\nabla\times\boldsymbol{u})}{\partial t^2}=\beta^2\nabla^2(\nabla\times\boldsymbol{u}) \tag{8.82}$$

其中

$$\beta^2=\frac{\mu}{\rho} \tag{8.83}$$

分量$\nabla\times\boldsymbol{u}$在垂直于位移$\boldsymbol{u}$的平面上。扰动作为一系列剪切位移在介质中以速度$\beta$传播。因为它与剪切模量有关，而液体和气体中剪切模量为零，所以剪切波只能在固体中传播。

将式（8.77）和式（8.83）对比得到地震波参数Φ，定义为

$$\Phi=\alpha^2-\frac{4}{3}\beta^2=\frac{K}{\rho} \tag{8.84}$$

这个参数对于确定密度变化以及地球内部的绝热温度梯度非常重要，因为纵波和横波速度都是众所周知的深度函数。

S 波速度β小于 P 波速度α。因此在地震台站，地震横波（或 S 波）的记录时间比 P 波晚，所以也被称为二次波。在一维剪切变形（见图 8.10b）的传播过程中，t_0时刻原始正方形截面在$t_0-\Delta t$时刻和$t_0+\Delta t$时刻被扭曲变形为平行四边形。但是，平行四边形的面积与原始四边形的面积相同。在三维情况下，横波传播时介质元体积不变。

8.5.3　位移势

亥姆霍兹定理表明，矢量场可以表示为一个无旋（$\nabla\times\varphi=0$）的散度场和一个无散（$\nabla\cdot\boldsymbol{\psi}=0$）的旋度场的叠加。因此，位移矢量$\boldsymbol{u}$可以用标量势$\varphi$和矢量势$\boldsymbol{\psi}$表示为

$$\boldsymbol{u}=\nabla\varphi+\nabla\times\boldsymbol{\psi} \tag{8.85}$$

无旋位移场没有剪切分量，而无散位移场是在体积不变的情况下发生的。因此在地震扰动中，势φ和势$\boldsymbol{\psi}$分别对应于 P 波和 S 波的位移，可以通过求解相应的波动方程得到。

1. P 波

对$\boldsymbol{u}$取散度并注意$\nabla\cdot(\nabla\times\boldsymbol{\psi})=0$，所以有

$$\nabla\cdot\boldsymbol{u}=\nabla^2\varphi \tag{8.86}$$

代入式（8.73）并用α表示 P 波的速度，则

$$\frac{\partial^2(\nabla^2\varphi)}{\partial t^2} = \alpha^2 \nabla^2(\nabla^2\varphi) \tag{8.87}$$

$$\nabla^2\left[\frac{\partial^2\varphi}{\partial t^2} - \alpha^2 \nabla^2\varphi\right] = 0 \tag{8.88}$$

如果方括号中的表达式为零，则该方程恒成立。因此，P 波位移的标量势 φ 的定义方程为

$$\frac{\partial^2\varphi}{\partial t^2} - \alpha^2 \nabla^2\varphi = 0 \tag{8.89}$$

2. S 波

接下来，对 $\boldsymbol{u}$ 取旋度，则有

$$\nabla\times \boldsymbol{u} = (\nabla\times\nabla\varphi) + (\nabla\times\nabla\times\boldsymbol{\psi}) \tag{8.90}$$

根据恒等式（1.32）和式（1.34）可得

$$\nabla\times \boldsymbol{u} = \nabla(\nabla\cdot\boldsymbol{\psi}) - \nabla^2\boldsymbol{\psi} \tag{8.91}$$

利用矢量势无散度（$\nabla\cdot\boldsymbol{\psi}=0$）的条件，该方程变为

$$\nabla\times \boldsymbol{u} = -\nabla^2\boldsymbol{\psi} \tag{8.92}$$

代入式（8.82）并用β表示 S 波的速度，则

$$\frac{\partial^2(\nabla^2\boldsymbol{\psi})}{\partial t^2} = \beta^2 \nabla^2(\nabla^2\boldsymbol{\psi}) \tag{8.93}$$

$$\nabla^2\left[\frac{\partial^2\psi}{\partial t^2} - \beta^2 \nabla^2\boldsymbol{\psi}\right] = 0 \tag{8.94}$$

如果方括号中的表达式为零，那么这个方程也是恒成立的。这就得到了横波位移的矢量势 $\boldsymbol{\psi}$ 的定义方程

$$\frac{\partial^2\boldsymbol{\psi}}{\partial t^2} - \beta^2 \nabla^2\boldsymbol{\psi} = 0 \tag{8.95}$$

8.6 波动方程的解

地震波的波前定义为所有粒子同相位振动的表面。对于均匀介质中的点波源，波前以点波源为中心形成球面，故称为球面波。随着离震源距离的增加，球面波前的曲率减小，最终变得足够平坦，可以看作一个平面。波前的法线是传播方向，称为地震射线路径。远离震源

的地震波称为平面波，可以用直角笛卡儿坐标系来描述。

8.6.1 平面P波的一维解

对于沿x_1方向传播的平面P波，x_2轴和x_3轴在波前平面上相互垂直。x_2和x_3方向不变，所以φ相对于这些坐标的导数为零。则式（8.89）可以写成

$$\frac{1}{\alpha^2}\frac{\partial^2\varphi}{\partial t^2}=\frac{\partial^2\varphi}{\partial x_1^2} \tag{8.96}$$

在这个方程中，φ是时间和位置的函数。利用分离变量法，可以令

$$\varphi(x_1,t)=X(x_1)T(t) \tag{8.97}$$

将该式代入式（8.96），并用φ除两边，可得

$$\frac{1}{\alpha^2 T}\frac{\partial^2 T}{\partial t^2}=\frac{1}{X}\frac{\partial^2 X}{\partial x_1^2}=-k_\alpha^2 \tag{8.98}$$

由于方程两边函数的自变量不同，因此两边必须等于相同的常数，将其设为$-k_\alpha^2$。负号是为了得到周期解。所以得到以下方程

$$\frac{1}{\alpha^2 T}\frac{\partial^2 T}{\partial t^2}=-k_\alpha^2,\ \frac{1}{X}\frac{\partial^2 X}{\partial x_1^2}=-k_\alpha^2 \tag{8.99}$$

整理方程得

$$\frac{\partial^2 T}{\partial t^2}+k_\alpha^2\alpha^2 T=0,\ \frac{\partial^2 X}{\partial x_1^2}+k_\alpha^2 X=0 \tag{8.100}$$

这是简谐运动方程。如果定义$\omega=k_\alpha\alpha$，则关于时间和位置的独立解分别为

$$\begin{cases}T=T_1\exp(\mathrm{i}\omega t)+T_2\exp(-\mathrm{i}\omega t)\\X=X_1\exp(\mathrm{i}k_\alpha x_1)+X_2\exp(-\mathrm{i}k_\alpha x_1)\end{cases} \tag{8.101}$$

k_α和ω分别称为P波的波数和角频率。将部分解组合起来得到P波沿x_1轴传播的通解

$$\begin{aligned}\varphi(x_1,t)=&A\exp[\mathrm{i}(\omega t+k_\alpha x_1)]+B\exp[-\mathrm{i}(\omega t+k_\alpha x_1)]+\\&C\exp[\mathrm{i}(\omega t-k_\alpha x_1)]+D\exp[-\mathrm{i}(\omega t-k_\alpha x_1)]\end{aligned} \tag{8.102}$$

该解包含四个任意常数（$A=T_1X_1$，$B=T_2X_2$，$C=T_1X_2$，$D=T_2X_1$），对于给定的解，其值由边界条件确定。如果我们只考虑解的实部（新

常数 $A_1 = A + B$，$A_2 = C + D$），于是得到

$$\varphi(x_1, t) = A_1\cos(\omega t + k_\alpha x_1) + A_2\cos(\omega t - k_\alpha x_1) \quad (8.103)$$

解由两部分组成，其相位分别是（$\omega t + k_\alpha x_1$）和（$\omega t - k_\alpha x_1$），恒定相位的运动速度 α 称为相速度。解的第一部分中恒定相位的传播要求（$\omega t + k_\alpha x_1$）为常数。对时间微分，当 ω 和 k_α 保持不变时（因为 $\alpha = \omega/k_\alpha$，所以也是 α 不变），有

$$\frac{\mathrm{d}x_1}{\mathrm{d}t} = -\frac{\omega}{k_\alpha} = -\alpha \quad (8.104)$$

负号表示该相位是一个速度为 α，沿 x_1 轴负方向传播的 P 波。解的第二部分可以用同样的方法处理。它描述了速度为 α，沿 x_1 轴正方向传播的 P 波，速度 α 称为波的相速度。

8.6.2 平面 S 波的一维解

根据式（8.95），沿 x_1 轴正方向传播的 S 波矢量势方程的每个分量 ψ_n 可以写成

$$\frac{1}{\beta^2}\frac{\partial^2\psi_n}{\partial t^2} = \frac{\partial^2\psi_n}{\partial x_1^2} \quad (8.105)$$

跟 P 波方程一样，该波方程的解类似于式（8.103），对于以速度 β 传播的 S 波，波数为 k_β，矢量势的分量为

$$\psi_n(x_1, t) = B_{n1}\cos(\omega t + k_\beta x_1) + B_{n2}\cos(\omega t - k_\beta x_1) \quad (8.106)$$

这些解描述了沿 x_1 轴正、负方向传播、波数为 k_β、相速度为 $\beta = \omega/k_\beta$ 的横波。

8.7 平面 P 波和 S 波的三维解

平面波沿 x_1 轴传播的假设过于苛刻，在地震学（和其他地球物理学科）中一般都采用笛卡儿坐标系，其中 x_3 轴沿垂直方向，x_1 轴和 x_2 轴定义为水平面。Box8.3 显示了如何将一维解扩展到三维情形，这不仅适用于 P 波，也适用于 S 波。波动方程的解取决于波速，波速决定了波数。对于 P 波，$|\boldsymbol{k}_\alpha| = \omega/\alpha$，而对于 S 波，$|\boldsymbol{k}_\beta| = \omega/\beta$。

Box 8.3 波动方程的三维解

设 $\boldsymbol{e}_1$，$\boldsymbol{e}_2$ 和 $\boldsymbol{e}_3$ 是笛卡儿坐标轴 x_1，x_2 和 x_3 方向上的单位矢量。P 波的波动方程变为

$$\frac{1}{\alpha^2}\frac{\partial^2\varphi}{\partial t^2}=\frac{\partial^2\varphi}{\partial x_1^2}+\frac{\partial^2\varphi}{\partial x_2^2}+\frac{\partial^2\varphi}{\partial x_3^2} \tag{1}$$

方程的解包含三个空间分量，用分离变量法得

$$\varphi(x_1,x_2,x_3,t)=X_1(x_1)X_2(x_2)X_3(x_3)T(t) \tag{2}$$

跟一维情况一样，将该式代入式（1），并用 φ 除两边，可得

$$\frac{1}{\alpha^2 T}\frac{\partial^2 T}{\partial t^2}=\frac{1}{X_1}\frac{\partial^2 X_1}{\partial x_1^2}+\frac{1}{X_2}\frac{\partial^2 X_2}{\partial x_2^2}+\frac{1}{X_3}\frac{\partial^2 X_3}{\partial x_3^2}=-k^2 \tag{3}$$

与一维情况一样，等号两边自变量不同（分别是时间变量和空间变量），要相等只能等于常数，该常数表示为 $-k_2$。因此，解的时间部分满足

$$\frac{1}{\alpha^2 T}\frac{\partial^2 T}{\partial t^2}=-k^2 \tag{4}$$

这是一个角频率为 $\omega=k\alpha$ 的简谐运动方程，其解为

$$T=T_0\exp(\pm\mathrm{i}\omega t) \tag{5}$$

空间变量满足

$$\frac{1}{X_1}\frac{\partial^2 X_1}{\partial x_1^2}=-k^2-\left(\frac{1}{X_2}\frac{\partial^2 X_2}{\partial x_2^2}+\frac{1}{X_3}\frac{\partial^2 X_3}{\partial x_3^2}\right)=-k_1^2 \tag{6}$$

$$\frac{1}{X_2}\frac{\partial^2 X_2}{\partial x_2^2}=-(k^2-k_1^2)-\frac{1}{X_3}\frac{\partial^2 X_3}{\partial x_3^2}=-k_2^2 \tag{7}$$

$$\frac{1}{X_3}\frac{\partial^2 X_3}{\partial x_3^2}=-(k^2-k_1^2-k_2^2)=-k_3^2 \tag{8}$$

k_1，k_2，k_3 和 ω 的正负值满足这些方程。我们选择一个沿参考轴正方向传播的特解：

$$\begin{aligned}\varphi(x_1,x_2,x_3,t)&=\varphi_0\exp(-\mathrm{i}k_1x_1)\exp(-\mathrm{i}k_2x_2)\exp(-\mathrm{i}k_3x_3)\exp(\mathrm{i}\omega t)\\&=\varphi_0\exp[\mathrm{i}(\omega t-k_1x_1-k_2x_2-k_3x_3)]\end{aligned} \tag{9}$$

注意 $k_1x_1+k_2x_2+k_3x_3=\boldsymbol{k}\cdot\boldsymbol{x}$，其中 $\boldsymbol{x}$ 是位置矢量，定义为

$$\boldsymbol{x}=x_1\boldsymbol{e}_1+x_2\boldsymbol{e}_2+x_3\boldsymbol{e}_3 \tag{10}$$

$\boldsymbol{k}$ 是波矢量，定义为

$$\boldsymbol{k}=k_1\boldsymbol{e}_1+k_2\boldsymbol{e}_2+k_3\boldsymbol{e}_3 \tag{11}$$

其大小为 $k^2=k_1^2+k_2^2+k_3^2$。因此，波动方程的特解为

$$\varphi(\boldsymbol{x},t)=\varphi_0\exp[\mathrm{i}(\omega t-\boldsymbol{k}\cdot\boldsymbol{x})] \tag{12}$$

8.7.1　P 波的传播

沿波矢 $\boldsymbol{k}_\alpha$ 方向传播的 P 波的标量势为

$$\varphi(\boldsymbol{x},t)=\varphi_0\exp[\mathrm{i}(\omega t-\boldsymbol{k}_\alpha\cdot\boldsymbol{x})] \tag{8.107}$$

P 波的位移矢量 $\boldsymbol{u}_\mathrm{P}$ 是 φ 的梯度，则其分量表达式

$$\boldsymbol{u}_\mathrm{P}=\nabla\varphi=\boldsymbol{e}_1\frac{\partial\varphi}{\partial x_1}+\boldsymbol{e}_2\frac{\partial\varphi}{\partial x_2}+\boldsymbol{e}_3\frac{\partial\varphi}{\partial x_3} \tag{8.108}$$

用张量符号写为更简洁的形式：

$$\boldsymbol{u}_\mathrm{P}=\boldsymbol{e}_n\frac{\partial}{\partial x_n}(\varphi_0\exp[\mathrm{i}(\omega t-k_{\alpha k}x_k)])=-\mathrm{i}\varphi_0(\boldsymbol{e}_nk_{\alpha n})\exp[\mathrm{i}(\omega t-k_{\alpha k}x_k)] \tag{8.109}$$

$$\boldsymbol{u}_\mathrm{P}=-\mathrm{i}\varphi_0\boldsymbol{k}_\alpha\exp[\mathrm{i}(\omega t-\boldsymbol{k}_\alpha\cdot\boldsymbol{x})] \tag{8.110}$$

现在设 P 波在垂直平面内传播，并定义 x_1 轴与传播方向的水平投影重合。P 波中的运动被限制在垂直平面 x_1-x_3 上，因此在水平方向 x_2 上没有位移，并且相对于 x_2 的微分为零。在这种情况下 P 波的波矢为

$$\boldsymbol{k}_\alpha=k_{\alpha1}\boldsymbol{e}_1+k_{\alpha3}\boldsymbol{e}_3 \tag{8.111}$$

则式（8.110）变为

$$\boldsymbol{u}_\mathrm{P}=-(k_{\alpha1}\boldsymbol{e}_1+k_{\alpha3}\boldsymbol{e}_3)\mathrm{i}\varphi_0\exp[\mathrm{i}(\omega t-k_{\alpha1}x_1-k_{\alpha3}x_3)] \tag{8.112}$$

该位移的方向与地震射线路径或波矢量的方向相同，即 P 波沿传播方向以波疏和波密交替的形式传播。

8.7.2 S波的传播

沿波矢 $\boldsymbol{k}_\beta$ 方向传播的S波的矢量势分量 $\boldsymbol{\psi}$ 为

$$\psi_n(\boldsymbol{x},t) = \psi_n^0 \exp[\mathrm{i}(\omega t - \boldsymbol{k}_\beta \cdot \boldsymbol{x})] \tag{8.113}$$

其中S波的波矢为

$$\boldsymbol{k}_\beta = k_{\beta 1}\boldsymbol{e}_1 + k_{\beta 3}\boldsymbol{e}_3 \tag{8.114}$$

S波的位移 $\boldsymbol{u}_\mathrm{S}$ 是矢量势 $\boldsymbol{\psi}$ 的旋度，其分量表达式为

$$\boldsymbol{u}_\mathrm{S} = \nabla \times \psi = \left(\frac{\partial \psi_3}{\partial x_2} - \frac{\partial \psi_2}{\partial x_3}\right)\boldsymbol{e}_1 + \left(\frac{\partial \psi_1}{\partial x_3} - \frac{\partial \psi_3}{\partial x_1}\right)\boldsymbol{e}_2 + \left(\frac{\partial \psi_2}{\partial x_1} - \frac{\partial \psi_1}{\partial x_2}\right)\boldsymbol{e}_3 \tag{8.115}$$

如果我们再次考虑在垂直面 $x_1 - x_3$ 上的传播，使其关于 x_2 的微分为零，则该方程简化为

$$\boldsymbol{u}_\mathrm{S} = \left(-\frac{\partial \psi_2}{\partial x_3}\right)\boldsymbol{e}_1 + \left(\frac{\partial \psi_1}{\partial x_3} - \frac{\partial \psi_3}{\partial x_1}\right)\boldsymbol{e}_2 + \left(\frac{\partial \psi_2}{\partial x_1}\right)\boldsymbol{e}_3 \tag{8.116}$$

整理得

$$\boldsymbol{u}_\mathrm{S} = \left(-\frac{\partial \psi_2}{\partial x_3}\boldsymbol{e}_1 + \frac{\partial \psi_2}{\partial x_1}\boldsymbol{e}_3\right) + \left(\frac{\partial \psi_1}{\partial x_3} - \frac{\partial \psi_3}{\partial x_1}\right)\boldsymbol{e}_2 \tag{8.117}$$

方程右边第二个括号里面的项表示沿 x_2 方向的位移

$$\boldsymbol{u}_\mathrm{SH} = \left(\frac{\partial \psi_1}{\partial x_3} - \frac{\partial \psi_3}{\partial x_1}\right)\boldsymbol{e}_2 \tag{8.118}$$

$$\boldsymbol{u}_\mathrm{SH} = \mathrm{i}(\psi_3^0 k_{\beta 1} - \psi_1^0 k_{\beta 3})\exp[\mathrm{i}(\omega t - \boldsymbol{k}_\beta \cdot \boldsymbol{x})]\boldsymbol{e}_2 \tag{8.119}$$

根据定义，位移在水平面内，因此始终与传播方向垂直。横波的水平分量称为SH波。

式（8.117）右边第一个括号内的项表示限制在垂直平面 $x_1 - x_3$ 上的横波，称为SV波。式（8.113）中矢量势的 $\boldsymbol{\psi}_2$ 分量为

$$\psi_2 = \psi_2^0 \exp[\mathrm{i}(\omega t - k_{\beta 1}x_1 - k_{\beta 3}x_3)] \tag{8.120}$$

因此，SV位移为

$$\begin{aligned}\boldsymbol{u}_\mathrm{SV} &= \left(-\frac{\partial \psi_2}{\partial x_3}\boldsymbol{e}_1 + \frac{\partial \psi_2}{\partial x_1}\boldsymbol{e}_3\right) \\ &= (k_{\beta 3}\boldsymbol{e}_1 - k_{\beta 1}\boldsymbol{e}_3)\mathrm{i}\psi_2^0 \exp[\mathrm{i}(\omega t - k_{\beta 1}x_1 - k_{\beta 1}x_3)]\end{aligned} \tag{8.121}$$

SV 位移矢量 $\boldsymbol{u}_{SV}$ 的振幅与波矢 $\boldsymbol{k}_{\beta}$ 的标量积为

$$(k_{\beta 3}\boldsymbol{e}_1 - k_{\beta 1}\boldsymbol{e}_3)\cdot(k_{\beta 1}\boldsymbol{e}_1 + k_{\beta 3}\boldsymbol{e}_3) = 0 \tag{8.122}$$

这说明 SV 位移和 SH 位移一样，与 S 波的传播方向垂直。

这些结果表明，剪切波波面上的位移可以分解为两个正交运动：SH 分量是水平的，SV 分量在包含射线路径的垂直面上。

进一步阅读

Aki, K. and Richards, P. G. (2002). *Quantitative Seismology*, 2nd edn. Sausalito, CA: University Science Books, 704 pp.

Bullen, K. E. (1963). *An Introduction to the Theory of Seismology*, 3rd edn. Cambridge: Cambridge University Press, 381 pp.

Chapman, C. (2004). *Fundamentals of Seismic Wave Propagation*. Cambridge: Cambridge University Press, 172 pp.

Lay, T. and Wallace, T. C. (1995). *Modern Global Seismology*. San Diego, CA: Academic Press, 515 pp.

Shearer, P. M. (2009). *Introduction to Seismology*, 2nd edn. Cambridge: Cambridge University Press, 410 pp.

Udias, A. (2000). *Principles of Seismology*. Cambridge: Cambridge University Press, 490 pp.

F

附　录

附录A　磁极、偶极场和电流回路

A.1　磁极的概念和高斯定理

库仑用长磁针做的实验表明，磁针两端对其他磁针施加的引力和斥力与电荷之间的作用力相似。如果将磁铁自由悬浮，因为位于地磁场中，其一端总是指向地球北极（简称为北极），另一端是南极。磁性起源于电流，但在某些情况下，虚拟的磁极概念很有用。两个磁铁的两端或磁极之间的力与磁极强度的乘积成正比，与磁极之间距离 r 的平方成反比。在磁极强度为 p_1 和 p_2 的两极之间，力 $\boldsymbol{F}$ 为

$$\boldsymbol{F} = \frac{\mu_0}{4\pi}\frac{p_1 p_2}{r^2}\boldsymbol{e}_r \tag{A.1}$$

其中 μ_0 是真空中的磁场常数或磁导率，精确值为 $4\pi\times10^{-7}\mathrm{N\cdot A^{-2}}$。与库仑定律描述电力类似，我们可以引入磁势和磁通量来描述磁力。磁场可以定义为作用在单位磁极上的力。当 $p_1=1$ 和 $p_2=1$ 时，距离一个磁极 r 处的磁场 $\boldsymbol{B}$ 为

$$\boldsymbol{B} = \frac{\mu_0 p}{4\pi r^2}\boldsymbol{e}_r \tag{A.2}$$

其中 $\boldsymbol{e}_r$ 是沿径向方向的单位矢量。因此，单个磁极在 r 处的磁势为

$$W = \int_r^\infty \boldsymbol{B}\cdot\boldsymbol{e}_r\mathrm{d}r = \frac{\mu_0 p}{4\pi r} \tag{A.3}$$

通过曲面 S（包围磁极 p）的磁场 $\boldsymbol{B}$ 的通量 $\boldsymbol{\Phi}_\mathrm{m}$ 为

$$\Phi_\mathrm{m} = \int_S \boldsymbol{B}\cdot\boldsymbol{n}\mathrm{d}S \tag{A.4}$$

其中 $\boldsymbol{n}$ 是曲面的法线。将式（A.2）中磁场 $\boldsymbol{B}$ 的表达式代入上式，并定义 θ 为 $\boldsymbol{n}$ 与 $\boldsymbol{e}_r$ 之间的夹角，通过包围磁极 p 的曲面磁通量为

$$\Phi_{\mathrm{m}} = \int_S \frac{\mu_0 p}{4\pi r^2}\cos\theta \mathrm{d}S \tag{A.5}$$

根据立体角 $\mathrm{d}\Omega$ 与相对应的斜面元 $\mathrm{d}S$（到立体角顶点距离为 r）之间的关系（见 Box1.3），可得

$$\Phi_{\mathrm{m}} = \int_0^{4\pi} \frac{\mu_0 p}{4\pi}\mathrm{d}\Omega = \mu_0 p \tag{A.6}$$

因此，由曲面 S 包围的总磁极强度 p 由下式给出：

$$p = \frac{1}{\mu_0}\Phi_{\mathrm{m}} = \frac{1}{\mu_0}\int_S \boldsymbol{B}\cdot\boldsymbol{n}\mathrm{d}S \tag{A.7}$$

因为每个磁铁都有两个强度相等但磁性相反的磁极，所以闭合曲面中所包围的磁极强度的代数和为零。因此，通过任何闭合曲面的总磁通量也是零。在应用散度定理时，有

$$\Phi_{\mathrm{m}} = \int_S \boldsymbol{B}\cdot\boldsymbol{n}\mathrm{d}S = \int_V \nabla\cdot\boldsymbol{B}\mathrm{d}V = 0 \tag{A.8}$$

这对于任意体积都成立，即

$$\nabla\cdot\boldsymbol{B} = 0 \tag{A.9}$$

这一结果说明不存在磁单极。在高斯（1777—1855）将其形式化之后，称为高斯定理。基本磁场是磁偶极子的磁场。

A.2 磁偶极子

如图 A.1 所示，两个强度相等、磁性相反的磁极 $+p$ 和 $-p$ 相距为 d，其几何结构相对于连接两个磁极的直线 AB（即磁轴）具有旋转对称性。P 点相对于两磁极中点 M 的径向距离为 r，且 r 与磁轴之间的夹角为 θ。设 P 与正磁极的距离为 $r^{(+)}$，与负极的距离为 $r^{(-)}$。根据式（A.3）可知，正磁极在 P 点产生的磁势为

$$W^{(+)} = \frac{\mu_0}{4\pi}\frac{p}{r^{(+)}} \tag{A.10}$$

将勒让德多项式的距离倒数公式（见 1.12 节，图 1.11）应用于

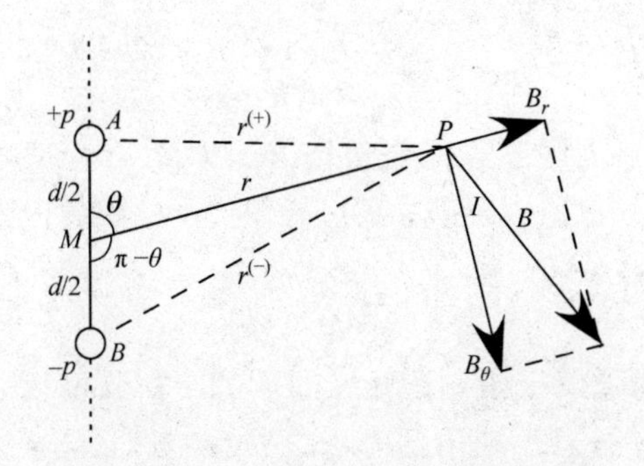

图 A.1 计算强度相等、磁性相反的两个磁极系统的磁势、径向磁场和方位磁场的几何关系图。在极限条件下，当磁极间距趋于零时，磁势和磁场是磁偶极子的磁势和磁场

△AMP 中，该式展开为

$$W^{(+)} = \frac{\mu_0}{4\pi}\frac{p}{r}\left(1 + \sum_{n=1}^{\infty}\left(\frac{d}{2r}\right)^n P_n(\cos\theta)\right) \tag{A.11}$$

类似地，将距离倒数公式应用于△BMP，负磁极的磁势为

$$W^{(-)} = -\frac{\mu_0}{4\pi}\frac{p}{r^{(-)}} = -\frac{\mu_0}{4\pi}\frac{p}{r}\left(1 + \sum_{n=1}^{\infty}\left(\frac{d}{2r}\right)^n P_n\cos(\pi-\theta)\right) \tag{A.12}$$

两个磁极在 P 点产生的总磁势为

$$W = \frac{\mu_0}{4\pi}\frac{p}{r}\left\{\sum_{n=1}^{\infty}\left(\frac{d}{2r}\right)^n [P_n(\cos\theta) - P_n(-\cos\theta)]\right\} \tag{A.13}$$

根据罗德里格斯公式（见1.14节），可得

$$P_n(-x) = \frac{1}{2^n n!}(-1)^n \frac{\mathrm{d}^n}{\mathrm{d}x^n}(x^2-1)^n = (-1)^n P_n(x) \tag{A.14}$$

因此，磁极对的磁势为

$$W = \frac{\mu_0}{4\pi}\frac{p}{r}\sum_{n=1}^{\infty}\left(\frac{d}{2r}\right)^n (P_n(\cos\theta) - (-1)^n P_n(\cos\theta)) \tag{A.15}$$

等号右边后项比前项以 $d/(2r)$ 的速率减小。则

$$W = \frac{\mu_0}{4\pi}\frac{pd}{r^2}P_1(\cos\theta) + \frac{\mu_0}{4\pi}\frac{pd}{r^2}\left(\frac{d}{2r}\right)^2 P_3(\cos\theta) + \cdots \tag{A.16}$$

磁偶极子是两个无限靠近的磁极组合，因此 $d << r$。对于无穷小的 d/r，我们可以只保留一阶项，所以磁偶极子的磁势记为

$$W = \frac{\mu_0}{4\pi}\frac{m\cos\theta}{r^2} \tag{A.17}$$

$m = pd$ 称为磁偶极子的磁矩，原因如下。长度为 d 的磁偶极子，其轴线与均匀磁场 $\boldsymbol{B}$ 所成角度为 θ，两个磁极对其施加的磁作用力分别是 $+p\boldsymbol{B}$ 和 $-p\boldsymbol{B}$。这两个力的作用线之间垂直距离为 $d\sin\theta$，因此磁场作用在磁偶极子上的力矩 $\boldsymbol{\tau}$ 大小为 $pdB\sin\theta$，方向垂直于磁场和磁偶极子所决定的平面。

$$\boldsymbol{\tau} = pdB\sin\theta = mB\sin\theta \tag{A.18}$$

$$\boldsymbol{\tau} = \boldsymbol{m} \times \boldsymbol{B} \tag{A.19}$$

磁偶极子的磁矩 $\boldsymbol{m}$ 是沿着偶极轴从负极指向正极的矢量。

A.3 洛伦兹力

当电荷 q 以速度 $\boldsymbol{v}$ 在磁场 $\boldsymbol{B}$ 中运动时，会受到一个垂直于磁场和运动方向的力 $\boldsymbol{F}$（见图 A.2a）。这个力称为洛伦兹力，它用来定义磁场对运动电荷的作用力

$$\boldsymbol{F} = q(\boldsymbol{v} \times \boldsymbol{B}) \tag{A.20}$$

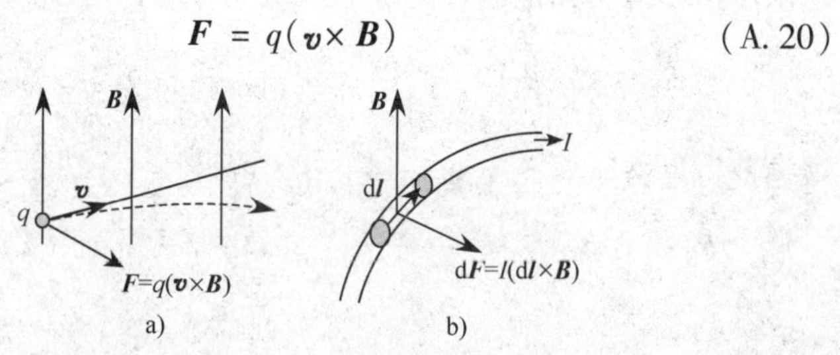

图 A.2　a）带电粒子以速度$\boldsymbol{v}$在磁场 $\boldsymbol{B}$ 中运动时，受到洛伦兹力 $\boldsymbol{F}$ 的作用，其方向与速度和磁场都垂直，从而导致带电粒子的运动轨迹（虚线）发生弯曲
b）毕奥 - 萨伐尔定律给出了线元 d$\boldsymbol{l}$（电流为 I、长度为 dl 的短导体，其方向沿切线指向电流方向）所受的磁力 d$\boldsymbol{F}$。来自 Lowrie（2007）

力、电荷、速度和电流的单位分别是牛顿（N）、库仑（C）、米每秒（$m \cdot s^{-1}$）和安培（$A = C \cdot s^{-1}$），磁场的单位是特斯拉，即$N \cdot A^{-1} \cdot m^{-1}$。

如果运动电荷被局限在长度为 $d\boldsymbol{l}$、截面为 A 的导体中（见图 A.2b）。设单位体积中的电荷数为 N，则长度为 $d\boldsymbol{l}$ 的导体中所包含的电量为 $NAqd\boldsymbol{l}$，且作用在线元 $d\boldsymbol{l}$ 上的洛伦兹力为

$$d\boldsymbol{F} = NAqd\boldsymbol{l}(\boldsymbol{v} \times \boldsymbol{B}) \tag{A.21}$$

导体电流中电荷的运动方向$\boldsymbol{v}$与线元 $d\boldsymbol{l}$ 的方向相同，因此上式可以表示为

$$d\boldsymbol{F} = NAqv(d\boldsymbol{l} \times \boldsymbol{B}) \tag{A.22}$$

导体中的电流强度 I 是每秒穿过截面 A 的总电量，等于 $NAqv$。因此，在磁场 $\boldsymbol{B}$ 中，长度为 $d\boldsymbol{l}$ 的载流导体所受的力为

$$d\boldsymbol{F} = I(d\boldsymbol{l} \times \boldsymbol{B}) \tag{A.23}$$

A.4　载流线圈在磁场中所受的磁力矩

在磁场 $\boldsymbol{B}$ 中有一个小矩形载流线圈（电流为 I）$PQRS$。根据式（A.23），可以计算线圈每个边所受的磁场力（见图 A.3a）。设回路的边长分别为 a（平行于 x 轴）和 b，回路面积 A 等于 ab；$\boldsymbol{n}$ 是线圈平面的法线方向。磁场 $\boldsymbol{B}$ 与 x 轴垂直，与 $\boldsymbol{n}$ 的夹角为 θ。作用在边 PQ 上的力 $F_x = IbB\cos\theta$，方向沿 x 轴正方向，而作用在边 RS 上的力 F_x与作用在边 PQ 上的力大小相等、方向相反，这两个力共线，相互抵消。作用在边 QR 和边 SP 上的力等大（大小为 IaB）反向，其作用线之间的垂直距离为 $b\sin\theta$（见图 A.3b），因此载流线圈所受的力矩 $\boldsymbol{\tau}$ 的大小为

$$\tau = IaBb\sin\theta = IAB\sin\theta = mB\sin\theta \tag{A.24}$$

$$\boldsymbol{\tau} = \boldsymbol{m} \times \boldsymbol{B} \tag{A.25}$$

$\boldsymbol{m} = IA\boldsymbol{n}$ 是一个垂直于载流线圈平面的矢量，与式（A.19）比较发现，它等效于线圈的磁矩。在远大于线圈回路尺寸的距离处，磁场等于位于回路中心的偶极子的磁场。因此，用载流线圈代替虚构的磁偶极子可以更准确地解释磁行为。即使在原子尺度上也是如此，电荷的

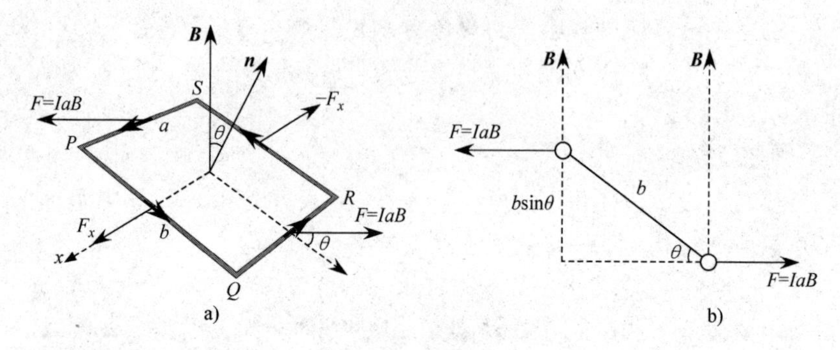

图 A.3 a）作用在线圈 a 边和 b 边上的磁力，其中矩形载流线圈平面相对于磁场的倾角为 θ；b）截面图，说明等大反向但不共线的力如何在线圈上产生力矩。来自 Lowrie（2007）

轨道（和自旋）运动将赋予原子磁矩。用载流回路定义 $\boldsymbol{m}$ 表明，磁矩的单位是电流的单位乘以面积的单位，即安培·米^2（$A \cdot m^2$）。

附录 B 麦克斯韦电磁方程组

19 世纪初，通过对电和磁行为的实验观测，建立了支配电和磁的基本物理定律。1873 年，苏格兰科学家麦克斯韦将所有已知的经验电磁定律总结为一组描述电磁现象的方程。它们以简洁的形式体现了库仑定律、安培定律、高斯定理和法拉第定律。

B.1 库仑定律

库仑（1736—1806）通过实验发现，两个电荷 Q_1 和 Q_2 之间的力 $\boldsymbol{F}$ 与它们的乘积成正比，而与它们之间距离 r 的平方成反比。设 $\boldsymbol{e}_r$ 为从 Q_1 指向 Q_2 的单位矢量，在国际单位制（SI）中，库仑定律为

$$\boldsymbol{F} = \frac{Q_1 Q_2}{4\pi\varepsilon_0 r^2}\boldsymbol{e}_r \tag{B.1}$$

其中，ε_0 是真空中的电场常数或电容率，具体为 $8.854187817 \times 10^{-12}$ $C^2 \cdot N^{-1} \cdot m^{-2}$。如果两个电荷都为正或都为负，则它们之间的作用力是斥力，如果电荷一正一负，则表现为引力。

电场强度 $\boldsymbol{E}$ 的定义是单位电荷所受的库仑力。如果设 $Q_1=Q$ 和 $Q_2=1$，电荷 Q 在距离 r 处产生的电场强度为

$$\boldsymbol{E}=\frac{Q}{4\pi\varepsilon_0 r^2}\boldsymbol{e}_r \tag{B.2}$$

如果电荷 Q 带正电，电场方向沿径向 r 向外。在距离 r 处的电势为

$$U=\int_r^{\infty}\boldsymbol{E}\cdot\boldsymbol{e}_r\mathrm{d}r=\frac{Q}{4\pi\varepsilon_0 r} \tag{B.3}$$

电场强度 $\boldsymbol{E}$ 穿过包围电荷 Q 的闭合曲面 S 的通量为

$$\Phi=\int_S\boldsymbol{E}\cdot\boldsymbol{n}\mathrm{d}S=\int_S\frac{Q}{4\pi\varepsilon_0 r^2}(\boldsymbol{e}_r\cdot\boldsymbol{n})\mathrm{d}S \tag{B.4}$$

其中 $\boldsymbol{n}$ 为面元 $\mathrm{d}S$ 处外法线方向的单位矢量，θ 是 $\boldsymbol{n}$ 和径向单位矢量 $\boldsymbol{e}_r$ 之间的夹角，这两个单位矢量的点积等于 $\cos\theta$，因此

$$\Phi=\int_S\frac{Q}{4\pi\varepsilon_0 r^2}\cos\theta\mathrm{d}S \tag{B.5}$$

根据立体角的定义（见 Box1.3），可以将面积分转化为对包围电荷 Q 的立体角积分：

$$\Phi=\int_S\frac{Q}{4\pi\varepsilon_0}\frac{\cos\theta}{r^2}\mathrm{d}S=\int_0^{4\pi}\frac{Q}{4\pi\varepsilon_0}\mathrm{d}\Omega=\frac{Q}{\varepsilon_0} \tag{B.6}$$

$$Q=\varepsilon_0\Phi=\varepsilon_0\int_S\boldsymbol{E}\cdot\boldsymbol{n}\mathrm{d}S \tag{B.7}$$

如果电荷 Q 以电荷密度 ρ 分布在体积 V 内，即

$$Q=\int_V\rho\mathrm{d}V \tag{B.8}$$

将高斯散度定理用于式（B.7）的右侧，可得

$$\int_V\rho\mathrm{d}V=\varepsilon_0\int_S\boldsymbol{E}\cdot\boldsymbol{n}\mathrm{d}S=\varepsilon_0\int_V\nabla\cdot\boldsymbol{E}\mathrm{d}V \tag{B.9}$$

$$\int_V(\rho-\varepsilon_0\nabla\cdot\boldsymbol{E})\mathrm{d}V=0 \tag{B.10}$$

体积 V 是任意的，因此被积函数必须始终为零。这就是密度为 ρ 的自由电荷电场的库仑定律：

$$\nabla\cdot\boldsymbol{E}=\frac{\rho}{\varepsilon_0} \tag{B.11}$$

束缚电荷的电效应

在电介质材料中，电荷不是自由的，而是被约束在原子附近。外加电场可以使束缚电荷发生移动（例如，从原子的一侧移到另一侧），且正负电荷移动的方向相反。这就产生了电极化强度 $\boldsymbol{P}$。对于均匀的电解质材料，会在其任意表面上积累电荷 Q_{D}，即

$$Q_{\mathrm{D}} = \int_S \boldsymbol{P} \cdot \boldsymbol{n} \mathrm{d}S \tag{B.12}$$

极化材料所带总电量 Q_{T}是自由电荷 Q 和表面束缚电荷 Q_{D}的代数和：

$$Q_{\mathrm{T}} = Q + Q_{\mathrm{D}} \tag{B.13}$$

$$\int_V \rho_{\mathrm{T}} \mathrm{d}V = \varepsilon_0 \int_S \boldsymbol{E} \cdot \boldsymbol{n} \mathrm{d}S + \int_S \boldsymbol{P} \cdot \boldsymbol{n} \mathrm{d}S \tag{B.14}$$

利用高斯定理可以将面积分转化为体积分：

$$\int_V \rho_{\mathrm{T}} \mathrm{d}V = \varepsilon_0 \int_V \nabla \cdot \boldsymbol{E} \mathrm{d}V + \int_V \nabla \cdot \boldsymbol{P} \mathrm{d}V \tag{B.15}$$

因此

$$\nabla \cdot (\varepsilon_0 \boldsymbol{E} + \boldsymbol{P}) = \rho_{\mathrm{T}} \tag{B.16}$$

定义电位移矢量 $\boldsymbol{D}$ 为

$$\boldsymbol{D} = \varepsilon_0 \boldsymbol{E} + \boldsymbol{P} \tag{B.17}$$

因此，可被极化的电介质的库仑定律为

$$\nabla \cdot \boldsymbol{D} = \rho_{\mathrm{T}} \tag{B.18}$$

在均匀介质中，电极化强度 $\boldsymbol{P}$ 与电场强度 $\boldsymbol{E}$ 成正比。在国际单位制（SI）中，比例常数是真空中电容率 ε_0与电极化率χ 的乘积。因此

$$\boldsymbol{P} = \chi \varepsilon_0 \boldsymbol{E} \tag{B.19}$$

$$\boldsymbol{D} = \varepsilon_0 \boldsymbol{E} + \chi \varepsilon_0 \boldsymbol{E} \tag{B.20}$$

$$\boldsymbol{D} = (1 + \chi) \varepsilon_0 \boldsymbol{E} = \varepsilon \varepsilon_0 \boldsymbol{E} \tag{B.21}$$

无量纲量 ε 是材料的相对电容率，或介电常数。在不能被极化的材料中 $\varepsilon = 1$，则

$$\boldsymbol{D} = \varepsilon_0 \boldsymbol{E} \tag{B.22}$$

在这种情况下，如果自由电荷的密度为 ρ，则有

$$\nabla \cdot \boldsymbol{D} = \rho \tag{B.23}$$

B.2　安培定律

安培定律是描述电流产生磁场的规律。从 1820 年开始，安培（1775—1836）和阿尔斯特德（1777—1851）做了一系列实验，研究表明电流可以产生磁场。安培通过实验发现，一条长直导体所激发的磁场与导体所在的平面垂直，且磁场方向与电流方向服从右手法则［即大拇指和四指分别表示电流和磁场的方向，例如，长直导体周围的磁感应线是同心圆，如图 B.1a 所示］。导体外某一点磁感应强度的大小与导体中的电流 I 成正比，与该点到导体的距离 r 成反比：

$$\boldsymbol{B} \propto \frac{I}{r} \tag{B.24}$$

总之在磁场 $\boldsymbol{B}$ 中，设载流（电流为 I）导体垂直穿过闭合回路 L 所围面积，如果用 $\mathrm{d}\boldsymbol{l}$ 表示闭合回路 L 上的一段线元，那么安培定律就是

$$\oint_L \boldsymbol{B} \cdot \mathrm{d}\boldsymbol{l} = \mu_0 \boldsymbol{I} \tag{B.25}$$

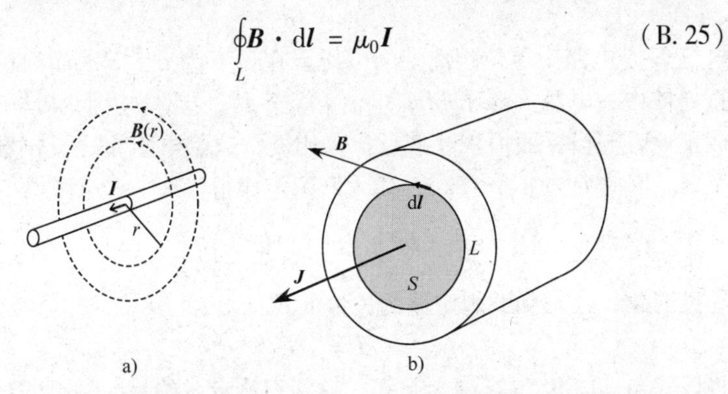

图 B.1　a）载流长直导体周围的磁感应线 $\boldsymbol{B}$ 是同心圆；b）对导体内部的闭合回路，只有穿过回路所围面积的电流对磁场 $\boldsymbol{B}$ 的环路积分才有意义

磁场常数 μ_0 实现了电流和磁场单位之间的转化。积分也可以应用于导体内部与电流垂直的回路 L（见图 B.1b）。在这种情况下，并不是所有的电流都被包围在回路内，只有通过回路的那部分电流对磁场 $\boldsymbol{B}$ 沿回路的积分有意义。如果 $\boldsymbol{J}$ 是电流密度（即与电流垂直的单位横截面面积上的电流），则穿过回路所围面积的电流为

$$I = \int_S \boldsymbol{J} \cdot \boldsymbol{n} \mathrm{d}S \tag{B.26}$$

代入式（B.25）可得

$$\oint_L \boldsymbol{B} \cdot \mathrm{d}\boldsymbol{l} = \mu_0 \int_S \boldsymbol{J} \cdot \boldsymbol{n} \mathrm{d}S \tag{B.27}$$

根据斯托克斯定理，将上式左边的线积分转化为面积分：

$$\int_S \nabla \times \boldsymbol{B} \cdot \boldsymbol{n} \mathrm{d}S = \mu_0 \int_S \boldsymbol{J} \cdot \boldsymbol{n} \mathrm{d}S \tag{B.28}$$

这对于任何有电流通过的曲面都是成立的，因此

$$\nabla \times \boldsymbol{B} = \mu_0 \boldsymbol{J} \tag{B.29}$$

这就是电流在导体中产生的磁场的安培定律。

根据欧姆定律，电流密度 $\boldsymbol{J}$ 与电场 $\boldsymbol{E}$ 成正比。欧姆定律将电流（I）和电压（V）与电路的电阻（R）之间的关系表述为

$$V = IR \tag{B.30}$$

电场 $\boldsymbol{E}$ 是电路中单位距离上的电压。在长度为 L、横截面面积为 A 的直导体中，电压 V 等于 EL，电流 I 等于 JA。导体的电阻 R 与其长度 L 成正比，与横截面面积 A 成反比，比例常数是电阻率，其倒数是电导率 σ。因此 $R=(1/\sigma)L/A$，代入欧姆定律得

$$(EL) = (JA)\left(\frac{L}{\sigma A}\right) \tag{B.31}$$

经过简化，可得到欧姆定律的矢量形式：

$$\boldsymbol{J} = \sigma \boldsymbol{E} \tag{B.32}$$

将该式与式（B.29）结合起来，得到安培定律的另一种形式：

$$\nabla \times \boldsymbol{B} = \mu_0 \sigma \boldsymbol{E} \tag{B.33}$$

这种形式适用于自由电荷形成的传导电流产生的磁效应。不过，束缚电荷也会产生电流并激发磁场。

位移电流的磁效应

在电介质中，电荷被束缚在原子附近，但是它们的位置会随时间的改变而改变，等效于位移电流 I_D。总电流为穿过介质的传导电流 I 与位移电流 I_D 的代数和。对式（B.13）两边求导可得

$$\frac{\partial}{\partial t}Q_{\mathrm{T}} = \frac{\partial}{\partial t}Q + \frac{\partial}{\partial t}Q_{\mathrm{D}} \tag{B.34}$$

利用式（B.26）并将束缚电荷的体积密度写成ρ_{D}，则

$$\int_S \boldsymbol{J}_{\mathrm{T}} \cdot \boldsymbol{n}\mathrm{d}S = \int_S \boldsymbol{J} \cdot \boldsymbol{n}\mathrm{d}S + \frac{\partial}{\partial t}\int_V \rho_{\mathrm{D}}\mathrm{d}V \tag{B.35}$$

对前两项应用高斯定理，并结合式（B.18）的结果可得

$$\int_V (\nabla\cdot \boldsymbol{J}_{\mathrm{T}})\mathrm{d}V = \int_V (\nabla\cdot \boldsymbol{J})\mathrm{d}V + \frac{\partial}{\partial t}\int_V (\nabla\cdot \boldsymbol{D})\mathrm{d}V \tag{B.36}$$

将自由电荷和束缚电荷结合起来，总电流密度为

$$\boldsymbol{J}_{\mathrm{T}} = \boldsymbol{J} + \frac{\partial \boldsymbol{D}}{\partial t} \tag{B.37}$$

将总电流密度代入方程，可得

$$\nabla\times \boldsymbol{B} = \mu_0\boldsymbol{J} + \mu_0 \frac{\partial \boldsymbol{D}}{\partial t} \tag{B.38}$$

最后，根据欧姆定律表达式（B.32）及电位移矢量与电场强度之间的关系式（B.22），得出非极化电介质的安培定律的表达式为

$$\nabla\times \boldsymbol{B} = \mu_0\sigma\boldsymbol{E} + \mu_0\varepsilon_0 \frac{\partial \boldsymbol{E}}{\partial t} \tag{B.39}$$

B.3　磁场的高斯定理

早期实验得出的结论是，与电荷不同，不存在磁单极。不管把一块磁铁分成多少份，每一份还是同时具有两个磁极的磁铁。所有的磁场都起源于电流，无论是宏观尺度还是微观（原子）尺度。毕奥（1774—1862）和萨伐尔（1791—1841）拓展了安培的研究范围。他们对载流直导体间的磁作用力的研究表明，到线元 d$\boldsymbol{l}$（长度为 dl、电流为 I 的一小段短导体，方向沿切线指向电流方向）距离为 r 处的磁场 d$\boldsymbol{B}$ 为

$$\mathrm{d}\boldsymbol{B} = \frac{\mu_0}{4\pi r^2}I(\mathrm{d}\boldsymbol{l} \times \boldsymbol{e}_r) \tag{B.40}$$

$\boldsymbol{e}_r$是从电流元指向观察点方向的单位矢量（见图 B.2）。观察点 P 处的总磁场可以通过将式（B.40）对整个电路求积分得到，这必然取决

于电路的几何结构。

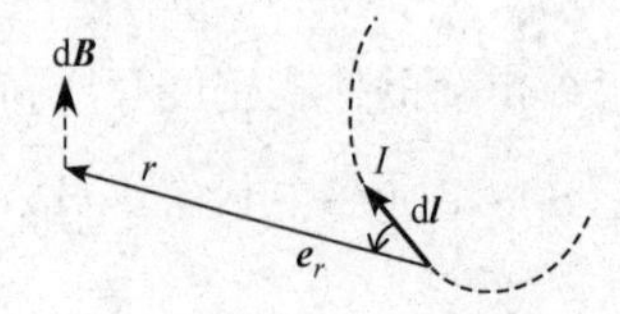

图 B.2　到线元 d$\boldsymbol{l}$（长度为 dl、电流为 I 的一小段短导体）
距离为 r（单位矢量为 $\boldsymbol{e}_r$）处的磁场 d$\boldsymbol{B}$ 垂直于 d$\boldsymbol{l}$ 和 $\boldsymbol{e}_r$决定的平面

因此，磁场是无源场。对式（B.40）取散度得

$$\nabla\cdot \mathrm{d}\boldsymbol{B} = \frac{\mu_0 I}{4\pi}\nabla\cdot\left(\frac{\mathrm{d}\boldsymbol{l}\times\boldsymbol{e}_r}{r^2}\right) \tag{B.41}$$

线元 d$\boldsymbol{l}$ 的长度是常量。交换求导顺序，相应地改变符号，可以得到

$$\nabla\cdot \mathrm{d}\boldsymbol{B} = -\frac{\mu_0 I}{4\pi}\mathrm{d}\boldsymbol{l}\cdot\left(\nabla\times\frac{\boldsymbol{e}_r}{r^2}\right) \tag{B.42}$$

$\boldsymbol{e}_r/r^2$可以认为是对 r 的函数求导，即

$$\frac{\boldsymbol{e}_r}{r^2} = -\nabla\left(\frac{1}{r}\right) \tag{B.43}$$

代入式（B.42）可以得到梯度的旋度始终为零（见式（1.32））：

$$\nabla\cdot \mathrm{d}\boldsymbol{B} = -\frac{\mu_0 I}{4\pi}\mathrm{d}\boldsymbol{l}\cdot\left(\nabla\times\nabla\left(\frac{1}{r}\right)\right) = 0 \tag{B.44}$$

如果对每一个 d$\boldsymbol{B}$ 都成立，那么对整个磁场也必然成立。这就是磁场的高斯定理：

$$\nabla\cdot\boldsymbol{B} = 0$$

设 V 是磁场 $\boldsymbol{B}$ 中任意闭合曲面 S 所包围的体积。磁场通过表面的净磁通量可用高斯散度定理获得（见 1.6 节）：

$$\int_S(\boldsymbol{B}\cdot\boldsymbol{n})\mathrm{d}S = \int_V(\nabla\cdot\boldsymbol{B})\mathrm{d}V = 0 \tag{B.45}$$

磁场通过闭合曲面的净磁通量始终为零；穿进表面的磁感应线数目与传出表面的磁感应线数目相同。因此，磁感应线总是形成完整的闭合回路；它们不像电场那样以“电荷”开始或结束。这意味着不存在磁单极，基本磁场是偶极子磁场。

磁介质内部的磁场

与束缚电荷会影响电介质内部的电场一样，磁介质内部的电流也会影响磁场的分布。晶体中的原子在规则的晶格结构中占据固定的位置，其原子磁矩与磁场部分对齐。介质中单位体积的净磁矩称为磁化强度 $\boldsymbol{M}$。在磁介质中，考虑（x，y，z）处的一个体积元，其边长分别为 Δx，Δy 和 Δz（见图 B. 3）。电流 I_1绕着小回路流动，其边为 Δx 和 Δz，产生 x 方向的磁化强度分量 M_x。电流回路的磁矩是其面积和电流的乘积（见附录 A. 4）：

$$m_x = M_x \Delta V = M_x \Delta x \Delta y \Delta z = I_1 \Delta y \Delta z \tag{B.46}$$

$$I_1 = M_x \Delta x \tag{B.47}$$

磁化强度不一定是均匀的，因此沿 y 方向相邻的回路（电流为 I_2），在 x 方向产生的磁化强度可能等于（$M_x + \Delta M_x$），其中

$$I_2 = (M_x + \Delta M_x)\Delta x = \left(M_x + \frac{\partial M_x}{\partial y}\Delta y\right)\Delta x \tag{B.48}$$

回路交接处沿 z 方向的净电流为 I_1和 I_2之差：

$$I_z = I_1 - I_2 = -\frac{\partial M_x}{\partial y}\Delta y \Delta x \tag{B.49}$$

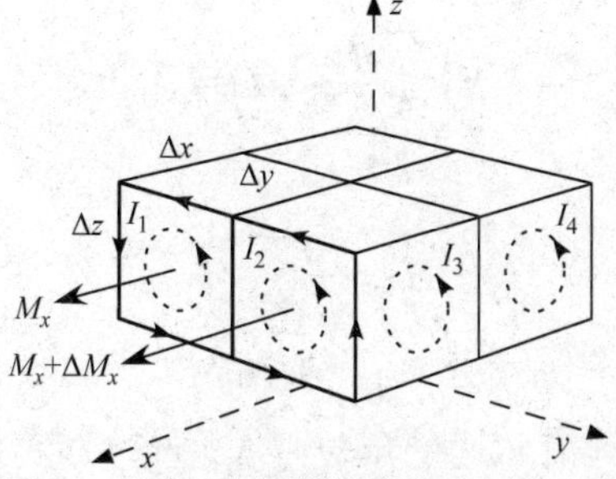

图 B. 3　磁介质中 $y-z$ 平面内相邻的两个小回路中的电流 I_1和 I_2在 x 方向产生的磁化强度分量 M_x和 $M_x+\Delta M_x$

如果 $\boldsymbol{J}$ 是磁介质中的电流密度，则电流的 z 分量必须等于 $J_z \Delta x \Delta y$。因此，磁化强度的 x 分量在 z 方向上产生的电流密度等于

$$J_z = -\frac{\partial M_x}{\partial y} \tag{B.50}$$

类似地，对于 $x-z$ 平面上相邻的电流 I_3 和 I_4，分别产生磁化强度分量 M_y 和 $M_y+\Delta M_y$。考虑到小回路电流的意义，这两个回路在 z 方向的净电流为

$$I_z = I_4 - I_3 = \frac{\partial M_y}{\partial x}\Delta z \Delta x \tag{B.51}$$

对 z 方向电流密度相应的贡献为

$$J_z = \frac{\partial M_y}{\partial x} \tag{B.52}$$

结合式（B.50）和式（B.52）可以得到 z 方向总的电流密度为

$$J_z = \frac{\partial M_y}{\partial x} - \frac{\partial M_x}{\partial y} = (\nabla \times \boldsymbol{M})_z \tag{B.53}$$

通过分析两个参考面上的回路电流，可以得到 $\boldsymbol{J}$ 的其他分量。因此，与磁化强度 $\boldsymbol{M}$ 相联系的电流密度 $\boldsymbol{J}_{\mathrm{m}}$ 为

$$\boldsymbol{J}_{\mathrm{m}} = \nabla \times \boldsymbol{M} \tag{B.54}$$

在磁介质中，我们必须加上与磁化强度有关的额外电流密度来修正安培定律表达式（B.29）。于是有

$$\nabla \times \boldsymbol{B} = \mu_0(\boldsymbol{J} + \boldsymbol{J}_{\mathrm{m}}) = \mu_0(\boldsymbol{J} + \nabla \times \boldsymbol{M}) \tag{B.55}$$

整理得

$$\nabla \times \left(\frac{\boldsymbol{B}}{\mu_0} - \boldsymbol{M}\right) = \boldsymbol{J} \tag{B.56}$$

定义辅助矢量 $\boldsymbol{H}$ 为

$$\boldsymbol{H} = \frac{\boldsymbol{B}}{\mu_0} - \boldsymbol{M} \tag{B.57}$$

$$\boldsymbol{B} = \mu_0(\boldsymbol{H} + \boldsymbol{M}) \tag{B.58}$$

$\boldsymbol{H}$ 与磁化强度具有相同的单位（$\mathrm{A \cdot m^{-1}}$），尽管不是磁场单位，但由于历史原因它被称为磁化磁场。在各向同性的非铁磁性材料中，磁化强度 $\boldsymbol{M}$ 与 $\boldsymbol{H}$ 成正比：

$$\boldsymbol{M} = \chi \boldsymbol{H} \tag{B.59}$$

比例常数称为磁化率 χ，是材料的无量纲性质。因此，$\boldsymbol{B}$ 和 $\boldsymbol{H}$ 的关

系为

$$\boldsymbol{B} = \mu_0 \boldsymbol{H}(1+\chi) = \mu\mu_0 \boldsymbol{H} \tag{B.60}$$

其中$\mu=1+\chi$是磁介质的磁导率。在真空和不能被磁化的介质中，磁化率为零，磁导率$\mu=1$，因此

$$\boldsymbol{B} = \mu_0 \boldsymbol{H} \tag{B.61}$$

B.4　法拉第定律

1831年，英国科学家法拉第（1791—1867）用实验证明，当通过线圈的磁通量Φ_m发生变化时，在线圈中产生的电压V与磁通量的变化率成正比。楞次（1804—1865）指出感应电压的方向总是抵抗通过线圈的磁通量的变化。因此

$$V = -\frac{\partial}{\partial t}\Phi_m \tag{B.62}$$

磁场穿过线圈所围面积S的磁通量为

$$\Phi_m = \int_S \boldsymbol{B} \cdot \boldsymbol{n} \mathrm{d}S \tag{B.63}$$

如果$\boldsymbol{E}$是线圈中的感应电场，$\mathrm{d}\boldsymbol{l}$是线圈中的导线线元，则在长度为L的路径（例如线圈的一周）中产生的感应电压为

$$V = \int_L \boldsymbol{E} \cdot \mathrm{d}\boldsymbol{l} \tag{B.64}$$

根据斯托克斯定理，对封闭路径L的线积分可以转化为对L所围面积S的面积分：

$$V = \int_S \nabla\times \boldsymbol{E} \cdot \boldsymbol{n} \mathrm{d}S \tag{B.65}$$

联立式（B.62）、式（B.63）和式（B.65）可得

$$\int_S \nabla\times \boldsymbol{E} \cdot \boldsymbol{n} \mathrm{d}S = -\frac{\partial}{\partial t}\int_S \boldsymbol{B} \cdot \boldsymbol{n} \mathrm{d}S \tag{B.66}$$

因此

$$\nabla\times \boldsymbol{E} = -\frac{\partial \boldsymbol{B}}{\partial t} \tag{B.67}$$

这就是法拉第定律，它说明变化的磁场可以激发电场。

参考文献

Cain, J. C., Wang, Z., Schmitz, D. R., and Meyer, J. (1989). The geomagnetic spectrum for 1980 and core–crustal separation. *Geophys. J.*, **97**, 443–447.

Creer, K. M., Georgi, D. T., and Lowrie, W. (1973). On the representation of the Quaternary and Late Tertiary geomagnetic fields in terms of dipoles and quadrupoles. *Geophys. J. R. Astron. Soc.*, **33**, 323–345.

Dyson, F. and Furner, H. (1923). The earth's magnetic potential. *Mon. Not. R. Astron. Soc. Geophys. Suppl.*, **1**, 76–88.

Dziewonski, A. M. and Anderson, D. L. (1981). Preliminary Reference Earth Model (PREM). *Phys. Earth Planet. Inter.*, **25**, 297–356.

Finlay, C. C., Maus, S., Beggan, C. D. *et al.* (2010). International Geomagnetic Reference Field: The Eleventh Generation. *Geophys. J. Int.*, **183**, 1216–1230.

Groten, E. (2004). Fundamental parameters and current (2004) best estimates of the parameters of common relevance to astronomy, geodesy, and geodynamics. *J. Geodesy*, **77**, 724–731.

Hasterok, D. P. (2010). *Thermal State of Continental and Oceanic Lithosphere*, Ph.D. thesis, University of Utah, Salt Lake City, USA.

Lowes, F. J. (1966). Mean square values on sphere of spherical harmonic vector fields. *J. Geophys. Res.*, **71**, 2179.

(1974). Spatial power spectrum of the main geomagnetic field, and extrapolation to the core. *Geophys. J. R. Astron. Soc.*, **36**, 717–730.

(1994). The geomagnetic eccentric dipole: facts and fallacies. *Geophys. J. Int.*, **118**, 671–679.

Lowrie, W. (2007). *Fundamentals of Geophysics*, 2nd edn. Cambridge: Cambridge University Press, 381 pp.

McCarthy, D. D. and Petit, G. (2004). *IERS Conventions (2003)*, IERS Technical Note No. 32. Frankfurt am Main: Verlag des Bundesamtes für Kartographie und Geodäsie, 127 pp.

Schmidt, A. (1934). Der magnetische Mittelpunkt der Erde und seine Bedeutung. *Gerlands Beiträge zur Geophysik*, **41**, 346–358.

Stacey, F. D. (1992). *Physics of the Earth*, 3rd edn. Brisbane: Brookfield Press, 513 pp.

(2007). Core properties, physical, in *Encyclopedia of Geomagnetism and Paleomagnetism*, ed. D. Gubbins and E. Herrero-Bervera. Dordrecht: Springer, pp. 91–94.

Stacey, F. D. and Anderson, O. L. (2001). Electrical and thermal conductivities of Fe–Ni–Si alloy under core conditions. *Phys. Earth Planet. Inter.*, **124**, 153–162.

Stacey, F. D. and Davis, P. M. (2008). *Physics of the Earth*, 4th edn. Cambridge: Cambridge University Press, 532 pp.

Vosteen, H.-D. and Schellschmidt, R. (2003). Influence of temperature on thermal conductivity, thermal capacity and thermal diffusivity for different types of rock. *Phys. Chem. Earth*, **28**, 499–509.

图书在版编目（CIP）数据

大学生理工专题导读．地球物理方程/（美）威廉·劳里（William Lowrie）著；张立云等译．—北京：机械工业出版社，2022.12

书名原文：A Student's Guide to Geophysical Equations

ISBN 978-7-111-72288-5

Ⅰ.①大…　Ⅱ.①威…②张…　Ⅲ.①地球物理学　Ⅳ.①O②P3

中国版本图书馆 CIP 数据核字（2022）第 253192 号

机械工业出版社（北京市百万庄大街 22 号　邮政编码 100037）

策划编辑：汤　嘉　　责任编辑：汤　嘉　李　乐

责任校对：陈　越　王明欣　　封面设计：张　静

责任印制：常天培

固安县铭成印刷有限公司印刷

2023 年 5 月第 1 版第 1 次印刷

148mm×210mm·8.25 印张·235 千字

标准书号：ISBN 978-7-111-72288-5

定价：49.80 元

电话服务

客服电话：010－88361066

010－88379833

010－68326294

网络服务

机　工　官　网：www.cmpbook.com

机　工　官　博：weibo.com/cmp1952

金　书　网：www.golden－book.com

机工教育服务网：www.cmpedu.com

封底无防伪标均为盗版